本书由海南热带海洋学院教材基金资助出版

**Marine Food Processing and
Application Technology**

海洋食品加工
应用技术

主　编　张大为　张　洁

U0189988

中国海洋大学出版社

·青岛·

内容简介

本教材介绍了各类海洋食品加工的相关技术，突出应用这一主题，为学生提供理论学习的材料，为生产者提供直接的技术支持。内容包括即食海洋休闲食品加工、海产罐头食品加工、海洋冻制品加工、海洋干制食品加工、发酵海洋食品加工、海洋藻类食品加工、仿生海洋食品加工、海洋食品加工新技术、海洋功能性食品共9章内容，系统全面地介绍了海洋食品加工的相关应用技术，以培养学生对理论知识的应用能力及操作技能。

本书可作为综合大学高职高专食品、水产、生物等相关专业的专业课程用书，也可供相关人员参考。

图书在版编目（CIP）数据

海洋食品加工应用技术/张大为，张洁主编. —青岛：中国海洋大学出版社，2017.10 (2021.1 重印)
ISBN 978-7-5670-1722-1

Ⅰ.①海… Ⅱ.①张… ②张… Ⅲ.①海产品—水产食品—食品加工 Ⅳ.①TS254.4

中国版本图书馆CIP数据核字（2018）第043733号

海洋食品加工应用技术

出版发行	中国海洋大学出版社
社　　址	青岛市香港东路23号　　邮政编码　266071
网　　址	http://www.ouc-press.com
出 版 人	杨立敏
责任编辑	邓志科
电　　话	0532-85901040
电子信箱	dengzhike@sohu.com
印　　制	日照报业印刷有限公司
版　　次	2018年12月第1版
印　　次	2021年1月第2次印刷
成品尺寸	185 mm × 260 mm
印　　张	14.25
字　　数	245千
印　　数	1001 — 1600
定　　价	37.00元
订购电话	0532-82032573（传真）

发现印装质量问题，请致电0633-8221365，由印刷厂负责调换。

前　言

　　地球上70.8%的面积是海洋，海洋孕育着绝大多数的生物，不仅包括动物，还包括了微生物和植物。因为海洋生态环境和我们熟悉的陆地相比，更加复杂、更加特殊，故海洋生物在数量和种类上远超过了陆地生物。迄今为止，人们所发现的海洋低等生物就已经达到20万种以上。海洋，作为一个庞大的生态系统，为勤劳的人类提供了丰富的食物，使得人类得以繁衍生息。然而，由于海洋生物资源具有种类繁多、成分差异明显、易于腐败变质等特点，其有效利用程度明显低于陆生生物资源。由于环境不断恶化，陆地资源正在不断减少，已经不能满足人类的需求，因此人们把目光逐步转向丰富的海洋资源。研究海洋、开发海洋、利用海洋已经成为科技革命的潮流，其中，海洋食品的开发和应用已经成为科技界的研究热点之一。

　　我国海域广阔，由北向南包括四大海域，即渤海、黄海、东海和南海，东部和南部大陆海岸线18 000多千米，内海和边海的水域面积470多万平方千米，南北跨越了热带、亚热带、温带3个气候带，是名副其实的海洋大国。由于海洋生态的多样性和复杂性等特点，海洋资源极其丰富。随着我国科技的进步和国力的增强，将大力推进海洋资源的开发和利用，力争尽快从海洋大国向海洋强国迈进。在海洋资源开发和利用的进程中，海洋食品资源的深度开发将是重要的组成部分。我国科学家在海洋食品、海洋医药等方面取得了显著的成就，但由于种种原因，我国对海洋食品的开发和利用技术还比较落后，严重制约着我国海洋食品产业的发展。

　　海洋食品的开发和利用将是今后我国食品行业一个非常重要的发展方向，也是必然趋势。人们对食品安全愈加重视，对营养食品的追求以及消费趋于多元化，迫使科研工作者和生产者加大力度进行海洋食品的开发和研究。为了适应海洋食品产业的发展趋势，更加充分且科学地利用我国丰富的海洋食品资源，我们编写了《海洋食品加工应用技术》，本教材以海洋食品资源为对象，着重介绍海洋食品加工技术，突出应用性和可实践性。本教材共分为9章内容，第一章即食海洋休闲食品加工、第二章海产罐头食品加工、第三章海洋冻制品加工、第四章海洋干制食品加工、第五章发酵海洋食品加工、第六章海洋藻类食品加工、第七章仿生海洋食品加工、第八章海洋食品加工新技术、第九章海洋功能性食品。系统地介绍了各类海洋食品从原料到工艺过程再到成品等环节，可操作性强，为相关专业学生提供了理论学习的材料，为生产者提供了有力的技术支持。

本教材的编写分工如下：海南热带海洋学院的张大为编写第一章至第五章，海南热带海洋学院的张洁编写第六章至第九章。

本教材的编写受到海南热带海洋学院教材出版经费和海南热带海洋学院2017年校级引进学科带头人和博士研究生科研启动项目（第二批RHDXB201709）的资助。在本教材的编写过程中，承蒙海南热带海洋学院各位同仁的大力支持，在此表示感谢。

本教材力图在包含相关学科成熟经验的基础上，尽量反映该领域的新近研究成果，但由于编者水平有限，错误在所难免，敬请读者批评指正。

编　者

2017年3月23日

目 录

第一章 即食海洋休闲食品加工

目前，我国海产食品产量丰富，但其加工比例较低，仅占总量的30%左右。随着研究的不断深入和加工技术的不断进步，深加工的比例必然迅速增加，深加工也是增加海产食品附加值的重要途径。研制和开发即食休闲海洋食品是对水产食品资源利用行之有效的方式，是今后海洋资源利用的良好发展方向。下面介绍几种即食海洋休闲食品的加工技术，为科研人员和生产者提供技术参考。

第一节 即食海参的加工技术

海参有"海中人参"的美誉，是海鲜的上品，对人体具有非常好的滋补作用，是人们喜爱的上等食材。市面上出售的海参主要有新鲜海参与干海参两种。由于海参营养丰富，比较难于保鲜，加之离开水后易于自溶，所以新鲜海参一般在海滨城市比较常见。由于物流发展迅速，有些内陆城市也有出售，但鉴于价格较高，故干海参更为多见。现阶段主要产品不管是新鲜海参还是干海参，在食用之前都要经过清洗、去除内脏（干海参可以忽略此步）、预处理、烹饪等环节（干海参还要有一段时间泡发过程），不仅费时而且费力。鉴于此，近年来市面上又出现了一种名为即食海参的产品，开袋即食，不仅食用方便，而且还便于运输，对于离产地较远的内陆地区的人来讲，更为方便。即食海参的普遍做法是将新鲜海参或经过泡发的海参经过去除内脏（干海参可以忽略此步）、清洗，加入调味料进行熟制，然后通过真空冷冻等方式去除海参中多余的水分，达到适合直接食用的口感，将海参进行真空包装。另外，和传统海参的做法相比，通过专业的手段处理、加工而成的即食海参，可以最大限度地保存海参营养成分。

一、概述

（一）原料

海参种类繁多，刺参（*Stichopus japonicus*）是我国主要水产经济物种，体圆柱形，似黄瓜。前端口周生20个触手，背面略隆起，有圆锥形肉刺，排列成4~6不规则行。腹面有3行管足。海参主要生活在岩礁海底或海藻丰富且水流较缓的细沙海底。其体色为黑褐色、黄褐色或绿褐色，长30 cm左右。刺参主要见于我国北方沿海地区，由于近年来养殖技术不断进步，所以现阶段人工养殖的刺参产量较大。

海参属于名贵海味，经济价值高，其体内含有大量多糖，具有抗肿瘤等药用价值。

（二）海参的营养价值及功效

海参不仅营养丰富，而且还具有保健功效。

1. 营养成分

海参含有较高含量的蛋白质，是典型的高蛋白、低脂肪食品。每百克水发海参含蛋白质14.9 g，脂肪0.9 g，碳水化合物0.4 g，钙357 mg，磷12 mg，铁2.4 mg，以及维生素B_1、维生素B_2、烟酸等。另外，海参的胆固醇含量极低，肉质鲜嫩，易于消化，老少皆宜。

2. 海参功效

海参具有补肾益精，养血润燥的功效。从中医角度来讲，对于肾精亏虚、阳痿遗精、小便频数、腰酸乏力等症状具有治疗作用，另外对于阴血亏虚、形体消瘦、潮热咳嗽、咯血、消渴、便秘等患者，也具有一定疗效。

（1）滋阴养血。海参的营养成分中，精氨酸是一种重要的成分，含量丰富。精氨酸是构成男性精子细胞的主要成分，而且能调节性激素水平，对于治疗肾虚具有特殊疗效。除此之外，海参中还含有丰富的微量元素，如锌、硒、镍等，能够调节人体多项生理功能，尤其是对于生殖系统的功效更加明显。另外，海参中的多种元素对调节女性内分泌、改善体质具有很好的疗效。

（2）调节机体免疫力。由于海参中含有丰富的蛋白质、微量元素等营养物质，能够调节人体免疫力，增加人体抵抗疾病的能力，所以对感冒等传染性疾病具有很好的预防作用。

（3）延缓衰老。海参中含有丰富的精氨酸等营养物质具有延缓衰老的作用，另外还能促进人体细胞再生和机体损伤修复的能力。

（4）提高记忆力。海参中的牛磺酸、赖氨酸、烟酸、钙等物质对于增强记忆力、缓解大脑疲劳有重要作用。故对于脑力工作者和儿童等人群具有更突出的作用。另外，精氨酸对于神经衰弱患者具有特殊的疗效。

（5）抗疲劳。海参中的精氨酸、黏多糖、牛磺酸、钾、烟酸、镍等营养物质能够增强机体生理功能，且有抗疲劳的作用。

（6）调节血糖。海参中的酸性黏多糖更突出的功能是降低血糖。另外，钾能够调节胰岛素分泌，钒能够对糖尿病起到防治的作用。所以，海参对于糖尿病患者和预防糖尿病人群是很好的食物来源。

（7）促进生长发育。海参能够促进人体生长发育，也是源于其体内含有的精氨酸、锌等重要的促生长成分。另外，其营养物质对于伤口愈合、生殖发育等生理活动均具有良好的促进作用，在人体内对于物质的运输、转运、储备等过程中起着重要的生理作用。

（8）美容养颜。胶原蛋白在海参中含量非常丰富，不亚于阿胶、龟板胶、鹿角胶等传统中药，可以生血养血、延缓衰老，还可以使皮肤充盈、消除面部色斑且富有光泽，具有美容养颜作用。

（9）孕产妇的保健。海参不仅能够为孕妇、产妇提供较为全面的营养保障，能尽快恢复体能、增强体质。

（10）术后恢复。由于海参体内丰富的精氨酸，能够促进机体细胞再生、加速机体受损后的修复，能够很好地缩短康复时间。

海参具有非常广泛的药理活性，被称为"百病之克星"，其药理活性十分广泛。

二、海参的加工方法

作为商品，海参本身的颜色也不尽相同。不能简单地说哪种颜色好，哪种颜色不好，其加工方法的不同，会使海参呈现不同颜色。下面详细介绍一下不同加工方法对于海参颜色的影响。

（一）传统的加工方法

海参传统的加工方法是将新鲜海参处理之后，加入大量的盐腌制，然后用草木灰包裹，并自然晾干，从而得到成品干海参。由于应用草木灰，采用传统方法加工的海参颜色呈现黑灰色，称之为碳灰海参。随着加工技术进步，以往的草木灰变为木炭，使得加工时间缩短、保质期有所延长，品质也更好。

（二）淡干加工法

此种加工手段主要是长岛地区人们所采用，整个加工程序不加盐，但是海参体表有盐花，是区别于其他加工方法的典型特征。此盐花是海参体内的水脱去之后，自身渗出的盐。此种海参干燥程度很高，耐储存，是干海参的上品，价格较高。

（三）现代技术加工法

随着科技的进步，一些现代化的加工技术也应用到海参的加工之中，其中，真空冷冻干燥技术成功被应用于此，加工得到的成品干燥程度高，营养成分破坏少，价格较高。

三、即食海参的一般加工工艺流程

即食海参的加工工艺有很多种，但大体上都经过鲜海参清洗、去内脏、漂烫、高压蒸煮等工艺环节。

（一）工艺流程及操作要点

（1）以鲜海参或泡发海参为原料，清洗、去内脏、冲洗、漂烫，备用。

（2）将处理过的海参根据海参大小，放入高压环境中处理10~20 min。

（3）将经上述处理的海参稍加冷却后，直接速冻，而后放入调味料包装，根据产品类型及规格进行真空包装或充氮包装，最后高压灭菌（121℃，30 min）。

通过此工艺能得到单冻或带汁装两种产品，带汁的食用简便，不足的是经过长期贮存或运输后海参壁易破损，此种产品保质期短。目前，市面上出现了一种用海藻糖为凝固剂，包裹在海参表面，解决了海参壁易破损的问题。

（二）产品特点

（1）海参组织松软，口感细嫩，易消化。

（2）不仅口感好，而且采用先进技术能够最大限度地保存其营养成分，充分利用了原材料。

（3）该产品经过灭菌处理后保质期长，微生物不易滋生，再通过真空或充氮包装，能达到长期贮存的目的。

（4）品质纯正，包装考究，口味鲜美。

四、几种典型即食海参加工工艺

（一）实例一

1. 清洗

将新鲜海参或泡发海参去除内脏及污物，再用清水冲洗，备用。

2. 漂洗

去除内脏后的海参用清水漂洗干净。

3. 漂烫

将可食部分用沸水进行漂烫处理3~5 min，使蛋白质变性，取出后立即投入凉开水中，得到形体没有缩小的海参，但质地变硬，柔软嫩滑感消失，得到半成品。

4. 蒸煮

将漂烫后的海参进行蒸煮，常压蒸煮110~120 min，使蛋白质二次变性，得到的海参变得松软、入口即酥。

5. 冷却

蒸煮好的海参在无菌环境下降温冷却，除去表面水分降至常温。

6. 脱水

将蒸煮好的海参置于氯化钠、柠檬酸钠等高渗盐溶液中脱水。在渗透压的作用下，海参中的自由水进入高渗溶液中，实现了蒸熟海参中自由水的转移，此时海参收缩，个体变小。

7. 吹干

利用热风进行干燥，最终产品含水率控制在15%~50%为宜。

（二）实例二

1. 海参的处理

鲜海参经过严格的检验、验收后，清洗、去内脏，加热煮沸定型2~6 min。

2. 海参活性的处理

鲜海参经过45~55℃水处理2~12 h，−25℃速冻10~24 h；干海参经45~55℃水中处理2~12 h，105~120℃高温蒸煮5~15 min。

3. 调味

以高温蒸煮过的海参、鲍鱼汁为基料，加入盐、糖、生抽等调味料，过滤，加热煮沸5~10 min，冷却至0℃。

4. 产品定型

将调味后的海参进行速冻定型，或用切片机将冻海参切片。

5. 包装

将处理完毕的海参装入包装容器中，进行真空包装或充氮包装。

（三）实例三

1. 清洗定型

将海参清洗去内脏之后，用60~90℃的水漂烫定型5~30 min。

2. 低温高压去盐

将定型后的海参放入压力釜中，在压力为（3~4）×10^5 Pa，温度为50~80℃的条件下保温1~10 min，进行第一次去盐；然后取出海参放至常温，再在同样压力下，温度为80~90℃条件下，保温1~15 min，进行第二次去盐处理，同时将第一次去盐后的汤汁过滤后作为原料备用。

3. 中温控制自溶酶解

去掉上述步骤中所得海参的边缘残留的黑色素和黏液，洗净沥水，然后放入釜中，加入第一次去盐后的汤汁，在温度为100~120℃的条件下保温3~5 h，使海参体内的自溶酶分解。

4. 高温高压杀菌熟化

将上述步骤中所得海参放入压力釜中，在压力为（3~4）×10^5 Pa，温度为130~150℃的条件下保温1~8 min杀菌熟化处理。

5. 灌汁封装

经过杀菌处理的海参擦洗干净，装入盒中，灌汁，排气封装，其中排气温度为100~110℃，排气时间为20~40 min。

第二节　即食鱼及制品的加工技术

海洋是个巨大的资源宝库，它孕育着无数的生命，其中鱼的种类繁多。根据其体内含有肌红蛋白、细胞色素含量的情况，一般分为白肉鱼类和红肉鱼类。随着人们生活水平的提高，对生活质量提出了更高的要求，市场上出现了大量的即食性食品，其中即食烤鱼种类较多，丰富了人们的生活，不仅美味可口，而且食用方便，深受人们的喜爱。下面着重介绍几种烤鱼的生产加工过程，为应用者提供参考。

一、即食多味烤鱼生产技术

即食多味烤鱼是以小鱼为主料，经调味、烘烤等工序加工而成的熟制品，其营养价值高，味道鲜美，老少皆宜。价值低廉的小杂鱼，通过加工以后，增加了其附加值，运输方便，便于贮存，对于海产品加工产业来讲，具有广阔的市场前景。

（一）工艺流程

原材料 → 盐渍 → 蒸煮 → 干燥 → 调味 → 烘烤 → 包装

（二）操作要点

1. 原料处理

利用冰鲜、冷冻或咸卤鱼为原料，经过适当的预处理方式，如解冻、清洗及脱盐等工序进行预处理。再经过去鳞、去头、去内脏、清洗等工艺环节处理，然后，处理后的原料鱼放在10%~15%的盐水中浸渍10~20 min。

2. 蒸煮干燥

经上述工序处理的小杂鱼沥干后蒸熟，一般热源采用蒸汽。然后烘干处理，去掉30%~40%的水分，烘干条件一般选择70~80℃，处理7~8 h。

3. 调味

将上述烘干的小鱼放入配制好的调味液中浸渍30 min左右，具体情况根据气温决定。调味液配方没有严格限定，可根据喜好决定。五香配方：将10~15 g的八角放在12 kg水中，加热熬制，蒸发量为50%左右；再加入酱油3~5 kg、白糖2.0~3.0 kg、食盐1.0~1.8 kg，再次煮沸；加入1.2~1.8 kg黄酒，搅匀后过滤。

4. 烘烤

将经调味液浸渍后的小鱼沥干后，平摊放置在烘烤架上，置于烘房中50~55℃烘烤10~12 h，至水分含量7%~10%，即得成品。

5. 包装

成品经冷却处理后，即可包装，根据产品特点、类型，选择不同的包装形式。也可根据不同需求自行调整调味料配方，从而得到多种口味的即食烤鱼。

二、即食五香烤鱼生产技术

即食五香烤鱼是采用价格低廉的鱼类为原料，经过预处理、调味及烘烤等工序加工而成的熟制品。

（一）工艺流程

原料 → 预处理 → 盐渍 → 蒸煮、烘干 → 调味 → 烘烤 → 包装成品

参考配方：鱼块50 kg、茴香200 g、花椒200 g、桂皮200 g、生姜200 g、水12 L、白糖2.5 kg、酱油3 kg、黄酒1.5 kg、精盐、味精适量。

（二）操作要点

1. 原料处理

烤鱼选择冷冻或冰鲜的低值鱼为原料，也可采用盐渍保藏的咸卤鱼。根据具体原料

鱼来选用合适的预处理方式。预处理过的鱼要去除鳞、内脏，如果是体积较大的鱼还要根据产品类型而切块。原料处理后用水洗净，沥去水分。

2. 盐渍

把经过处理的原料鱼放入盐水中浸渍，盐水浓度和浸渍时间根据原料鱼的大小及温度决定，一般以10~13%的盐浓度、12~20 min为宜。

3. 蒸煮、烘干

将经上述处理的鱼沥干水分后，进行蒸煮及烘干处理，蒸煮是采用蒸汽直接加入熟制，然后烘干至七八成熟。干燥条件为75~80℃、6 h左右。

4. 调味

首先制备调味液，其参考制法如下：花椒、桂皮、生姜、茴香等调味料，加入适量水熬制。当蒸发量达到50%时，停止加热。稍加冷却后再加入白糖、精盐、酱油煮至沸腾，得到的澄清液即为调味液。此时，将上述烘干至七八成熟的鱼加入到调味液中浸泡50 min左右。

5. 烘烤

将调味后的鱼进行烘烤处理，烘烤温度和时间分别为85~90℃、3~3.5 h，即得到成品。

6. 包装

烘烤后的成品鱼要进行摊凉冷却处理后，方可包装，最终水分含量控制在12%~15%。

三、即食烤鱼片加工技术

烤鱼片是用新鲜或冷冻鱼为原料制成的方便即食产品，烤鱼片食用和携带方便，鲜香可口，颇受广大消费者的欢迎。

（一）工艺流程

原料（新鲜鱼或冷冻鱼，若冷冻鱼需解冻）→ 清洗 → "三去"处理（去头、皮、内脏）→ 清洗 → 剖片 → 漂洗、沥水 → 调味→ 摊片 → 烘干 → 揭片（半成品）→ 回潮 → 烤熟 → 二次滚轧 → 冷却 → 包装

参考配方：鱼片100 kg、砂糖6 kg、精盐1.6~1.8 kg、味精1.2~1.3 kg、山梨糖醇1.1~1.2 kg。

（二）操作要点

1. 原料鱼

采用鲜度良好的新鲜或冷冻鱼（鱼品种可根据实际情况确定）。

2. 清洗、剖片

选择好原料以后，首先将鱼进行去头、去鳞、去内脏、清洗等预处理环节。然后剖片取肉。

3. 漂洗、沥水

将取好的肉片放在20℃以下的流水中冲洗60 min左右，以去除污物等。漂洗后沥水

10~15 min。

4. 调味

将漂洗沥水的鱼片称取一定质量，并按照配方比例放入调料，一般包括精盐、白砂糖、味精。加水拌匀，使调味料均匀地分布于鱼片表面。确保在20℃以下渗透1 h左右。

5. 摊片、烘干

将调味鱼片放在紧绷的尼龙架上，紧密排列整齐，放至烘干房烘干，烘干温度控制在36~43℃（具体温度根据干燥状态而定），使得鱼片水分控制在20%左右为宜。

6. 揭片

将达到要求的鱼片推出烘干房进行冷却处理，冷却至室温后揭片。操作过程中注意保持鱼片完整性。

7. 回潮

一般回潮方式如下：将上述经过烘干后的鱼片迅速蘸取少许水分（或采取喷淋的方式）。让鱼片吸水回潮，回潮温度为20~25℃回潮时间约为1 h，以表面无水珠为宜。回潮具体时间根据温度综合考虑，最终水分控制在24%~25%。

8. 烘烤

将含水量为24%~25%的回潮鱼片放置在烤炉内，并紧密排列。此阶段为高温烘烤，除熟制鱼片外，还具有杀菌作用，其条件为240~250℃、3 min左右。烘烤后的鱼片表面呈金黄色，有韧性，并有烤鱼片所特有的香气和滋味。

9. 轧松

经过烘烤的鱼片，采用轧松机轧松。

10. 称重包装

根据产品类型及设备情况，进行不同形式的包装。

四、即食烤鱼骨生产技术

鱼骨是鱼类及鱼制品加工的下脚料，如果将其通过特定的加工技术进行加工，是变废为宝的明智之举。另外，鱼骨也含有对人体有益的微量元素，是补充人体钙质的优良食品。由鱼骨加工成的即食烤鱼骨，不仅可以丰富食品种类，还可以起到保健作用。

（一）工艺流程

原料验收 → 清洗、修整 → 配制卤料 → 高压卤煮 → 烘烤 → 碳烤 → 蘸料浸涂 → 低温放置 → 真空包装 → 灭菌 → 检验

卤料参考配方：鱼骨100 kg、精盐3 kg、味精300 g、白砂糖2.5 kg、葱400 g、老姜200 g、大蒜200 g、老抽3 kg、料酒500 g、花椒150 g、大茴香100 g、小茴香100 g、陈皮100 g、肉桂50 g、草果50 g、甘草50 g、干辣椒200 g、乙基麦芽酚5 g、5′-呈味核苷酸二钠20 g、山梨酸钾5 g、水适量。

蘸料参考配方：黑胡椒粉1份、辣椒粉2份、精盐4份、五香粉2份、生抽5份、蜂蜜4份、果葡糖浆6份，再放入适量水。

（二）操作要点

1. 原料验收

选取新鲜鱼骨为原料，鱼骨脊椎处直径为5~8 mm。

2. 清洗、修整

验收合格后的原料，用流动清水冲洗，去除鱼骨上的污物及附着的碎肉，然后修整鱼骨，去掉锋利的尖刺。此工序主要防止食用过程中刮伤口腔。

3. 高压卤煮

可自行设计卤煮料配方或在市场上购买卤煮料，加入适量的水分熬煮，熬制1~2 h为宜。此时，加入鱼骨，注意以没过鱼骨为准。再次加热至沸腾并保持2 h，然后放入121℃条件下保持25 min，此工艺不仅能使鱼骨软化，而且还能充分入味，并兼有灭菌的作用。

4. 烘烤

将经过高压煮过的鱼骨取出并沥干水分，放入烤箱中烘烤，先80℃烘干水分后再快速升温至150℃后，烘烤10~15 min。此阶段可以使鱼骨充分入味，使鱼骨具有特有的焦香和滋味。

5. 炭烤

将经烘烤的鱼骨进行碳烤处理，木炭熏烤时间为60 min左右，注意烘烤均匀，此工序主要是赋予鱼骨以碳烤风味。

6. 蘸料浸涂

根据产品特点及口味需求，自行配制蘸料，并用食用油加热炒香。使蘸料均匀分布于鱼骨表面为宜。此工序可用毛刷涂抹，或采用蘸取的方式。

7. 低温放置

将蘸料涂抹均匀的鱼骨放入冷库中静置过夜，冷库温度以4℃为宜。

8. 真空包装

根据产品特点、产品类型等要求，选取恰当的包装形式进行包装，尽量采用真空包装为好。

9. 灭菌

采用高压蒸汽灭菌条件为121℃、30 min。

五、即食膨化鳐鱼的加工技术

（一）工艺流程

原料 → 预处理 → 清洗 → 浸渍入味 → 干燥、膨化 → 包装 → 灭菌 → 成品

（二）操作要点

（1）选取个体较大、鱼体完整无损的新鲜或冷冻鳐鱼为原料。

（2）用手或刀具将鱼腹切开，在鱼体离尾部1/3处断开脊骨，去除尾部，将剩余脊骨连同内脏、腹黑膜、头沿开裂的腹部一起去除，得到脊背相连的完整鳐鱼片。

（3）将鳗鱼片用浓度为3%~5%的盐水漂洗，去除杂质，将漂洗后的鳗鱼片沥除表面水分。

（4）将清洗好的鳗鱼片浸没到预先调制的调味液中，控制调味液温度5℃以下，浸渍入味6~12 h。调味液组成配方如下：食盐1%~5%、食醋5%~10%、白砂糖10%~20%、酱油5%~15%、黄酒5%~10%、辣椒粉0.2%~2%、味精1%~5%、柠檬汁0.1%~0.5%、水适量。

（5）将浸渍入味的鱼片沥除表面液体，送入微波炉中干燥，频率为1 500~2 500 MHz，干燥10~15 min，使鳗鱼鱼肉适度膨化。然后将微波干燥后的鳗鱼片送入热风干燥设备中，控制温度60~75℃热风干燥至水分含量20%~30%。

（6）将经过微波和热风干燥的鳗鱼片进行适当的包装，而后灭菌，灭菌条件如下：90℃、5 min，95℃、15 min，105℃、20 min。冷却后即得膨化鳗鱼成品。

第三节　即食虾类的加工技术

一、即食软烤大虾的加工技术

（一）工艺流程
原料选择与预处理 → 浸泡 → 烫煮 → 腌制 → 干燥 → 烘烤 → 装袋、封口、灭菌

（二）操作要点

1. 原料的选择与预处理

选取新鲜大虾为原料，用流水冲洗大虾以去除杂质和污物，然后将大虾背部切开，用工具去除虾线、内脏，得到鲜虾肉后用流水冲洗干净。

2. 浸泡

加上述虾肉用1%的淡盐水浸泡2 h左右，以没过虾肉为宜，促使虾肉组织紧密。浸泡后的鲜虾肉采用流水漂洗15 min左右，沥干备用。

3. 烫煮

将淋水后的虾肉置入80~90℃热水中热烫，并保持3~4 min，然后将其捞出立即放入冷水中冷透，并再次淘洗去除杂质。

4. 腌制

将经过前期处理的虾肉加入适量调味料，在0~4℃以下搅拌均匀，腌制10 h左右，定时充分搅拌。腌料经典配方如下（以虾肉质量为基准加入其他辅料）：食盐1.0%~1.5%、白砂糖35%、鸡精0.5%~0.8%、5′-呈味核苷酸二钠0.01%~0.03%、胡萝卜素0.05%~0.3%、姜汁0.01%~0.05%、蚝油0.01%~0.1%、虾味素0.01%~0.05%、酱油

0.01%~0.1%，胭脂红0.002%~0.008%。

5. 干燥

将腌制好的虾肉均匀、整齐摆放在烘干设备上，烘干条件为40~45℃、4~5 h。

6. 烘烤

将干燥的虾肉整齐摆放并置于烤箱中烘烤4~5 min，烘烤温度控制在95~100℃范围内，至虾肉的含水量控制在40%±0.8%。

7. 装袋、封口、杀菌

根据产品类型及特点按一定重量包装，最好采用真空包装的方式。而后对产品进行灭菌处理，灭菌温度为121℃，压力为0.15 MPa，时间为20~25 min。产品灭菌后用烘干机烘干表面水分，再进行质检等工序，从而得到成品的即食软烤大虾。

二、即食熏制虾仁加工技术

（一）工艺流程

虾仁 → 清洗 → 浸渍调味 → 沥干 → 熏制 → 风干 → 烘烤 → 真空包装 → 杀菌 → 成品

（二）操作要点

1. 调味液的配制

典型调味液配方：甘草10 g、桂皮10 g、花椒10 g、八角25 g、豆蔻5 g、生姜100 g，将以上调料装入纱布袋并扎紧口子制成调料袋，将调料袋和500 mL料酒放入5 L清水中，开小火熬制，熬制30 min全都备用。调味液配方也可以自行设计。

2. 浸渍调味

将10%调味、8%白砂糖和4%食盐放入清水中，在15℃下浸泡时间40 min。

3. 熏制

采用PB2070或PB2200熏制剂，用量为0.09%，可采用喷雾、喷淋、浸渍、注入、注射、涂抹、调和等方法进行。熏制结束后风干其表面水分。

4. 烘烤

可选用不同烘烤方法，一种是在烤箱直接烘烤，烘烤温度为93~100℃，烘烤5~6 min。另外可采用微波烘烤，烘烤条件为功率750 kW，处理4~6 min。

5. 真空包装、杀菌

采用真空包装机包装上述产品，在杀菌锅中进行高温杀菌，杀菌条件为121℃、20 min。

三、冷冻即食熟虾的加工技术

（一）工艺流程

原料 → 去头 → 分级 → 摆盘 → 蒸煮 → 开腹 → 去壳 → 修整 → 调味 → 冻结 → 称重 → 内包装 → 外包装 → 成品

（二）操作要点

1. 原料

选择新鲜、品质优良的虾为原料，质量要求为虾体完整，体表纹理清晰、有光泽。原料验收合格后，用20℃以下的清水清洗虾体表面，以去除杂质和污物。

2. 去头

将原料虾放在清洗槽内，人工去除变质和有机械损伤的虾。然后去头，操作时必须用力恰当，清洁干净的同时，应该将虾头肉留下，且不能破坏虾体。操作结束后，加冰保鲜，及时用清水冲洗。加工时器具、设备、工作台、生产车间等必须清洁卫生。加工人员保持个人卫生，严格按照卫生操作程序操作。

3. 分级

根据要求进行产品分级。不同规格的虾应分开存放。

4. 摆盘

按照不同规格进行摆盘，力求整齐。操作过程中，应避免损伤虾体。

5. 蒸煮

摆好盘的虾置于蒸煮机内蒸煮。蒸煮条件控制在100~102℃、3~4 min之内。蒸煮后立即用流动水冷却。

6. 开腹

蒸煮后的虾应及时开腹，为去壳做好充分准备。

7. 去壳

迅速剥去虾壳、虾肠等不能食用的部分。操作时应避免破坏虾体。去壳后的虾肉应用流水冲洗干净，去除污物。

8. 修整

将虾体做必要的修整，既要美观又要防止浪费。

9. 调味

调味料的典型配方（按虾仁100 kg计算）：白砂糖2.0 kg、食盐3.0 kg、味精1.0 kg、无水焦磷酸钠80 g、料酒1 L。

将修整好的虾仁与调味料混合均匀，浸泡5~15 min。操作时要不停搅拌，使调味均匀。具体时间根据虾体大小而定。

10. 冻结

将虾仁摆放在冻结机内进行冻结。

11. 称重

按照不同包装规格进行称重，水量一般控制在1%~3%之间。

12. 包装

包装分为内包装和外包装。根据产品要求自行设计包装，但要保证清洁无菌。

四、即食虾酱的加工技术

（一）工艺流程

油加热（280℃）→ 加小虾 → 降温（160℃）→ 加糖、辣椒等辅料 → 炒制 → 包装 → 灭菌 → 成品

配料参考配方：小虾25 kg、辣椒20 kg、植物油40 kg、花椒6 kg、花生1 kg、食盐3 kg、姜2 kg。

（二）操作要点

1. 原料及处理

选择新鲜或经过解冻的小虾为原料，用清水浸泡1 h，使泥沙等杂质沉淀，然后捞出沥水备用。

2. 辣椒的处理

选用无腐烂变质、色泽鲜艳的红色牛角干辣椒，加工成辣椒粉备用。

3. 生姜、花椒的处理

将生姜洗净后剁成姜末，花椒清洗干净后备用。

4. 油加热

油在加热过程中注意掌握火候，不能使油冒烟，防止毒物产生。

5. 炒制

将虾仁放入热油中炒制，注意要不断搅拌防止加热过度，随时关注火候和炒制时间。加入辅料后，继续炒制3 min后得到成品。

6. 装袋灭菌

得到成品后要及时装袋，灭菌温度可根据实际情况选取，但应控制在85℃左右，持续50 min左右。

五、即食油炸虾丸的加工技术

（一）工艺流程

原料 → 虾糜制备 → 擂溃 → 配料 → 成型 → 油炸 → 沥油冷却 → 称重 → 包装 → 杀菌 → 成品

虾丸配方：虾糜100%、精盐2.5%、葱姜5%、鲜辣椒粉0.5%、味精0.7%、料酒1.5%、植物蛋白4%、淀粉10%、皮冻5%、肥膘3%、清水适量。

（二）操作要点

1. 虾糜制备

毛虾要求新鲜，除去杂质后洗净沥干，用多功能粉碎机将全虾粉碎成糜。

2. 肉皮冻制备

锅内放清水2.5 kg，将猪皮1 kg下锅煮至涨开，取出放在冷水中冷却，斩碎末，再放进原锅中，加料酒30 g，生姜、葱、胡椒粉少许，继续煮到肉皮酥熟，汤汁呈凝稠状态时，去除姜片、葱，出锅倒在盘内，在4℃下使其全部凝结，切碎。

3. 成型、油炸

将擂溃好的虾糜放入鱼丸成型机料斗内，成型后可直接落入油锅油炸，或挤入装色拉油的容器中，捞出入油锅油炸，油温在160~170℃，虾丸呈淡黄色，油炸虾丸趁热沥除多余油脂，冷却称重、包装。

4. 杀菌

将包装好的虾丸在121℃灭菌20 min，即得成品。

第四节　即食贝类食品的加工技术

一、即食风味干扇贝的加工技术

（一）工艺流程

原料 → 浸泡 → 蒸煮 → 冲洗 → 浸渍入味 → 整形 → 烘烤 → 包装、杀菌

典型调味料配方：以扇贝柱和裙边重量为基准，食盐0.5%~1%、味精0.5%~0.8%、琥珀酸钠0.9%~1.2%、白砂糖2%~4%、胡椒粉0.05%~0.15%、料酒0.5%~3%、姜汁0.03%~0.08%、辣椒油0.02%~0.06%、山梨糖醇0.5%~1.5%。

（二）操作要点

1. 原料

选取新鲜优质的扇贝为原料。

2. 浸泡

采用0~5℃淡水将扇贝浸泡10~12 h。

3. 蒸煮

将处理好的扇贝放在95℃下的热水中煮5 min左右，去壳取肉。

4. 冲洗

将扇贝肉（包括裙边及扇贝柱）用流水冲洗，以除去泥沙等杂质。冲洗后沥干水分，备用。

5. 浸渍入味

按照配方比例向扇贝肉中加入调味料（加量以浸没扇贝肉为宜），浸渍入味4 h左右，注意定期翻拌，使入味均匀。

6. 整形

将浸渍入味后的裙边缠绕于扇贝柱的两端，再将其均匀摆放于筛网上。

7. 烘烤

将整形摆放好的扇贝肉放在烘烤炉烘烤，烘烤条件为60℃、5 h。取出放于阴凉通风

处，回潮3 h。再次放在烘烤炉中，控制温度60℃，烘烤3 h。去除产品后继续回潮2 h，最终含水量控制在20%为宜。

8. 包装、杀菌

将扇贝肉按要求包装、杀菌（杀菌条件为121℃，20 min）；或先杀菌然后采用无菌包装的方式包装成品。

二、即食辣味贻贝干的加工技术

（一）工艺流程

熟贻贝肉 → 洗净 → 分选 → 调味煮制 → 沥水 → 烘干 → 冷却 → 包装

典型配方：以贻贝肉重量为基准，砂糖5%，味精2%，食盐2%，酱油7%，黄酒2%，五香粉0.8%，辣椒粉3%，葱、姜适量。

（二）操作要点

（1）调味液制备：将葱、姜、五香粉水煮30 min后过滤，滤液放入夹层锅内，加入盐、糖、酱油、辣椒粉煮沸后，再加入味精备用。

（2）将熟贻贝肉放入调味液中煮制（煮制条件为：100~102℃，5min）调味后，捞出沥干。

（3）置于烘箱中烘烤，烘烤温度为60~70℃，根据含水量决定烘烤时间，最终产品含水量控制在20%左右，冷却后即为成品。

三、即食五香贝肉干的加工技术

（一）工艺流程

原料贝 → 暂养 → 清洗 → 蒸煮、取肉 → 清洗 → 调味 → 煮制 → 干燥 → 成品

典型调味液配方：以贝肉重量为基准，水7%、酱油3%、精盐2%、饴糖5%、五香粉0.25%、生姜末0.3%、蒜末0.2%、花椒0.06%。

（二）操作要点

（1）用流水清洗净贝壳上面的泥沙等杂质，然后蓄养1~2 d，使贝体内泥沙脱除干净。

（2）将贝煮沸5 min左右后，捞出冷却后去壳取肉。

（3）将贝肉用清水冲洗干净后，沥水浸渍于调味液中3~4 h。

（4）浸渍后的贝肉连同配料在100~102℃下煮制1 h。

（5）贝肉沥干水分，放入烘干炉中干燥，干燥条件为60℃，3 h。

（6）冷却包装后即为成品。

四、即食调味贝肉的加工技术

（一）工艺流程

贝肉 → 解冻 → 洗涤 → 烫漂 → 漂洗 → 去足丝 → 清洗 → 沥水 → 调味 → 煮熟 → 沥水 → 烘干 → 冷却 → 成品分级 → 称重 → 真空包装 → 杀菌 → 成品

参考配方：按贝肉100 kg计，糖和蜜35 kg、味精2 kg、精盐3 kg、甘草3 kg、香料9 kg

（即八角3 kg、花椒1.5 kg、桂皮1.5 kg、丁香1.5 kg、小茴香1.5 kg）、辣椒粉0.6 kg、柠檬酸0.2 kg、山梨糖醇1.1~1.2 kg、水80 L。

（二）操作要点

1. 原料处理

采用鲜度良好的贝肉，用清水冲洗干净并沥干。放进80~90℃的热水中烫漂3~5 min，捞起后用清水漂洗去除黏液，然后把贝肉中的足丝（如有）彻底去除干净，再经清洗、沥干。

2. 调味液配制

按配方比例，先把香料加水煮沸约1 h，使水量剩余1/2时，用100目滤布过滤去渣，然后将其他配料放进香料液中搅拌均匀煮沸，即配制成调味液。

3. 调味

将前处理好的贝肉倒进调味液中浸渍1 h后加热煮沸5 min，捞起沥干放入60℃的烘干箱中烘干1 h，取出贝肉倒进原调味液中再浸渍30 min，然后加热煮沸5 min，捞起沥干放入烘干箱烘干。

4. 烘干

初期用50℃烘干3 h，再用60℃烘干1 h，最后用70℃烘干1 h。要求烘干后的水分含量控制在21%~24%。

5. 冷却

烘干后应将制品放入干净的容器中，待其自然冷却至室温时可进行称重包装。

6. 称重包装

按产品要求及规格进行普通包装或真空包装。整个称量、包装过程都必须在密闭、洁净的环境下进行。

7. 杀菌

小袋包装后的制品经过紫外线或辐照杀菌。

五、贝类薄脆饼干的加工技术

贝类薄脆饼干是以小麦粉为主要原料，在此基础上添加贝类，再按照薄脆饼干的加工工艺而得到的一种海鲜风味浓郁、口感酥脆的饼干。

（一）工艺流程

贝类原料 → 清洗 → 成糜 → 配料 → 压片 → 烘焙 → 高温上色 → 冷却 → 包装

（二）操作要点

1. 原、辅料预处理

以新鲜贝类为原料，去壳取肉后制成肉糜，然后将其与小麦粉加水混合，同时添加芝麻、杏仁、香料等辅料，制成料坯。

2. 压片、烘焙

将上述料坯按照产品形状进行压制，使其成为需要的样式，接着放入烘箱进行烘焙处理。烘焙过程中注意温度不宜过高，防止蛋白质变性，一方面保证口感，另一方面保证贝类的风味物质。烘焙时加热要均匀，最好采用上下同时加热的方式进行，比如采用双层金属板同时加热料坯，还要注意料坯的膨胀问题。上下加热结束后，还要带有一定水分的热源进行缓缓加热，根据具体情况一般需要加热5~12 h。此加热阶段温度不宜过高，经过缓慢加热后，去除掉料坯内部大部分水分，目的是保持贝类的鲜味。

缓慢加热后，可以选用远红外线等方式对料坯表面进行5~20 min的加热处理，目的是使小麦粉进行一定程度的变性，从而产生一些焦糖色和香味物质，使饼干口感更好。除了选取远红外线外，还可以选取燃气、电热等其他方式加热。

经过上述工序后，再进行普通的烘焙，才能得到兼具贝肉及普通薄脆饼干的特色产品。

六、即食牡蛎肉松的加工技术

牡蛎营养价值高，深受人们的喜爱。将牡蛎加工成牡蛎肉松，可以在保存牡蛎营养的基础上，能够长期保存，且不受季节和地区的限制。

（一）工艺流程

原料处理 → 调配 → 炒制、杀菌 → 成品

典型配方：牡蛎肉30 kg、鱼糜10 kg、大豆蛋白或小麦面筋500 g、色拉油200 mL、调味料适量。

（二）操作要点

1. 原料处理

将牡蛎冲洗后脱壳取肉，去掉不宜食用的部分后，再次冲洗后沥干，然后，60℃，热风干燥2 h。再用粉碎机将牡蛎肉粉碎成糜。

2. 调配

将牡蛎肉与准备好的鱼糜按配方比例进行混合，同时加入小麦面筋或大豆蛋白，再次添加调味料。

3. 炒制、杀菌

经过炒制后，得到牡蛎肉松，其含水量在10%~30%之间。此后为提高口感，加入一定量的色拉油，趁热包装。密封后，在100℃以上的温度下加热杀菌45 min，即得牡蛎肉松成品。

第五节　即食鱿鱼、墨鱼的加工技术

一、即食香甜鱿鱼的加工技术

（一）工艺流程

原料处理 → 浸水 → 浸酸、调味焖炖 → 辊压撕条 → 拌料 → 烘干 → 杀菌 → 包装 → 成品

（二）操作要点

1. 原料处理

选取新鲜（或经解冻）且长度在10~15 cm之间的鱿鱼为原料，经过冲洗、去腕、去内脏、去内壳、去皮等操作，即得到鱿鱼肉两片，再次经过流水冲洗后沥干水分，60℃干燥1 h。

2. 浸水

选取定量（以25 kg的量为例）的干鱿鱼片在清水中浸泡45 min左右，使其复水回软。

3. 浸酸

称取400 g硼酸和600 g食盐，溶解于40 L开水中制备硼酸水。将上述经过复水处理的鱿鱼片放入硼酸水中，加热至90℃，浸泡20~25 min。然后捞出投入温水中，除掉表面筋膜、污物，继续放入温水中复水软化，浸泡时间一般不超过1.5 h。

4. 调味焖炖

调味液的配制：取桂皮粉50 g、辣椒粉50 g、花椒粉75 g，加水10 L，煮沸30 min后过滤；再用20 L开水冲洗滤渣，两次滤液合并约25 L；再将白糖1 kg、精盐0.75 kg、酱油或一级鱼露5 L、柠檬酸25 g溶解于上述滤液中，经过滤可得调味液26 L左右。

将上述配制的调味液26 L加热至沸腾。加入上一步复水后的鱿鱼片，持续沸腾1 h后，转入小火焖炖1~1.5 h，焖炖过程中定时搅拌。然后关火保温1 h左右，备用。

5. 辊压撕条

将经过上述工序处理的鱿鱼片用辊压机压轧2~3次，使鱼片纤维组织松散，然后按照鱿鱼的纤维进行撕条，鱿鱼条控制在2 cm×0.4 cm的规格。

6. 拌料、烘干

香料粉的配制：取葱头粉175 g、蒜头粉125 g、胡椒粉150 g、辣椒粉75 g、丁香粉75 g、甘草粉100 g、八角粉100 g，均匀混合，即制成香料粉800 g，立即装瓶备用。

拌料烘干：每1 kg鱿鱼丝条，取香料粉10 g、味精35 g、白糖30 g，混合均匀后拌在丝条中。再将丝条摊在烘盘上，移入烘烤箱内，烘至表面稍干即可，让其回潮，再取白糖30 g，拌在丝条中，再烘至含水量25%以下。冷却后每1 kg干品再拌香料粉5 g，装入缸内密封1~2 d，使香料、水分扩散均匀。

7. 杀菌

将烘干后的鱿鱼丝条，再用烘烤箱烘干1次，控制水分在22%~24%，然后用紫外线杀菌5~10 min。

8. 包装

按每袋50 g规格进行称量，并立即装入聚酯/聚乙烯复合无毒薄膜袋内进行封口包装或真空包装，再装入10 kg的纸箱后入库。经杀菌的产品在常温下可保藏半年以上。整个称量、包装过程都必须在密闭洁净的环境下进行。

二、即食鱿鱼丝的加工技术

（一）工艺流程

原料 → 去头、去鳍、去内脏 → 清洗、脱皮 → 蒸煮 → 冷却 → 清洗 → 调味、渗透 → 摊片 → 烘干 → 冷藏、渗透 → 解冻、调pH → 焙烤 → 压片、拉丝 → 调味、渗透 → 干燥 → 称量、包装 → 成品

（二）操作要点

1. 原料

选取新鲜鱿鱼或解冻后的冷冻鱿鱼为原料。

2. 去头、去鳍、去内脏

去除鱿鱼头，小心将内脏去除，注意不能将墨囊中墨汁粘到鱿鱼肉上，然后去鳍。

3. 清洗、脱皮

用流动清水将去头、去鳍、去内脏的鱿鱼冲洗干净。沥水后脱皮，脱皮的方法主要有两种：机械法和蛋白酶法。前者采用机械脱皮机处理；后者则加入定量蛋白酶液浸泡使皮肉松散，然后手工脱皮。两种方法各有优缺点，根据实际情况选择合适的方法。

4. 蒸煮

在沸水中蒸制5 min。

5. 冷却

把蒸煮好的鱿鱼胴体用流水冲洗，进行初步降温，降到一定程度后再放入滚筒式的冰水槽内冷却，使其温度控制在10℃左右。

6. 清洗

用流动清水将处理过的鱿鱼胴体冲洗干净，沥干。

7. 调味、渗透

按照特定的配方制备调味液（或自行设计调味液配方），将沥干的鱿鱼胴体放入调味液中，20℃以下浸泡过夜。

8. 摊片

将浸味的鱿鱼胴体整齐摆放于烘干架上，为烘干做准备。

9. 烘干

分为两个阶段烘干，温度和时间分别为35℃ 7~8 h和30℃ 12 h，其目的是为了烘干均匀，最终含水量控制在45%~50%为宜。

10. 冷藏、渗透

在-18℃的条件下将鱿鱼胴体进行冷冻过夜处理，目的是为了使其水分和调味液平衡。

11. 解冻、调pH

在室温条件下将经过冷冻过夜的鱿鱼解冻，并调节pH为中性，然后沥干水分备用。

12. 焙烤

采用电加热方式进行焙烤，温度控制在90~120℃，时间为4~8 min，此时鱿鱼片的含水量大约在30%。

13. 压片、拉丝

将焙烤后的鱿鱼片放入压片机内进行压片。将鱿鱼片轧松后放入拉丝机进行拉丝处理。

14. 调味、渗透

拉好的鱿鱼丝中加入盐、糖、淀粉等调味料后，搅拌均匀，然后放置过夜，使调味料充分浸入到鱿鱼丝中。

15. 干燥

经过调味和渗透处理的鱿鱼丝应放入干燥机中进行干燥处理，去除多余的水分，使其达到最佳口感，此时产品的含水量一般控制在22%~28%的范围内。

16. 称量、包装

按照产品规格和类型进行称重包装，注意在包装过程中保证无菌。包装完毕后，标出品名、规格、出厂编号、生产企业等，进而得到成品鱿鱼丝。

三、即食蒜味墨鱼仔的加工技术

（一）工艺流程

原料 → 去内脏 → 清洗 → 嫩化 → 煮制 → 调味→ 脱水 → 拌酱 → 包装 → 杀菌 → 成品

（二）操作要点

1. 原料

选取新鲜或冷冻墨鱼仔，去除破碎个体。经过流水冲洗干净后沥干水分备用。

2. 去内脏

将墨鱼仔置于20℃以下的温度，去除内脏及杂质，然后冲洗、沥干。

3. 嫩化

为了使墨鱼仔口感鲜嫩，加入墨鱼仔质量5%的小苏打，拌匀后静置15 min左右。嫩化结束后用流动清水冲洗除去小苏打，沥干备用。

4. 煮制

将嫩化后的墨鱼仔放入清水中煮沸，根据墨鱼仔的大小，一般煮沸时间控制在5~10 min，煮好后迅速捞出冷却、沥干，备用。

5. 浸泡调味

蒸煮后的墨鱼仔中加入配置好的调味液，于4℃浸泡过夜。调味料配方可以按照下面进行，也可自行设计。

调味液配方：以自来水为基准，盐3.6%、糖2.0%、味精3.0%、酱油4.0%、异维生素C钠0.5%。将调味料搅拌均匀后，煮沸10 min左右，冷却、沥干备用。

6. 脱水

将调味后的墨鱼仔放入甩干机脱去多余的水分。脱水条件：转速为2 500 rpm，时间为5 min左右。以放置一段时间后不滴水为宜。

7. 拌酱

按照墨鱼仔、酱汁、色拉油、糖浆、麻油、蒜味辣椒酱为1∶0.8∶0.05∶0.1∶0.02∶0.15的比例加入各种配料，拌匀即可。

酱汁配制方法：糖3.5 kg、味精2.2 kg、变性淀粉3.75 kg、纤维素钠0.2 kg、盐0.2 kg、鸡粉0.45 kg、异维生素C钠0.15 kg、酱油3 kg。将各种调味料混合后，加沸水至50 kg，搅拌均匀后静置30 min左右，使其变成胶体为好。

8. 包装

按规格要求将加工好的墨鱼仔称重，装袋密封真空包装。

9. 杀菌

在121℃下，灭菌20 min，然后冷却至室温，最后放入-18℃下贮存。

思考题

（1）海参有何功效？请简要回答即食海参的一般加工工艺。

（2）根据几种即食烤鱼的加工工艺，概括即食烤鱼的一般加工工艺过程，每个工序需要注意哪些事项？

（3）简述即食软烤大虾的加工过程，并回答主要操作要点。

（4）请根据即食贝类食品的加工技术，自行设计一种即食贝类食品加工工艺，并说明设计理由。

（5）简述即食烤鱿鱼或墨鱼的加工技术要点。

第二章　海产罐头食品加工

　　食品的罐藏是将食品原料经预处理后密封在容器或包装袋中，通过杀菌工艺将绝大部分微生物杀灭或使酶失活，从而消除引起食品变质的主要原因，使食品在密闭和真空的条件下，得以在常温下长期保藏的方法。凡用罐藏方法加工的食品称为罐藏食品。

　　用罐头保藏食品的技术是19世纪初发展起来的。1804年法国的NichoLs Appert首先研究成功，他证明了在密封罐中经加热处理的食物即使不冷藏也不会变质。1810年他又发表专著《动物和植物物质的永久保存法》，提出罐藏的基本方法。在以后很长一段时间内该技术进展缓慢，其主要原因是人们对引起食品腐败主要原因的微生物还没有认识。1864年法国人Louis Paster发现了微生物，确认食品腐败变质的主要原因是微生物生长繁殖的结果，并提出加热杀菌的理论。1920~1923年，BaLL和BigeLow根据微生物耐热性和罐头容器、罐内食品的传热特性等理论知识，提出了通过建立数学模型来研究罐头食品的杀菌温度和时间关系的理论。1948年，斯塔博和希克斯进一步提出了罐头食品杀菌的理论基础F值后，罐藏技术才趋于完善。近年来，罐藏工业正在向着自动化、连续化的方向发展，容器也由以前的焊锡罐演变为电阻焊缝罐、层压塑料蒸煮袋等。

第一节　海产罐头食品的一般加工工艺及特点

　　海产罐头食品是指以海产品为原料，经过预处理调制后装入罐藏容器，经排气、密封、杀菌等工序制成的可以长期保存的罐藏食品。和其他罐头加工一样，验收合格的海产原料投入车间后必须先解冻、清洗，去头、内脏等不可食部分，然后再进行之后的工序。原料处理是决定成品质量好坏的关键。

　　海产罐头食品的加工就是要杀灭密封的罐头食品中的腐败菌和致病菌。按照pH的不同，罐藏食品可分为低酸性食品（pH＞5.0）、中酸性食品（pH4.6~5.0）、酸性食品（pH3.7~4.6）和高酸性食品（pH＜3.7）4类。鱼肉类罐头食品是属于典型的低酸性或中酸性食品，导致低酸性罐藏食品变质的主要腐败微生物有嗜热脂肪芽孢杆菌、嗜热解糖梭状芽孢杆菌、致黑梭状芽孢杆菌、肉毒杆菌（分为A型和B型）以及生芽孢梭状芽孢杆菌等。肉毒杆菌是低酸性食品中重要的致病菌，其在pH4.6以上、罐藏缺氧条件下生长时会产生致命的外毒素，而在pH低于4.6时其生长和产毒受到抑制。因此，肉毒杆菌只有在pH大于4.6的罐头食品中才可能生长并危害人体健康，在低酸性食品罐头杀菌时必须将其全部杀死。

一、原料的准备

（一）原料的特性

鱼、贝类肌肉含有丰富的蛋白质、脂肪、糖类和矿物质，新鲜鱼肉含有70%~80%水分、15%~20%的蛋白质、1%~10%的脂肪、0.5%~1.0%的糖、1.0%~1.5%的无机盐。鱼肉中主要成分含量还会因鱼的种类、鱼的年龄、季节和鱼的营养状况的不同而发生变化。

在鱼、贝体表附着的微生物和体内水解酶类的作用下，鱼、贝类从捕捞上岸后，连续不断地发生着一系列的变化，根据研究表明主要分为3个阶段，即僵直期、自溶期和腐败变质期3个阶段。

新鲜肌肉组织呈中性或弱碱性，肌肉中的蛋白质为半流动状，肌肉柔软。鱼、贝刚死亡时，在ATP酶的作用下，ATP水解产生的能量使肌球蛋白、肌动蛋白结合而导致肌肉收缩，出现肌肉僵直现象。鱼、贝体发生僵直的时间和僵直持续时间的长短，与鱼、贝的种类、死前生理状态、贮藏温度以及捕捞方式等因素有关，几种影响因素中，温度是最主要的因素，温度越低，僵直开始得越迟，僵直持续的时间越长。僵直持续时间比哺乳动物短，一般从死后1~7 h开始，持续到5~22 h。

鱼、贝死后，正常的生理机能（有氧呼吸）停止，鱼贝内糖元经厌氧途径降解为乳酸，ATP分解产生磷酸，从而导致鱼、贝肉组织的pH下降至5.5，促进肌质网释放出较多的Ca²⁺，激活肌肉中钙激活蛋白酶，作用于肌球蛋白的Z线部位而使肌节的Z线断开，从而导致肌肉松弛变软，即出现解僵。随着pH进一步下降，溶酶体中组织蛋白酶被释放出来，组织蛋白酶就会水解肌原纤维蛋白，导致自溶，此时鱼、贝类的鲜度会迅速下降。鱼、贝类自溶出现时间与种类、保藏温度和组织pH有关，其中温度是主要因素。在一定范围内，温度越高，水解酶活性越强，越容易出现自溶现象。所以，工艺上通过低温保藏可有效抑制鱼体自溶现象的发生。

捕捞上来的鱼、贝死亡后微生物会在体表及体内迅速滋生，可能会通过表皮黏液、鳃、肠管以及捕捞时产生的创口等不断侵入到鱼、贝体内，从而导致新鲜度下降甚至腐烂。这主要是微生物生长代谢的结果。微生物大量生长繁殖而使鱼、贝体中的蛋白质、氨基酸及一些含氮化合物被分解成氨、三甲胺、硫化氢、吲哚以及尸胺、组胺等腐败产物，就会出现异味、臭味。而与此同时，鱼、贝体pH则会从弱酸性或中性变成碱性。鱼、贝体腐败后，就失去食用价值，误食会引起中毒。

因此，为保持原料的鲜度，在捕获鱼类后，应尽快用温度较低的清水洗净鱼、贝。

（二）原料的验收

原料的质量直接关系到罐头食品的质量。在原料进库前或加工前，需要确定海产品的种类、鲜度及其等级，以便确定合适的加工方法并组织生产。

原料的品质鉴定项目主要有种类、鲜度、大小、丰满度和完整度，其中鲜度是最重要的品质鉴定指标。原料的鲜度一般分为4级，鲜度不同，在加工中的用途也不同。用于罐藏加工的鲜度要求达到一级鲜度和二级鲜度。

海产品的鲜度一般从感官指标、理化指标（挥发性氨基态氮TVB-N、三甲胺、吲哚、pH、次黄嘌呤、k值等）以及微生物指标（总菌数）3个方面进行评价。我国评价海产品鲜度的感官指标、理化指标和微生物指标分别见表2-1和表2-2。

表2-1 海产品的感官指标要求

海产品类型及标准代号	食用范围	感官指标
海水鱼类 （GB 2733—1994）	黄鱼、带鱼、海鳗、黄姑鱼、鲐鱼、蓝圆鲹、鲅鱼、鲱鱼，不适用于海水软骨鱼	体表鳞片完整或较完整，不易脱落，体表黏液透明无异味，具有固有色泽。鳃丝较清晰，色鲜红或暗红，黏液不混浊，无异臭味；眼球饱满，角膜透明或稍混浊
头足类 （GB 2735—1994）	墨鱼、章鱼、鱿鱼	体表背部及腹部呈紫色或微红色。鱿鱼可呈紫色点；去皮后肌肉呈白色，鱿鱼允许有微红色；具有固有气味或海水味，无异味
海虾类 （GB 2741—1994）	对虾、海白虾、虾蛄、鹰爪虾等	虾体完整，体表纹理清晰有光泽；头胸甲与体节间连接紧密，允许稍有松弛、壳有轻微红色或黑色；眼球饱满突出，允许稍有萎缩；肌肉纹理清晰呈玉白色，有弹性、不易剥离；具有海虾固有气味，无任何异味
海贝类 （GB 2744—1994）	海贝类	外壳完整呈固有形状、色泽，平时微张开，受惊闭合；具有固有气味，无异臭味；斧足与触角伸缩灵活，肌肉组织紧密有弹性，呈固有色泽
蟹类 （GB 2743—1994）	海蟹	具有海蟹固有的气味、无任何异味；体表纹理清晰，有光泽，脐上部无胃印；步足与躯体连接紧密，提起蟹体时步足部松弛下垂；鳃丝清晰，白色或微褐色；蟹黄凝固不流动，肌肉纹理清晰，有弹性、不易剥离

表2-2 海产品鲜度的行业标准

标准编号	标准名称	分级	TVB-N（mg/100 g）	微生物指标
SC/T 3101—1984	鲜大黄鱼、鲜小黄鱼	一级	≤13	细菌总数≤10^4 CFU/g
		二级	≤30	细菌总数≤10^5 CFU/g
SC/T 3102—1984	鲜带鱼	一级	≤18	细菌总数≤10^4 CFU/g
		二级	≤25	细菌总数≤10^6 CFU/g
SC/T 3103—1984	鲜鲳鱼	一级	≤18	细菌总数≤10^4 CFU/g
		二级	≤30	细菌总数≤10^7 CFU/g
SC/T 3104—1984	鲜蓝圆鲹	一级	≤25	细菌总数≤$3×10^4$ CFU/g
		二级	≤25	细菌总数≤10^6 CFU/g

（三）原料的解冻

罐头生产的原料用量较大，在许多时候采用冷冻原料，此时，解冻就是必需工序。目前常用的海产原料解冻方法有空气解冻法和水解冻法两种，其中以水解冻为多。水解冻一般又分流水解冻和淋水解冻两种，水温一般控制在18℃以下。流水解冻是将冻结的原料直接浸在流动的水中，依靠流动水与原料间的热交换，使原料解冻。淋水解冻是利用喷嘴将细微的水滴喷撒在原料上，使原料温度上升解冻。

二、工艺流程及操作要点

（一）原料的清洗

1. 原料处理前的清洗

原料处理前的清洗主要是洗净附着在原料表面的泥沙、黏液、杂质等污物。一般鱼类、软体类用机械或手工清洗或刷洗；贝类、虾、蟹应刷洗和淘洗；蛏等贝类洗涤后还需用1.5%~2%的盐水浸泡1~3 h，使其充分吐净泥沙。

2. 原料处理后的清洗

此时主要是洗净腹腔内的血污、黑膜、黏液等污物。鱼类宜用小刷顺刺刷洗，同时割净脊椎瘀血。螺及鲍鱼去壳后的肉还应该用适量盐以搓洗机搓洗，再以水冲去黏液等污物。

3. 盐渍后的清洗

对于需盐渍的原料盐渍后应用清水清洗1次，以洗除表面盐分。

（二）原料的处理

1. 鱼类原料的处理

沿鳃骨切去头，刮净全部鳞。将尾鳍、背鳍、胸鳍等切除，然后剖腹挖除内脏。

2. 贝类原料的处理

带有硬壳的原料，需去壳取肉。

（三）盐渍

盐渍的主要作用有防腐、呈色、提高肉的持水性以及调味作用。盐渍操作时使用的混合盐除含有食盐外，还主要含有白砂糖、液体葡萄糖以及亚硝酸盐等。

食盐主要作用是抑制微生物的生长和提高肉的持水性以及调味。亚硝酸盐对肉毒梭状杆菌具有抑制作用，但要严格按照国标规定添加，另外，亚硝酸盐还能与肌红蛋白发生反应形成亚硝基肌红蛋白，受热后会生成亚硝基血色原，当其与淀粉、脂肪等共存时则呈现粉红色。

（四）装罐、排气与密封

1. 装罐

（1）空罐处理。在装罐之前首先应进行空罐处理。由于罐中含有许多微生物、灰尘以及油脂等杂质和污染物，因此，罐体在应用之前必须严格清洗、消毒等处理后才能应用，处理的好坏将直接影响最终罐头食品的质量、卫生等指标，也能影响杀菌的负荷。

（2）装罐的工艺要求。装罐要迅速，食品质量要求一致，保证一定的重量，必须保持适当的顶隙。

（3）装罐方法。装罐的方法主要有人工装箱和机械装罐两种，具体采用哪种装罐方法取决于食品类型和装罐要求。

2. 排气

排气主要是减少或去除罐中的氧气和除水蒸气之外的不凝性气体，从而防止或减少罐体在加热杀菌过程中胀罐或变形。另外，氧气的减少也能抑制需氧性腐败菌的生长繁殖，从而保证食品营养成分不被或少被破坏，保证了食品质量，减少罐头食品在贮藏期对罐壁的腐蚀，延长保存期限。对玻璃罐则可增强金属盖与罐的密合性，减少跳盖现象。罐内真空度应在33~53 kPa。排气时切忌将加热容器内空气排净，从而防止冷空气影响杀菌效果。

目前常用的罐头排气方法主要有加热排气、真空封罐排气和蒸汽喷射排气。

3. 罐头的密封

密封是罐头食品生产中非常重要的一道工序，直接关系到罐头食品的品质和贮藏性能。不同的罐藏容器对密封方法和要求不同。

（五）杀菌

1. 罐头杀菌的目的和要求

杀菌处理是食品罐藏加工中的关键工序，为保证罐藏条件下食品的稳定性，尽可能保存食品品质和营养价值，罐藏食品的杀菌需要达到商业无菌（CommerciaL SteriLization）要求。根据我国国家标准（GB 4789.26—2003）和《美国联邦法规》（CFR）第21篇第128b条中的"热杀菌低酸性封口罐头食品管理法"，商业无菌定义为：罐头食品经过适度的热杀菌后，不含有对人体健康有害的致病性微生物（包括休眠体），也不含有在通常温度条件下能在罐头中繁殖的非致病性微生物。

2. 罐头杀菌工艺条件

罐头杀菌的工艺条件主要是杀菌温度、时间和反压力3项因素。在工厂常用"杀菌公式"表示对杀菌操作的工艺要求。

杀菌锅内温度达到121℃时，保温65 min。保温阶段，温度和压力必须相一致，否则杀菌将不能达到要求而影响产品质量。杀菌过程中，温度除了在杀菌锅的表中读数外，还要以温度计测定相结合，防止仪表发生故障而影响杀菌效果。保温过程中，杀菌温度应该在较小范围内波动，其范围应控制在±0.5℃。杀菌期间，应该开启放汽阀，目的是使杀菌锅内的蒸汽温度保持均匀。另外，应及时排掉锅底的冷凝水，使蒸汽温度保持杀菌需要的温度，从而保证预期的杀菌效果。

（六）冷却

达到杀菌要求后，罐头食品需要尽快冷却，以避免食品色泽变差、组织软化、风味受损，减缓罐头内壁腐蚀，防止海产罐头内容物玻璃状结晶的形成。影响罐头食品冷却速度的因素主要是食品性状（浓度、形状、大小、状态）、罐头容器材质和罐型、冷却介质。

冷却中要注意：如果采用玻璃罐，应该采用分阶段冷却的方式，确保温度不能降低太快，防止玻璃管破裂，相邻冷却阶段的冷却水温差不宜超过25℃；使用的冷却水水质应符合工业卫生的要求；如采用加压冷却方式时，反压要恰当，防止罐体变形或破裂；罐头要冷却彻底，冷却后的温度应在38~40℃范围内，最后擦干表面水分。

（七）保温检验

罐头食品经过杀菌、冷却后，还需要进行保温、检验才能出厂。海产罐头食品经杀菌、冷却到38~40℃，送入到37℃±2℃保温室，恒温培养7 d，再取样进行检验。检验程序是先观察罐头外观，然后用敲检法检查罐头，再根据国家标准（GB 4789.26—2003）进行商业无菌检验。检验步骤包括审查生产操作记录、取样、称量、保温、开罐、留样、pH测定、感官检验、涂片染色镜检、接种培养、微生物培养检验程序及判定、罐头密封检验等程序。

第二节 清蒸类海产罐头的加工技术

清蒸类罐头又称原汁罐头，是将处理好的原料预煮脱水后装罐，再加入精盐、味精，经排气、密封、杀菌等工序而制成的罐头产品，如清蒸鱼、清蒸蟹、原汁贻贝、蒸对虾等罐头。此类罐头的特点如下：块形完整，不含过多杂质，汁液澄清，一般含盐量控制在1.5%~2.0%的范围内，尽量保持原料原有的色、香、味，是较为清淡的罐头类食品。

一、清蒸鱼类罐头

（一）原料种类与要求

清蒸鱼类罐头所用原料主要有鲭、鲑、鲅、鳕、鳓、海鳗、鲥、鲳等，要求原料鱼鲜度指标在二级鲜度以上，肉质紧密、气味正常、尚在僵直期内、鳃色鲜红、眼球透明有光、鳞片坚实不脱落的鲜鱼或冻鱼均可用于罐头加工。下面以清蒸鲭罐头为例说明清蒸鱼类罐头的生产工艺流程和操作要点。

（二）工艺流程

原料验收 → 原料处理 → 预煮 → 冷却 → 修整 → 罐装 → 排气密封 → 杀菌冷却 → 入库

（三）工艺要点

1. 原料验收

选用新鲜肥美、鱼体完整、无钩洞伤斑的鲭鱼为原料。

2. 原料处理

先用清水洗净表面污物，然后逐条去头、去内脏。

3. 预煮、冷却与修整

将处理好的鱼体按料水1∶1的比例，投入沸水中预煮5 min，然后捞出即刻投入冷水中冷却。冷却后在清水中修整，修去鱼腹腔中的残余内膜等污物，再次剔除不合格的鲭鱼。将修整好的鱼按料水比1∶1的比例投入到4%的煮沸盐水中进行二次预煮，预煮10 min后立即捞出，投入洁净的冷水中冷却。预煮时要及时翻动，以减少变形及粘连。预煮所用食盐水可以连续用3次，但每次应补加少量食盐，使盐水浓度为4%。

4. 装罐

经盐水预煮的鲭鱼即可装罐。一般选用抗硫涂料的860罐型马口铁罐。装箱时注意局部向上，排列整齐，加入的汤汁温度不得低于70℃。装罐所用汤汁的配制：精盐1.5%、砂糖0.78%，加热溶解、煮沸过滤后使用。

5. 排气密封

装罐后的罐头可在90℃排气12 min，然后趁热密封并逐听检验封口质量，不合格者马上开罐重装、重封。采用真空封罐时，要求真空度40 kPa。

6. 杀菌冷却

杀菌公式：（15—40—15）min/116℃。即用116℃的高温杀菌，升温时间15 min，杀菌时间40 min，降温时间15 min。杀菌后的罐头急速冷却至40℃左右，随即擦罐入库。

7. 质量要求

具有鲜鱼的光泽，略显淡黄色；鱼体竖装成卵形；质柔嫩，滋味正常，咸淡适中，无异味。

二、清蒸贝类罐头

（一）原料种类与要求

清蒸贝类罐头所用原料主要有蛏、牡蛎、蛤、鲍、赤贝、贻贝等，要求贝类新鲜肥满。下面以原汁蛏子罐头为例说明清蒸贝类罐头的生产工艺流程和操作要点。

（二）工艺流程

原料验收 → 清洗 → 剥壳取肉 → 清洗 → 盐渍 → 清洗 → 预煮 → 装罐 → 排气密封 → 杀菌冷却 → 入库

（三）工艺要点

1. 剥壳取肉

活鲜蛏子用清水洗净后，用不锈钢刀剥壳取肉并去除内脏，漂洗干净。

2. 盐渍

清洗后的蛏肉按肉柱大小分别用10%的盐水腌渍8~12 h，用搓洗机搓洗5~15 min，再用清水冲洗去盐分。然后剪去嘴和外套膜，逐只洗净，去净黑膜。

3. 预煮

处理好的蛏肉以80℃热水煮20 min，预煮水与蛏肉之比为3：1。预煮水中，可添加适量的柠檬酸等护色剂，防止变色。煮后用流动水冷透，漂洗1次后即可分选装罐。

4. 装罐

一般采用7114罐型的抗硫氧化锌涂料罐，汤汁温度不低于80℃，大小蛏肉分开装罐。汤汁配制：精盐2%、味精1%，煮沸过滤后使用。

5. 排气密封

采用加热排气时，罐中心温度达到80℃以上即刻密封；真空密封排气时，真空度53.3~60 kPa。

6. 杀菌冷却

杀菌公式：（15—70—20）min/115℃。杀菌后急速冷却至40℃以下。

7. 质量要求

表2-3　感官质量要求

项目	优级品	一级品	合格品
色泽	蛏肉呈灰白色，允许腹部呈黄绿色；汤汁呈灰白色至暗灰色	蛏肉呈灰白色，允许腹部呈深黄绿色；汤汁呈灰白色至暗灰色	蛏肉呈灰白色，允许腹部呈深黄绿色；汤汁呈灰白色至深灰色
滋味、气味	具有清汤蛏子罐头应有的滋味和气味，无异味		
组织形态	蛏肉软硬适度，无煮烂现象；大小均匀，蛏体长40 mm以上；破裂蛏不超过固形物的10%	蛏肉软硬较适度，无煮烂现象；大小尚均匀，蛏体长35 mm以上；破裂蛏不超过固形物的15%	蛏肉软硬尚适度，断裂蛏、破裂蛏不超过固形物的25%

三、清蒸虾类罐头

（一）原料种类与要求

清蒸虾类罐头原料主要是对虾，可采用新鲜、肥壮、未经产卵、完整无缺的新鲜虾，或冷冻的优质虾做罐头加工用原料。下面以清蒸对虾罐头为例说明清蒸虾类罐头的生产工艺流程和操作要点。

（二）工艺流程

原料验收 → 原料处理 → 预煮 → 冷却修整 → 装罐 → 排气密封 → 杀菌冷却 → 入库

（三）工艺要点

1. 原料验收

原料必须新鲜，要求外壳为淡青色、具有光泽且呈半透明，肉质紧密有弹性，甲壳紧密附着虾体，色泽、气味正常。

2. 原料处理

将合格新鲜虾的头、壳小心剥去，再用不锈钢小刀剖开背部，取出虾肠，在4℃以下的冰水中清洗1~2次，同时按虾大小进行分级。

3. 预煮

按虾水比为1∶4比例，将虾肉投入浓度为1.5%煮开的稀盐水中预煮，大虾煮9~12 min，小虾煮7~10 min，脱水率约为35%，预煮水需经常更换。预煮后立即投入冷水中漂洗，冷却后再进行修整，挑出不合格的虾另行处理。

4. 装罐

预煮后的虾立即装罐，采用962罐型的抗硫涂料罐，并在罐内衬垫硫酸纸，装罐时虾要排列整齐。

5. 排气密封

加热排气时要求罐内中心温度达到80℃以上，采用真空封罐时则要求真空度67 kPa。

6. 杀菌冷却

杀菌公式：（15—70—20）min/115℃。杀菌后冷却至40℃，擦罐入库。

7. 质量要求

色泽：虾肉呈粉红色或呈白色；滋味及气味：具有清蒸虾罐头应具有的滋味及气味，无异味；组织及形态：虾身要求完整；杂质：不允许存在。

四、清蒸蟹肉罐头

（一）原料种类与要求

清蒸蟹罐头原料必须是新鲜的活蟹。

（二）工艺流程

原料 → 清洗 → 蒸煮 → 去壳取肉 → 装罐 → 排气密封 → 杀菌冷却 → 入库

（三）工艺要点

1. 原料清洗

选用活蟹，洗净泥沙，掀去蟹盖壳。用不锈钢小刀去除浮鳃、嘴脐、蟹黄等。用刷子逐只刷洗表面污物，将蟹足、蟹身及螯分开，漂洗干净，立即蒸煮。

2. 清蒸

将蟹身放入蒸锅中，上汽后蒸20 min自然冷却，脱水率一般控制在35%。

3. 去壳取肉

取肉时应尽量使蟹肉完整，肌肉内膜保留或去除均可。取出后的蟹肉投入0.2%的柠檬酸溶液中浸泡15 min，柠檬酸溶液与蟹肉比为2∶1，然后用清水漂洗一次，浸泡增重控制在10%~12%。浸泡液不要重复使用。

4. 装罐

采用854罐型抗硫氧化锌涂料罐。装罐时注意蟹肉的搭配。

5. 排气密封

采用蒸汽于95℃加热排气30~35 min，趁热立即密封。

6. 杀菌冷却

杀菌公式：（15—70—15）min/110℃。急速冷却。

7. 质量要求

色泽：蟹壳呈粉红色，蟹肉呈白色、黄白色，稍带灰白色；滋味及气味：具有清蒸蟹肉罐头应具有的滋味及气味，无异味；组织及形态：蟹身要求完整；杂质：不允许存在。

第三节　调味类海产罐头的加工技术

调味类罐头在生产过程中注重配料特色，其特点为形态完整、色泽一致、风味独特。调味类罐头是将处理好的原料经盐渍脱水或油炸、装罐、加入调味汁、排气密封、杀菌、冷却等工序制成的罐头产品。根据加工调味方法和配料的不同，又可将调味类罐头分为五香、红烧、豆豉、茄汁等品种。

一、五香鱼罐头

（一）原料种类与要求

五香鱼罐头采用油炸后，用五香调味液调味的工艺生产，成品具有汤汁少、香味浓郁、味美可口的特点。常见的品种有五香凤尾鱼、五香带鱼、五香鳗鱼、五香马面鱼等。下面以五香凤尾鱼罐头为例说明五香鱼罐头的生产工艺流程和操作要点。

（二）工艺流程

原料验收 → 原料处理 → 油炸 → 调味 → 装罐 → 排气密封 → 杀菌 → 冷却 →入库

（三）工艺要点

1. 原料验收

选用鱼体完整、鱼鳞发亮，鳃呈红色，鱼体长12 cm以上的冰鲜或冻藏凤尾鱼作为生产原料，不得使用变质鱼。

2. 原料处理

冰鲜鱼或解冻鱼要先用流动水清洗，去除附着在鱼体表面的杂物，剔出变质鱼、破腹鱼及其他混杂鱼。然后沿鱼头背部至鱼下颌摘取鱼头并将鱼鳃和内脏一起拉出，但要保留下颌、不能弄破鱼肚。

3. 油炸

将鱼体按大小进行分级、定量装盘。将鱼体沥水后，定量投入180~200℃的油炸锅内炸2~3 min。油炸时要准确掌握油温，油温过高会使鱼尾变成暗红色，油温过低则会造成鱼体弯曲、色泽变暗。鱼油比1：10的油炸条件为宜，炸至鱼体呈金黄色、鱼肉有坚实感为度。

4. 调味

炸好的凤尾鱼稍经沥油后，趁热浸入五香调味液中，并浸渍1~2 min，然后将鱼捞起，沥去鱼表面的调味液，放至回软。

调味液配制：精盐2.5 kg、酱油75 kg、砂糖25 kg、黄酒25 kg、白酒7.5 kg、鲜姜5 kg、桂皮0.19 kg、茴香0.19 kg、陈皮0.19 kg、月桂叶0.125 kg、味精0.075 kg以及水50 kg。先称取生姜、桂皮、茴香、陈皮和月桂叶，加适量清水煮沸1 h，香味熬出后捞出残渣，然后加入砂糖、精盐、酱油和味精，煮沸后加入白酒和黄酒，取出过滤并用开水补至190 kg。

5. 装罐、排气与密封

采用303号抗硫全涂料马口铁罐，装罐时鱼腹向上、整齐交叉排列于罐内，要求同一罐内鱼体大小和色泽一致。采用真空封罐时，要求真空度达到400 mmHg；使用冲拔罐时，真空度要达到260~270 mmHg。

6. 杀菌冷却

杀菌公式：（20—30—20）min/121℃。反压（14.71×10^4 Pa），杀菌完成后冷却至40℃。

7. 质量要求

表2-4　感官质量要求

项目	优级品	一级品	合格品
色泽	鱼体呈黄褐色	鱼体呈黄褐色至深褐色	鱼体呈黄褐色至深褐色
滋味、气味	具有凤尾鱼罐头应有的滋味和气味，无异味		

项目	优级品	一级品	合格品
组织形态	组织软硬适度，不过韧，不松软；鱼体完整，鱼子饱满，大小大致均匀，排列整齐；401或602号罐每罐装凤尾鱼不超过25条	组织软硬较适度，部分稍韧或稍软；鱼体完整，鱼腹带子，大小大致均为，排列整齐；允许有断尾鱼或断鱼不超过3条	有条装和段装两种规格。条装者组织软硬尚适度，鱼位体尚完整，排列尚整齐，带子鱼和无子鱼搭配装罐，允许有断尾鱼和断鱼以条数计不超过20%；段装凤尾鱼呈条段状，允许有碎屑鱼不超过净含量20%

二、红烧鱼罐头

（一）原料种类与要求

红烧鱼罐头通常采用将鱼块经腌制、油炸后，再装罐注入调味液的工艺生产，具有红烧鱼的特有风味，一般汤汁较多，色泽深红。常见的品种有红烧鲐鱼、红烧鲅鱼、香酥黄鱼等。下面以红烧鲅鱼罐头为例介绍红烧鱼罐头的生产工艺流程和操作要点。

（二）工艺流程

原料验收 → 解冻 → 处理 → 腌制 → 油炸 → 装罐 → 排气 → 密封 → 杀菌冷却 → 入库

（三）工艺要点

1. 原料

选用鱼体完整、气味正常、肌肉有弹性、骨肉紧密连接鲜度良好的冰鲜鱼或冷冻鱼，每条质量在0.5 kg以上。不得使用变质的鲅鱼。

2. 原料处理

若以冷冻鲅鱼为原料，需要进行解冻。解冻后，去除鱼头、鱼尾、鳍以及内脏，充分洗去血水后切成2~3 cm小块。

3. 腌制

每100 kg处理好的鱼块加精盐1 kg、白酒0.5 kg后腌制10~30 min。

4. 油炸

先将植物油加热至180~190℃，然后投入腌制好的鱼块炸5~8 min，至鱼表面呈黄色时即捞出沥油。油炸时，鱼油比1∶10。鱼投入后，待鱼块表面结皮、上浮时才可轻轻抖散翻动，防止鱼块相互粘连和脱皮。鱼块在油炸过程中产生的碎屑要及时去除。

5. 装罐

采用860型抗硫涂料罐或玻璃罐。

汤汁配制：大料粉300 g、桂皮粉200 g、花椒粉100 g、姜粉300 g、胡椒粉300 g、大葱10 kg、精盐14 kg、酱油20 kg、砂糖20 kg、味精0.5 kg。先将大料粉、桂皮粉、花椒粉、姜粉、胡椒粉、大葱加清水熬煮3 h后补足水至20 kg，然后加入精盐、酱油、砂糖、味精和水，加热使上述配料全部溶解后用清水补足180 kg，煮沸后用3层纱布过滤即可供装罐用。

6. 排气密封

采用加热排气时，罐中心温度应在80℃以上。真空封罐时真空度应达40 kPa。

7. 杀菌冷却

杀菌公式：860型罐，（15—90—15）min/116℃；玻璃罐，（20—80）min/121℃。逐渐冷却。

8. 质量要求

应具有红烧类罐头特有的酱红褐色略带黄褐色，或根据产品特点而呈现的特有正常的颜色；具有各种海产经处理、烹调装罐加调味液制成的红烧罐头应有的滋味及气味，无异味；产品保持完整，大小基本均匀，无杂质。

三、茄汁鱼类罐头

（一）原料种类与要求

加工时，可将经处理、盐渍的鱼块直接生装后加注茄汁，或经预煮或油炸后装罐加注茄汁，然后再进行排气密封、杀菌冷却。可作茄汁鱼罐头的原料很多，有鲭鱼、海鳗、鲅鱼、沙丁鱼等。下面以茄汁沙丁鱼为例介绍茄汁鱼类罐头的生产工艺流程和操作要点。

（二）工艺流程

原料验收 → 处理 → 盐渍 → 脱水 → 装罐 → 排气密封 → 杀菌冷却

（三）工艺要点

1. 原料验收

采用新鲜冰藏沙丁鱼或冷冻沙丁鱼。

2. 原料处理

先用清水洗净鱼体表面污物与杂质，再去头，同时拉出内脏（不剖腹），去鳞、去鳍，逐条洗净后沥水。

3. 盐渍

处理好的沙丁鱼投入10%~15%盐水中浸泡10~12 min，盐水与鱼之比为1∶1；或用2%的精盐拌均匀后盐渍30 min，再用清水漂洗一次，沥干水分。

4. 脱水

将盐渍好的沙丁鱼生装于罐内，灌满1%的盐水，在90~95℃下蒸40 min，脱水率控制在20%为好。蒸煮后倒罐沥净汁水后迅速加茄汁。

5. 装罐

装罐时背向上整齐排列。603型罐净重340 g，604型罐净重198 g。

6. 排气密封、杀菌冷却

条件如下：603型，加热排气，罐中心温度80℃，真空度为53.3 kPa，（15—80—20）min/118℃；604型，加热排气，罐中心温度80 ℃，真空度53.3 kPa，（15—75—20）min/118℃。

7. 质量要求

表2-5　感官质量要求

项目	优级品	一级品	合格品
色泽	鱼块色泽正常，茄汁为橙红色至红色，鱼皮色泽较鲜明	鱼块色泽正常，茄汁为橙红色至红色，鱼皮色泽尚鲜明	鱼块色泽正常，茄汁为橙红色至红色，鱼皮色泽正常
滋味、气味	具有茄汁沙丁鱼罐头应有的滋味和气味，无异味		
组织形态	条装：肉质软硬适度，形态完整，排列整齐、长短较均匀。段装：部位搭配适宜，允许有添秤小鱼肉1块	条装：肉质软硬较适度，形态较完整，排列整齐、长短较均匀。段装：部位搭配较适宜，允许有添秤小鱼肉2块	条装：肉质软硬适度，形态尚完整，排列较整齐、长短尚均匀。段装：部位搭配尚适宜，允许有添秤小鱼肉3块

四、豆豉鱼类罐头

（一）原料种类与要求

豆豉鱼类罐头是在罐头中添加了豆豉后加工制成的罐头，具有鱼类和豆豉的鲜香味。可做豆豉鱼罐头的原料很多，下面以沙丁鱼为例介绍豆豉鱼类罐头的生产工艺流程和操作要点。

（二）工艺流程

原料验收 → 原料处理 → 油炸、调味 → 装罐 → 排气密封 → 杀菌冷却 → 入库

（三）工艺要点

1. 原料验收

选用新鲜沙丁鱼为原料。

2. 原料处理

去鳞、去头、剖腹、去内脏，然后按4.5~5.5 kg/100 kg比例加盐腌制4~10 h。起桶后迅速将鱼取出，逐条洗净，刮去腹腔黑膜，沥干。

3. 油炸、调味

将油加热至170~175℃，投入腌制好的沙丁鱼，油炸至浅褐色，趁热置于65~75℃调味液中浸泡40 s，沥汁后装罐。

调味液配制：先将丁香1.2 kg、桂皮0.9 kg、甘草0.9 kg、沙姜0.9 kg、八角茴香1.2 kg、水70 kg用文火熬煮4 h，去渣得香料水65 kg。再在10 kg香料水中加入1.5 kg砂糖、酱油1.0 kg和味精0.02 kg，配制成调味液。

4. 装罐

采用501型罐，净重227 g，豆豉经分选、去杂后水洗一次，沥水后装入罐底，然后装鱼，同一罐内鱼体大小要基本一致，排列整齐。

5. 排气密封度

采用加热排气时，要求罐中心温度在80℃以上；采用真空封罐时，真空度在47~53 kPa。

6. 杀菌冷却

杀菌公式：（10—60—15）min/115℃。杀菌完成后冷却至40℃以下，擦干后入库。

7. 质量要求

表2-6　感官质量要求

项目	优级品	一级品	合格品
色泽	炸鱼至黄褐色至茶褐色，油为黄褐色	炸鱼呈黄褐色至深茶褐色，油为深黄褐色	炸鱼呈茶褐色至棕红色，油为深褐色
滋味、气味	具有豆豉沙丁鱼罐头应有的滋味和气味，无异味		
组织形态	组织紧密，软硬及油炸适度。条装：鱼体排列整齐，允许添秤小块1块；段装：鱼块平装，部分搭配。块形较均匀，允许有添秤小块1块	组织较紧密，软硬及油炸较适度。条装：鱼体排列较整齐，允许添秤小块1块；段装：鱼块平装，部位搭配。块形大致均匀，允许有添秤小块1块	组织尚紧密，油炸尚适度。条装：排列尚整齐，允许每罐不足2条或4条以上允许添秤小块1块；段装：鱼块较整齐，块形部位搭配一般，碎块不超过鱼块质量的35%

五、豉油海螺罐头

（一）工艺流程

原料处理 → 搓盐 → 预煮 → 调味 → 装罐 → 排气密封 → 杀菌冷却 → 成品检验入库

（二）操作要点

1. 原料处理

选取新鲜海螺或新鲜程度较高的冰冻海螺为原料，冲洗掉表面的泥沙及杂质，加热煮沸10 min左右。然后剥壳取肉，去除内脏、消化系统、生殖系统及脑等不宜食用的部分，用流动清水冲洗干净。

2. 搓盐

将螺肉加入8%的粗食盐，搓洗10~15 min，然后用清水冲洗掉杂质及黏液。

3. 预煮

将螺肉用5%的食盐水煮沸5 min左右，再加入0.12%的柠檬酸液煮沸15~20 min。螺肉与酸液之比为1:2，预煮后及时冷却，并充分洗净。

4. 调味汁的配制

用清水将洗净、切碎的生姜煮沸20 min左右，制得姜汁。再加入豉油、糖等其他调味料继续煮至沸腾后，加入料酒，制得100 kg的调味液。

5. 装罐

采用抗硫涂料罐672、783、7116号和500 mL罐头瓶，将容器清洗消毒后，按要求装罐。装罐时螺头向罐底，两头排列整齐，按8~12克/只、12~17克/只、17克/只以上分别装罐，净含量为198 g罐可装4~8克/只小海螺。装罐后加入调味液，在80℃以上保温。

6. 排气及密封

排气后的真空度为0.056~0.067 MPa，热排气罐头中心温度达80℃以上，趁热密封。

7. 杀菌及冷却

杀菌公式：热排气，（15—60—20）min/116℃；真空抽气，（15—70—20）min/116℃。将杀菌后的罐头冷却至40℃左右，取出擦罐入库。

8. 质量要求

螺肉应具有红褐色至黄褐色的色泽，带有豉油海螺特有的香气和滋味。形态完整，软硬适中，大小均一且组织富有弹性，可以存在少量碎肉和少许结晶。食盐含量在1.2%~2.0%为宜。

六、辣味带鱼罐头

（一）工艺流程

原料处理 → 盐渍 → 油炸 → 调味 → 装罐 → 排气密封 → 杀菌冷却 → 成品检验入库

（二）操作要点

1. 原料处理

选取冰鲜或冰冻带鱼为原料。将冰鲜或解冻的冷冻带鱼表面的银脂去除，掐头去尾，取出内脏及黑膜等杂物，用清水冲洗干净。待沥干水分后将带鱼切块，长度大约8 cm。

2. 盐渍

用8%的盐水浸泡处理完毕的带鱼，浸泡时间为8~10 min，盐水量以没过带鱼为宜。盐渍结束后，用清水冲洗干净，沥干，备用。

3. 调味汁的配制

调味汁典型配方为：60 kg水中加入食盐4 kg、红辣椒粉1.5 kg、味精1.2 kg。将上述料液煮沸并充分搅拌，使调味料混合均匀，冷却后备用。

4. 油炸

将准备好的带鱼块放入油锅中油炸，油温控制在200℃左右，炸至鱼块金黄为宜，注意不要破坏鱼块形态。

5. 调味

将油炸后的鱼块尽快放置于调味液中，浸泡1~3 min后取出，沥干后放至室温回软。

6. 装罐

采用适当罐头瓶或罐进行定量灌装，注意将鱼块排列整齐。

7. 排气及密封

热排气温度为95℃以上，排气时间为13~15 min，趁热密封。

8. 杀菌及冷却

杀菌公式：15 min—70 min—反压冷却/118℃，反压力为0.15 MPa。杀菌后的罐冷却至40℃左右，取出擦罐暂存。

9. 保温检验

在37℃环境条件下放置1周，进行保温检验，剔除不合格产品，然后外销或入库。

10. 质量要求

该产品颜色呈现酱红褐色或棕黄褐色，具有带鱼所特有的香气和滋味，组织紧密适度。鱼体小心从罐内倒出时，不碎散，大小大致均匀，无杂质。

七、香酥黄鱼罐头

（一）工艺流程

原料处理 → 盐渍 → 油炸 → 调味液的配制 → 装罐 → 排气及密封 → 杀菌及冷却 → 保温检验 → 入库或外销

（二）操作要点

1. 原料处理

选取冰鲜或经过解冻的冰冻黄鱼，去掉头、尾、鳍、内脏及腹腔黑膜等不宜食用部分。用流动清水冲洗干净。鱼体切成2.5~3 cm的鱼块，尾部宽度为2 cm。腹肉按3~4 cm长切块。

2. 盐渍

以50 kg鱼块为基准，均匀拌入食盐500 g、黄酒250 g后，放置15 min左右，使盐分和黄酒渗入鱼块内部。

3. 油炸

油温185~210℃，腹肉应单独油炸。炸至鱼块表面结皮后轻轻翻动抖散，以防鱼块粘连。待炸至鱼块有坚实感，表面呈金黄色时，即可捞出沥油冷却。油炸得率为65%~70%。

4. 调味汁的配制

调味汁配方：酱油16 kg、砂糖15 kg、精盐3.4 kg、黄酒1.3 kg、味精0.21 kg、清水180 kg、酱色0.5 kg、茴香0.18 kg、桂皮0.18 kg、花椒0.18 kg、生姜0.18 kg。将清洗干净的桂皮、茴香、花椒、生姜投入锅中，加水煮沸。保持微沸40 min。然后将香料捞出，控制好出锅量为180 kg，料液用纱布过滤后即为香料水，备用。

上述香料可连续使用两次，但第二次需补加1/2的新香料。在盛有香料水的锅中按配方加入酱油、砂糖、精盐、酱色等，加热搅溶，煮沸后加入黄酒，过滤备用。

5. 装罐

采用适当容器进行定量灌装，注意将鱼块排列整齐。液温不低于80℃。

6. 排气及密封

70℃、6 min预热。热排气85℃，10~12 min。趁热密封。

7. 杀菌及冷却

杀菌公式：（20—85—30）min/118℃。

8. 质量要求

表2-7 感官质量要求

项目	优级品	一级品	合格品
色泽	肉色正常，呈黄褐色	肉色正常，呈棕褐色	肉色正常，呈褐色
滋味、气味	具有香炸黄鱼罐头应有的滋味和气味，香味浓郁，无异味		
组织形态	组织酥软，不干硬。从罐内向外倒出鱼体时不碎散，分条装和块装两种。条装体形完整，排列整齐，允许有添秤小块1块；段装部位搭配形大小均匀，允许有添秤小块1块	组织较酥软，不干硬。从罐内向外倒出鱼体时不碎散，分条装和块装两种。条装体形完整，排列较整齐，允许有添秤小块1块；段装部位搭配块形大小较均匀，允许有添秤小块1块	组织尚酥软，条装体形尚完整，排列尚整齐，允许有添秤小块2块；段装部位搭配一般，碎块不超过质量的35%，允许有添秤小块2块

第四节 油浸类海产罐头的加工技术

油浸类海产罐头是将经盐渍的鱼块直接生装罐或先预煮再装罐，加入一定量的精制植物油及少许食盐、白砂糖等，再经排气密封、杀菌、冷却等工序制成的罐头食品。制成品具有鱼块经油浸后特有的色香味和质地，特别是经一定时间贮藏，使罐内容物的色、香、味调和后，食用味道更佳。许多海水鱼可作油浸鱼罐头的生产原料，故油浸鱼罐头的品种也就比较丰富，如鲭鱼、鲅鱼、海鳗、金枪鱼等。

一、油浸鲭鱼罐头

（一）原料要求

以冰鲜或冷冻优质鲭鱼为原料。

（二）工艺流程

原料验收 → 原料处理 → 盐渍 → 蒸煮脱水 → 装罐 → 加油 → 排气密封 → 杀菌冷却 → 擦罐入库

（三）工艺要点

1. 原料验收

选用冰藏或冷冻优质鲭鱼为原料，要求鲜度保持二级以上。

2. 原料处理

采用冷冻鲭鱼时要先按要求进行解冻，解冻后去除鱼头和内脏，充分洗净腹腔内的血水和黑膜等污物，再把鱼切成5 cm长的鱼段，尾部直径不小于2 cm。

3. 盐渍

切好的鱼块用盐水腌渍处理。若是新鲜冰藏鱼用20%的食盐水浸泡20 min；若为冷冻鱼则用10%的食盐水浸泡15 min，盐渍后清水清洗1次后沥水。

4. 蒸煮脱水

鱼块装入862型涂料罐，鱼块竖装，排列整齐，然后灌满0.1波美度的洁净盐水，于100℃下蒸煮30~35 min，然后倒罐沥净汤汁。要注意脱水后倒罐沥水前，鱼块不要露出汤汁，也不要积压过久，以防变色。

5. 装罐

862型罐要求净重256 g，装入鱼块260~270 g（脱水率约为15%），脱水后质量220~230 g，加精炼植物油35 g、精盐2.5~3 g。条重小于0.5 kg的小鲭鱼，装箱量需要增加10 g，而冷冻鱼较鲜鱼装罐量减少10 g，以保证开罐时的固形物含量。

6. 排气密封

采用真空密封，真空度控制在53.3 kPa以上。

7. 杀菌冷却

杀菌公式：（15—70—15）min/118℃，反压冷却至40℃以下，然后入库。

8. 质量要求

表2-8　感官质量要求

项目	优级品	一级品	合格品
色泽	鱼块色泽正常，表皮有光泽，油较清晰	鱼块色泽正常，表皮尚有光泽，油较清晰	鱼块色泽较正常，油尚清晰
滋味、气味	具有油浸鱼罐头应有的滋味和气味，无异味		
组织形态	组织紧密有弹性，不碎散，鱼块竖装，切面平整，排列整齐，部位搭配均匀，鱼块长短大致均匀，允许轻微脱皮。尾部直径不小于10 mm，添秤小块不超过1块	组织紧密有弹性，允许轻微碎散，鱼块竖装，排列整齐，部位搭配均匀，鱼块长短大致均匀，允许轻微脱皮。尾部直径不小于10 mm，添秤小块不超过1块	组织较紧密，允许轻微碎散，部位搭配，鱼块长短大致均匀，允许脱皮。添秤小块不超过2块

二、油浸金枪鱼罐头

（一）原料要求

选用冰鲜或冷冻优质金枪鱼为原料。

（二）工艺流程

原料验收 → 原料处理 → 蒸煮 → 整理 → 装罐 → 真空封罐 → 杀菌 → 冷却 → 入库

（三）工艺要点

1. 原料验收

选取新鲜或冰鲜或冷冻的金枪鱼为原料，要求鱼体完整，眼球干净，气味正常，鳃呈红色，无异味，肌肉弹性好。新鲜度要在二级以上。

2. 原料处理

鲜鱼以清水洗净。冻鱼应用流水解冻，解冻后鱼体完整，满足新鲜度的要求。解冻水温度宜控制在10~15℃。去除鱼头、鱼尾及内脏，并用流动清水冲洗黏液及杂质。水温不得超过20℃。

3. 蒸煮

将上述经处理后的鱼体用蒸汽蒸煮，蒸煮温度为102~104℃，蒸煮25~30min。

4. 整理

煮熟的鱼体应充分冷却，使组织紧密，以免鱼体在后续处理中被破坏。将冷却后的鱼除去鱼皮、鱼鳞，然后沿脊骨部位将鱼分成两片，去掉污物及杂质。然后将鱼片切成段长为5.0~5.3 cm的鱼块。

5. 装罐

采用合适的金属罐定量灌装，同时加入食盐和植物油适量。

6. 真空封罐

封罐的真空度应控制在50~55 kPa。装罐后，应随即进行封罐。封好罐后将罐体表面冲洗干净，然后进入杀菌环节。

7. 杀菌、冷却

装罐封口后，应尽快杀菌。杀菌条件为121℃、15~65 min，反压冷却至40℃以下，然后入库。

8. 质量要求

见表2-8。

三、油浸鲅鱼罐头

（一）工艺流程

原料处理 → 盐渍 → 装罐脱水 → 加油 → 排气密封 → 杀菌冷却 → 成品检验入库

（二）操作要点

1. 原料处理

选取新鲜或经解冻的冷冻鲅鱼为原料，经冲洗干净后，进行去头、尾、鳍及内脏等不宜食用的部位，然后再用流动清水冲洗干净，沥干水分后切成5 cm左右大小的鱼段。

2. 盐渍

将鲜鱼采用20%的盐水盐渍，鱼与盐水比为1∶1，盐渍时间为20 min，冷冻鱼采用10%的盐水盐渍，盐渍时间为15 min，盐渍后捞出沥干。

3. 装罐脱水、加油

根据产品特点及规格，选用合适的金属罐，进行定量灌装。灌装后向罐内注入1%的盐水，于98~100℃经30~35 min蒸煮脱水后，将罐内汤汁沥干，此时趁热加注80~90℃的精制植物油。

4. 排气及密封

真空抽气密封，真空度为0.04~0.053 MPa（以抽不出油为准）。

5. 杀菌及冷却

杀菌条件为118℃、60~70 min，然后冷却至40℃左右时取出，擦罐入库。

6. 质量要求

鱼块色泽正常。拥有油浸鲅鱼所特有的芳香和滋味。组织结实、紧密，可以有少量破碎。合理搭配鱼的不同部位。食盐含量在1%~2%。

四、油浸烟熏鳗鱼罐头

（一）原料要求

选用冰鲜或冷冻优质海鳗为原料。

（二）工艺流程

原料验收 → 原料处理 → 盐渍 → 烘干和烟熏 → 装罐 → 加油 → 真空封罐 → 杀菌 → 冷却 → 入库

（三）工艺要点

1. 原料验收

选用肌肉有弹性、骨肉紧密联结、每条重量在0.75 kg左右，鲜度良好的冰鲜冷冻海鳗。

2. 原料处理

选取冰鲜或经解冻的冷冻海鳗为原料，经去鳞、去头、去内脏等处理后，用流动清水清洗干净，去除污物及杂质。如鱼过大，可将其分割成大小均匀的块（0.75 kg左右），分割的目的是为了使鱼片盐渍均匀，成品咸淡适中。

3. 盐渍

采用8%盐水盐渍，鱼与盐水比例为2∶1，盐渍时间为30 min。盐渍完成后，取出用清水冲洗1次，装盘沥水。

4. 烘干和烟熏

将鱼吊挂或平铺在烘车上，在60~70℃烘房中烘干2 h，再进行烟熏上色处理，烟熏温度低于70℃，熏制时间为30~40 min，熏制呈表面黄色为宜，最后再送入烘房中烘干至产品得率58%~62%，烘干条件为45℃，5 h。取出放置在通风的室内冷却至常温。

5. 装罐

采用合适的罐体，将经烘干、烟熏和冷却的鱼切成段长为8.5 cm左右的鱼块。每罐装入鱼块215 g，但总块数不能超过8块，鱼块平铺罐内、整齐排列，除罐底的两块肉面向下外，其余肉面均向上，色泽较浅的装在表面，然后每罐加入精制植物油40 g。

6. 排气密封

先行加盖预封后，随即进行真空密封，真空度53 kPa。

7. 杀菌冷却

采用高压蒸汽杀菌，杀菌公式为（15—70—15）min/118℃，杀菌完成后冷却至40℃入库。

8. 质量要求

表2-9　感官质量要求

项目	优级品	一级品	合格品
色泽	肉色正常，呈红褐色	肉色正常，呈淡红色至深红褐色	肉色正常，呈红褐色，允许略带白色
滋味、气味	具有烟熏鱼罐头应有的滋味和气味，无异味		
组织形态	组织紧密，软硬适度；鱼块骨肉连接，块形大致均匀；每罐4~7块，允许另加添秤小块1块	组织较紧密，软硬较适度；鱼块骨肉连接，块形较均匀；每罐3~8块，允许另加添秤小块2块	组织尚紧密，软硬尚适度；每罐3~10块，允许另加添秤小块2块

第五节　海产品软罐头加工

软罐头的加工方法及原理与刚性罐头相类似。但因其包装容器的材料是聚酯或尼龙、铝箔、聚烯烃复合薄膜，故称之为软罐头。普通杀菌袋一般在121℃或100℃加热灭菌，大多是由2~3层复合材料制成，食品的货架寿命为半年以上。超高温杀菌袋一般在135℃灭菌，制袋材料多在3层以上，中间夹有铝箔，货架寿命为2年。

一、海产软罐头加工工艺

（一）海产软罐头的一般生产工艺

原料处理（去头、内脏、清洗等）→ 预煮或油炸 → 调味 → 装袋 → 真空封口 → 加压杀菌 → 加压冷却 → 擦干 → 保温检查 → 成品包装入箱

软罐头工艺中原料处理、加工处理（预煮、油炸、调味等）工艺要点同调味类罐头。

（二）操作要点

1. 装袋

也称罐装、充填，是软罐头生产工艺的关键工序之一。操作时，可以用3个参数来反映工序可能对包装的影响，即装袋量、装袋真空度及成品厚度。

2. 封口

封口直接关系到产品的质量。软罐头食品的封口原理是热熔密封，即通过电加热及加压冷却使塑料薄膜之间熔融而密封。其最适封口温度为180~220℃，压力为0.3 MPa，时间1 s，在此条件下封口强度≥7 kg/20 mm。主要采用电加热密封法和脉冲封口法。

热熔封口时，软罐头封口部分可能产生气泡和出现皱纹。产生气泡的原因是封口处油油污等异物黏附。产生皱纹的主要原因是封口部位可折叠层、封口表面不平整。防止产生皱纹的措施如下：选用袋口表面平整，薄膜尺寸一致且相平行的薄膜袋；袋内所装内容物不越过罐装高度线——离袋口顶部3.8 mm。

3. 杀菌

为确保杀菌袋的强度，外层材料多采用厚度为10~16 μm的聚酯薄膜。中层材料采用11~12 μm的铝箔，其主要作用是隔绝气体、水分以及避线。内层材料由于与食品接触，当加热封口时要求化学性质稳定，另外，包装材料也要满足卫生要求。一般采用厚度为70~80 μm的无毒聚丙烯。也可采用HDPE等聚烯烃薄膜。

二、蛏子软罐头

（一）工艺流程

原料验收 → 洗涤 → 吐沙 → 蒸煮 → 冷却 → 脱壳取肉 → 挑选分级、清洗检查 → 配汤、浸泡 → 装袋 → 抽气密封 → 加压杀菌及冷却 → 保温检查 → 成品包装

（二）操作要点

1. 原料验收

以新鲜程度好的活蛏子，肉质富有弹性，气味正常。

2. 洗涤、吐沙

先用流动清水冲洗蛏子表面泥沙及杂质，然后在浓度为1.0%~1.5%的淡盐水中静置4~6 h，使其充分吐沙。

3. 蒸煮、冷却

经吐沙后的蛏子，用流动清水充分清洗沙子和黏液，沥干水分后蒸煮（蒸煮条件为102~104℃，25~30 min），直至蛏子开口。再用冷水冲洗冷却，沥干水分备用。

4. 脱壳取肉、挑选分级

将处理后的蛏子剥壳取肉，去掉不宜食用的部分，将处理时损坏的个别蛏子去除。然后用流动清水冲洗干净，沥干备用。蛏肉按其长度可分为一级、二级、三级3个等级，其长度分别为5 cm以上、4~5 cm、3~4 cm。

5. 浸泡

将蛏肉浸入2.0%盐和15%柠檬酸混合液中，装罐前沥干水分。

6. 配汤

澄清后的回收蛏汁20%、精盐2.5%、糖1%、味精0.15%、黄酒8%、柠檬酸0.1%，其余为水。煮沸过滤备用。

7. 装袋

要求将蛏肉稍作整理，整齐地装入，每袋装蛏肉140 g左右，并加入热汤汁（80℃以上）60 g。

8. 封口

选取软包装材料进行软包装，并用封口机封口，封口条件是温度250℃、真空度0.09 MPa。

9. 杀菌

封袋后即送软罐头杀菌锅进行高压杀菌，杀菌公式为（10—30—15）min/118℃，反压力为0.15 MPa，维持此压力冷却至40℃左右。

10. 保温检查

冷却出锅后，立刻擦净袋表面水分，在库温37℃±2℃下保温7 d，剔除胖袋、漏袋，包装入库。

三、剁椒蛇鲻软罐头

（一）工艺流程

原料 → 清洗 → 去头、去尾、去鳍 → 去内脏 → 切段 → 再清洗 → 盐渍 → 沥水 → 油炸 → 调味 → 装袋 → 抽气密封 → 杀菌冷却 → 保温检验 → 入库贮存

（二）操作要点

1. 原料处理

将原料解冻、清洗、去头、去内脏、切段（5 cm左右小段）。

2. 盐渍

再清洗后，用5%食盐盐渍2 h或采用8%盐水腌渍1 h。盐渍后用清水冲洗干净，沥干备用。

3. 油炸

将植物油加热至190~200℃，然后将沥干后的鱼块放入锅中油炸，投入量为锅内油的1/10~1/5。当鱼块炸至呈金黄色或黄褐色即可，以炸透而不过干为准，油温一般控制在170~180℃左右，炸制时间在7 min左右。

4. 香料水配制

丁香、八角、茴香各24 g，桂皮、甘草、沙姜各16 g，水2 000 mL，微沸熬煮2 h，去渣后得香料水备用。

5. 调味

调料配方即香料水100 mL、酱油10 g、糖5 g、黄酒2.5 mL，加新鲜红剁椒10 g，辣椒油2.5 mL，混合均匀。将炸好的鱼捞出沥油后放入已调制好的75℃调味汁中浸泡50 s，捞出沥干。

6. 装袋、密封

注意要排列整齐，每袋80~90 g，控制袋形的厚度不超过1.5 cm。用真空封口机封

口，封口时真空度应控制在0.06~0.1 MPa的范围内，以便于产品的检验和保藏。装袋时不要污染袋口，以利于封口。

7. 杀菌

采用121℃杀菌，杀菌公式为（15—25—10）min/121℃。剔除破袋及封口不良袋，并擦干外表水分，迅速冷却。

8. 保温检验

将袋放入37℃±2℃保温室贮藏，保温7 d，剔除胀袋品，成品入库贮存。

四、虾子肉软罐头

（一）工艺流程

猪肉处理 → 拌肉 → 过油 → 虾子处理 → 拌料 → 制调味汁 → 称量 → 装袋封口 → 杀菌、冷却 → 擦袋入库

（二）工艺要点

1. 原料、辅料

猪瘦肉：用通脊肉或精瘦肉，其他要求与肉类罐头一致。

虾子：颗粒干燥、松散，无虫蛀，颜色深褐，具有干制虾子应有的海鲜味，无异味。

干红辣椒：全部红色，为成熟辣椒干燥而成，不得有萎缩现象，水分含量不超过15%，具有明显的辣味，洁净、不碎、无杂质、无虫蛀。

花生油、味精、食盐、料酒（黄酒）、白砂糖、酱油等均应符合卫生标准。

2. 猪肉处理

将分割冻肉置于25℃室温下，在流水中进行解冻（不得超过16 h，以解冻完全、肉质不变为准）。将解冻肉清洗干净，整理后切成1.5~2 cm见方的小块。

3. 拌肉

先将食盐拌入肉丁，再加入淀粉，逐渐加入水混合均匀，使稀稠适度的淀粉附着于肉丁表面。

4. 过油

将拌均匀的瘦肉在160~180℃油温下油炸，油炸3~5 min，当肉色由红色变为白色时，捞出沥油。注意一定要将油中肉丁充分打散，不得有过油不透的红色肉和油炸过度的焦黄色肉。过油后的肉丁必须充分沥干油和水分方可拌料。

从解冻肉的处理至过油，其间隔时间不得超过2 h。

5. 虾子处理

将虾子用清水漂洗干净，待油热后，下锅煸炒片刻，出锅备用。

6. 拌料

先将干红辣椒去柄、去籽、洗净，切成0.5 cm的小段，再将处理好的红辣椒段放入油中煸炒片刻，最后，与肉丁、虾子充分拌匀。猪肉、虾子、红辣椒比例可根据口味自行设计。

7. 制调味汁

将水烧开，加入食盐、酱油、白糖、料酒（黄酒）、味精等调味料，称重、过滤、冷却备用（配方可自行设计）。

8. 装袋密封

采用三层复合袋，固形物135 g，汤汁50 g。封口不良者，拆开重装。装填封口时，物料温度不得超过40℃。自肉丁过油至装填封口，间隔时间不得超过1 h。

9. 杀菌、冷却

杀菌公式为22 min/121℃，反压176.5 kPa。装袋封口后应尽快杀菌，间隔时间不得超过0.5 h。冷却至37℃以下。

10. 入库

擦干袋外水分，入库。

五、扇贝软罐头

（一）工艺流程

原料 → 开壳取肉 → 清洗 → 预煮 → 装袋 → 抽气密封 → 杀菌冷却 → 检验包装

（二）工艺要点

1. 开壳取肉

选取新鲜程度高的扇贝为原料，洗去表面泥沙及污物，沥干后开壳取肉。

2. 清洗

用2%的精盐水把贝肉洗净。

3. 预煮

将洗干净的贝肉沥干水分后，放入清水中煮沸3 min，然后迅速捞出放在流动水中冲洗冷却至室温，沥干备用。

4. 称重

经过冷却的贝肉，放进沥水的容器中沥水10 min，然后定量、称重。

5. 装袋

典型调味料配方：食盐4%、味精0.5%，95.5%凉开水。贝肉与料液的比例为60∶40，装袋。

6. 排气封袋

在排气箱中排气，排气温度105℃，时间30 min，排气后立即密封。

7. 杀菌、冷却

杀菌公式：（15—50—15）min/115℃。用20℃左右冷水冷却，罐头温度下降到45℃左右时，取出，擦袋。

8. 检验包装

经过感官检验合格者入保温库中保温（温度以40℃左右为宜）7 d，出库后检验合格进用纸箱包装。

第六节 海产罐头的质量控制

一、海产罐头食品的质量指标

不同品种的海产罐头其质量要求不同，国家和行业制订了一系列的标准，一般包括感官指标、理化指标和微生物指标。

（一）感官指标

感官指标通常包括罐头食品的色泽、滋味、气味、组织形态以及有无杂质和异物。不同类型的海产罐头食品，由于原料特性、加工工艺和调味方法的不同，因此具有不同的感官品质指标要求。

（二）理化指标

海产罐头食品的理化指标，包括净重、固形物含量、氯化钠含量、pH、营养成分（蛋白质、脂肪、维生素、矿物质等）含量、酸价、过氧化物值、重金属（汞、砷、铅、镉）含量、挥发性盐基态氮（TVB-N）含量、组胺含量、食品添加剂使用量、农药、渔药残留量等。

按对营养和安全性的关系可分为一般理化指标（如净重、固形物含量、氯化钠含量、pH、蛋白质含量、脂肪含量、矿物质等）和卫生指标（酸价、过氧化物值、重金属含量、TVB-N、食品添加剂使用量、农药、渔药残留量等）。

（三）微生物指标

微生物指标通常包括总菌数、大肠菌群和致病菌（沙门菌、志贺菌、金黄色葡萄球菌、溶血性链球菌）等指标。海产罐头食品属低酸性罐头食品，因此需要达到商业无菌要求。

二、软罐头的质量要求

软罐头食品的质量检查，目前尚未作单独规定，因此应照轻工部颁布的罐头食品试验方法的规定进行。

（一）感官检查

1. 组织形态检查

凡油浸类或汤汁较稠的品种，取样后要先经加热至汤汁溶化，然后将内容物倒入白色瓷盘中，由有经验的检查者观察其组织、形态、结构是否符合标准。

2. 色泽检查

有汤汁的品种倒灌时，应加筛网过滤，将汤汁收集于量筒中，静置3 min后观察其色泽和澄清程度。

固形物倒在白色瓷盘中，也是评定其色泽、检查其是否均匀一致、是否有与标准不符的异常现象的标准。

3. 滋味及气体检查

以上检查完毕后，接着可用嘴巴尝、鼻子闻的办法，检查是否具有该品种应有的滋味与气味，有无脂肪氧化味、霉味、酸涩味、焦糊味以及其他不应有的异味。

4. 外表检查

软罐头的外表也很重要，应检查其印刷物内容是否与内容物一致，检查其外形及封口是否完整。检查其外表是否清洁，并测量封口线尺寸、袋形厚度尺寸是否符合规定。

凡是感官检查的工作人员必须受过一定训练，具有熟练的技术，并有灵敏的味觉与嗅觉，有正常的辨别能力。整个感官检查时间，不得超过2 h，检查时要逐项做出记录，最后得出结论开具书面检查报告。

（二）理化检验

（1）重量检验。重量检验包括净重和固形物比例。

（2）氯化钠及重金属的测定。

（三）微生物检验

微生物的个体很小，单凭肉眼是看不见的，一定要经特定的方式处理后，用显微镜放大了了方能观察得到其形态。

微生物指标体现了卫生状况，也表明了工艺中杀菌情况，所以也在某种程度上决定着产品寿命的长短。

这里检验的内容包括菌落总数的测定和致病菌的检验。

三、水产罐头食品的安全与质量控制

国内外已普遍采用HACCP（Hazard AnaLysis and CriticaL ControL Point，危害分析与关键控制点）体系对海产罐头食品的安全和质量进行有效控制。我国农业部于1999年制定《水产品加工质量管理规范》，专门规定了水产品加工企业的基本条件、水产品加工卫生控制要点以及以危害分析与关键控制点原则为基础建立质量保证体系的程序与要求。

HACCP体系是以GMP（Good Manufacturing Practice，良好操作规范）和SSOP（Sanitation Standard Operation Procedure，卫生标准操作规范）为基础建立和实施的。GMP是一种具体的品质保证制度，其宗旨是使食品工厂在制造、包装及贮运食品等过程中，有关人员、建筑、设施、设备等设置，以及卫生、制造过程、质量管理，均能符合良好的生产条件，防止食品在不卫生或可能引起污染或品质变坏的环境下操作，从而减少生产事故的发生，最大限度地保证食品安全卫生和质量稳定。

我国还针对罐头出口对产品质量和安全的要求，制定了《出口罐头加工企业注册卫生规范》，规定了出口罐头生产过程中的卫生质量管理，厂区环境卫生，车间及设施卫生，原辅料及加工用水卫生，加工人员卫生，加工卫生，密封卫生质量控制，杀菌质量

控制，包装、运输、贮藏卫生，卫生检验管理利卫生质量记录等要求。因此，我国水产品罐头生产企业应按照相关法规和标准，严格控制生产过程，确保产品质量和安全。

思考题

（1）能够用于海洋食品罐头原料的特点及验收时需要注意的事项有哪些？

（2）简述海洋罐头食品加工的工艺流程及要点。

（3）简述清蒸鱼类罐头食品工艺要点及注意事项。

（4）海产软罐头加工的一般工艺流程及注意事项是什么？

（5）简述海产罐头的质量标准及要求。

第三章　海洋冻制品加工

第一节　食品冷冻技术

食品冷冻技术是一门运用人工制冷技术降低温度来加工和保藏食品的科学。概括地说，包括以下两方面的内容：

（1）食品的冷却、冷藏、冻结、冻藏、解冻的方法。

（2）食品在冷却、冷藏、冻结、陈藏和解冻过程中的变化。食品的物理、化学、组织细胞学的变化。

利用低温来保藏食品是人类在实践中所总结出的经验，我国劳动人民很早就会利用天然冰雪来降低食品的温度，以延长食品的贮藏期。但是用此种方法贮藏食品受到环境条件的限制，只在有冰雪的地区或大部分地区的冬季使用，所以其应用受到限制。为此人们曾想了很多方法将冰雪保存起来，以延长其利用时间。但是这种原始方法由于温度不够低，故不能达到长期保存的目的。

1872年美国人David、BoyLe和德国人CarL Von Linde分别发明了以氨为制冷剂的压缩式冷冻机，食品冷藏技术从此发生了彻底的改变。与原始利用天然冰雪冷藏食品相比，最根本性的转变就是不受季节和地区的限制，大大延长了食品的保质期。而且，节约了劳动力，操作起来更方便，为后续的科学研究食品冷藏理论奠定了基础。因此，此种方法迅速被人们所接受。

人工制冷方法真正进入商业化生产是在20世纪，此时，冷库、冷藏运输工具等冷链环节相继完善，才使这一技术真正用于商业化的食品冷藏环节。通过人工制冷的方式，能使食品迅速降温，达到速冻的目的，很大程度上减少了对食品营养价值和风味的破坏，使食品无论从口感还是质量上都优于以前的方法。冷冻装置（如冰箱、冰柜）的普及使冷藏食品的质量得到了保障。

冷冻食品加工技术的发展与冷冻调理食品的出现，高效率的解冻加热设备如微波炉的日益普及，使冷冻调理食品在国内外已成为方便食品和快餐的重要支柱。从20世纪90年代开始，冷冻食品工业开始大踏步前进。1995年冷冻食品的产量就已经达到年产量240万吨左右。

现在人们对各种食品的冷冻、冷藏、运输、销售等各个环节的温度条件，有了进一步的认识。目前发达国家已在食品原料的预冷，冷冻食品的加工、保藏、运输、销售、消费等环节形成了较完善的冷藏链，使冷冻食品的质量有了充分的保证。我国对食品冷藏链的建设也相当重视，近年来我国食品冷藏链的建设速度相当快，且日趋完善。

随着人民生活水平的提高，消费者对冷冻食品的质量要求也越来越高，因而对食品在冷冻加工、低温贮藏过程中可能产生的各种变化，如蛋白质的变性，脂肪的氧化，淀粉的老化，维生素的损失，食品的色泽、风味、质地的变化等的研究工作日益深入，因而又不断推进了冷冻食品加工技术的发展。

一、食品低温保藏基本原理

因为食品表面附着的微生物以及食品内部所含有的各种酶，在常温下会分解代谢食品，使食品的营养价值降低，感官状态变差。在常温下，微生物和酶的活性强，会加速食品的腐败。此外，在室温下由于氧化等问题，食品中脂肪等营养物质也会发生非酶变质，使食品无法食用。由于在温度较低条件下，微生物和酶的活性会降低，非酶反应速率也会降低，从而使食品的保质期得以延长。

根据温度的高低，食品的低温保藏可分为冷却贮藏和冻结贮藏两大类，冷却贮藏是把食品内部温度降低到食品冻结点以上的温度（如4℃），此时食品中水分不冷冻结冰，在此条件下延长食品保藏期限的作用；冻结贮藏则是将食品温度降低到冰点以下的一个合适的温度，此时食品中大部分水分形成冰晶，这时的微生物、酶等由于缺乏水分而代谢变得缓慢，非酶变质的化学反应速度降低，从而达到食品长期储藏的目的。

由于食品的低温保藏可分为两类，食品冷冻的温度范围也可分为两大类：食品冷却贮藏的温度范围和食品冻结贮藏的温度范围。食品冷却贮藏的温度范围为-2~15℃。例如：苹果可以冷却到-1℃，并在-1℃的冷藏室中贮藏；肉类可以冷却到-1.5℃，并在-1.5℃的冷藏室中短期贮藏；但是香蕉必须在12℃上的温度下贮藏，低温会发生生理病害；此外有些水果如番茄也必须采用较高的冷藏温度。食品冻结贮藏的温度范围是-30~-12℃之间，温度越低，食品中的自由水含量越低，那么食品也就越稳定，能够长期贮存食品；但食品冻结贮藏的温度越低，则能量消耗也越大。-12℃仅适用于食品的短期冻藏。

我国食品的冻结贮藏一般要求是在-23~-18℃的冻藏室内，这样可以使食品中心温度达到-18~-15℃之间。近年来对食品冻结贮藏的研究发现，速冻可以食品中水分所结成的冰晶小，对食品的感官破坏小，因此更利于冻结食品保藏。所以一些发达国家常采用-30~-25℃的冻藏温度。

（一）低温对酶活性的影响

酶是生物体内具有活性的蛋白质，具有催化化学反应的作用。温度高低直接影响酶的活性，酶活性的发挥都有其最适合的温度，在最适温度两侧活性都会降低。在一定范围内，随着温度的升高，酶的反应速度也会随之加快。但是酶与普通蛋白质都会有高温变性的特性，当温度达到80℃以上时，大多数酶都会变性失活。

另一个方向就是温度低于最适合温度时，活性会降低，将温度降低到一定程度，酶的活性较低，这样由酶所引起的食品质量变差问题就得以缓解。在实际应用当中会在食品冷藏或冻结之前，采用热烫处理将食品中的酶钝化，这样就会减少或消除酶促变质问题。那么热烫温度的选择就成为关键问题，目前是以最耐热的过氧化物酶为参考指标。

（二）低温对微生物的影响

1. 低温和微生物的关系

所有微生物都有最适合生长温度范围，在最适合生长温度以下，温度越低微生物的活性越低，低到一定程度时微生物就会停止生长代谢。其死亡原因主要是在冻结状态下，水分会形成冰结晶，能够破坏微生物，从而达到杀死微生物的作用。但是不同微生物由于机体结构等原因对低温的耐受程度不一样，所以就有所谓的嗜冷菌存在。低温对于微生物的破坏作用较高温来讲要低得多。在食品低温贮藏中，低温主要起到延缓微生物代谢的目的。

2. 低温导致微生物活力降低和死亡的原因

微生物的生长、代谢等各种生命活动都取决于体内的酶，酶都有最适合的作用温度，在最适温度以下，随着温度的降低，酶的活性逐渐降低，随之而来的就是微生物代谢、繁殖速度的降低。

在正常情况下，微生物细胞内各种生化反应按照一定的规律进行。但在温度降低时，由于不同酶的活性降低不一致，所以各种生化反应的温度系数减慢速度也不一致，就会造成微生物代谢紊乱，从而破坏了微生物的新陈代谢。使微生物细胞内的原生质黏度增加，胶体吸水性下降，蛋白质分散度改变，并且最后还会导致不可逆的蛋白质凝固，对微生物会造成严重的破坏，从而起到破坏微生物的作用。

食品冻结过程中，会形成冰晶体，从而使微生物体内的原生质或胶体脱水，在水分降低到一定程度后，细胞内的蛋白质就会发生变性的现象，从而危及其生命活动。另外一个原因就是形成的冰晶体会破坏微生物机体细胞。

食品在冷藏温度下，其体内的微生物生长速度会大大降低，甚至于停滞生长，这样就减慢了由于微生物的作用而引起的食品腐败。由于在冷藏温度下，只能在一定程度上减缓微生物的生长，所以也只能在一定范围内延长食品的保质期限。而食品在冻结温度下，食品内的水分几乎全部冻结，所以此温度可以抑制所有微生物的生长代谢和繁殖。

3. 影响微生物低温致死的因素

（1）温度。温度在还没有达到冰点或接近冰点时，微生物生长虽然缓慢，但是也会代谢甚至繁殖，对于某些嗜冷微生物来说更是如此，最终也会导致食品腐败。因此，冷却贮藏的食品只能适当地延长保质期限，不能长期贮存，因此放在冰箱冷藏室内的食物也不能长期保藏。在冻结温度下，微生物体内的水分会随着温度的下降，形成的冰晶体就越完全，这样就会对微生物起到破坏的作用。对微生物破坏最大的温度范围是−5~−2℃，此时虽然微生物体内的大部分水分已经形成冰晶体，但微生物细胞体液还是会流动，这样对微生物具有更大的机械破坏作用。当温度低至$-25\sim-20$℃时，微生物细胞内胶体变性缓慢，其生化反应因缺乏水分而几乎完全停止。此时对绝大多数微生物来说抑制作用更明显，破坏性较$-5\sim-2$℃范围内时少。

（2）降温速度。在食品冻结过程中，在冻结点以上并接近冻结点时，温度降低越快，食品中微生物死亡越快，主要原因是在迅速降温过程中，微生物体内的各种生化反应速度的一致性被破坏得更加迅速。

当达到食品冻结点以下时，缓冻会导致大量微生物死亡，而速冻则相反。因为缓冻时形成量少粒大的冰晶体，不仅对微生物细胞产生机械性破坏作用，还促进蛋白质变性。速冻时食品在对细胞威胁性最大的$-5\sim-2$℃的温度范围内停留的时间甚短，而且温度会迅速下降到-18℃以下，这样就能及时停止微生物细胞内酶的反应并延缓胶质体变性，所以对微生物的破坏性较小。一般来说，食品在速冻时，其所含有的微生物的死亡率仅为原菌数的50%左右。

（3）结合水分和过冷状态。细胞和霉菌的芽孢中的水分含量较低，其中结合水分的含量较高，在降温时较易进入过冷状态，而不形成冰晶体，这就有利于保持细胞内胶质体的稳定性，不易死亡。

（4）介质。高水分和低pH的介质会加速微生物的死亡，而糖、盐、蛋白质、脂肪等对微生物有保护作用。

（5）贮藏期。对于大多数微生物来说，随着贮藏期的延长，食品中微生物会呈现减少的趋势。但贮藏温度降低时，所含有微生物的数量减少得越少。在常见食品腐败菌中，在较低温度下仍能生长良好，比如食品中的某些霉菌，在温度降低到3℃以上仍能生长繁殖。

当贮藏温度在-10℃以上时，食品中嗜冷菌也会缓慢生长繁殖。但是如果温度降低到-10℃以下时，绝大多数微生物就会停止生长，逐渐开始死亡。

低温是抑制微生物生长行之有效的措施，但是不能高效地破坏微生物的生长。而目前破坏微生物更有效的措施是高温热处理，其杀菌效率更高。

目前从抑制微生物角度来看，食品短期贮藏比较常用的温度是0℃，这是由于综合其抑制微生物的效果和冷量的消耗等因素，0℃比较适宜。温度在$-12\sim-10$℃范围内，绝大多数微生物停止生长，因此该温度范围是安全温度。但是温度降低到$-30\sim-20$℃时，会过度抑制食品中酶的活性。因此，从保证食品质量的角度来看，$-12\sim-10$℃温度是常用温度。

二、食品的冷却

食品的冷却本质上是一种热交换过程，即让易腐食品的热量传递给周围的低温介质，在尽可能短的时间（一般数小时）内使食品温度降低到高于食品冻结点的某一预定温度，以便及时地抑制食品内的生物化学变化和微生物的生长繁殖。冷却是食品冷藏前的必经阶段。

对于容易腐败的食品而言，在收获后应该立即进行冷却处理，可以更有效地防止该食品在微生物和酶的作用下发生品质的破坏。防止食品质量下降或腐败变质的实质就是抑制微生物和酶的作用，那么在冷却时要考虑的两个重要因素就是冷却最终所要达到的温度和冷却的速度。

三、食品的冻结

食品的冻结就是降低食品的温度，使其达到冰点以下（一般是将食品中心温度降到-15℃或以下为宜），将大多数水分冻结为冰晶体。

常见的冻结食品，包括初加工、未加工或加工等多类食品，如肉类、禽类、蛋类、水果、果汁、面包等。在正确冻结操作的前提下，食品的感官、质量等指标不会发生明显的变化。近年来，冻结食品在食品中的比例越来越大，在一定程度上避免了食品由于腐败等问题而造成的浪费。由于冻结食品在食用之前只需要简单的解冻，就可以选择合适的方法加工，尤其是在微波炉出现并普及以后，使得冻结食品的食用变得更加方便。所以其在食品加工、贮藏、运输等环节中占有重要的地位。但是，由于食品冻结、存储和运输等环节都需要一定的冷却装置、设备等冷链，才能充分保证冻结食品的最终质量。所以冻结食品也存在其局限性。

四、食品冷却的方法

食品冷却的常用方法有冷水冷却、碎冰冷却、冷风冷却、真空冷却等。可根据食品的类型及要求的不同，而选择合适的冷却方式。

（一）碎冰冷却法

这是一种常见的、简易的、行之有效的冷却方法。主要是利用了冰融化变成水的过程中会吸收大量的热量（每千克冰块融化会吸收334.72 kJ的热量），从而使碎冰接触到的食品温度降低，并达到冷冻食品的目的。此种方法利用了冰的清洁卫生、价格低廉、容易制得等优点，尤其适合于鱼类的冻结及保鲜。食品的种类、冰块的大小、食品冷却前的初始温度等因素会影响食品冻结的速度。冰块越小、越均匀，食品的冷冻速度就越快。由于不同食品的组织结构的差别，也会影响热量交换的速度，从而影响冷却速度，食品冷却前的初始温度与冷却速度成反比。

（二）冷风冷却法

冷风冷却是采用向食品吹送冷空气而带走食品中的热量，进而导致被冷冻食品温度想将的一种冷却方式，其应用范围较广。

影响此种方法冷却效果的因素主要有3种，分别为冷空气的温度、冷空气的流速以及冷空气的相对湿度。冷风温度越低其冷却效果越好，但是不能低于被冷却食品的冻结点，否则会导致食品发生冻结。对某些易受冷害的食品如香蕉、柠檬、番茄等，宜采用较高的冷风温度。冷空气的流速越大，其冷却效果越明显。

该种方法的缺点是冷却食品在冷却室湿度较低时，会发生干耗的现象，从而影响产品的质量。这就要考虑缩小冷却装置的蒸发器的温度和空气温度差不宜过大（通常以

5~9℃为宜），否则空气湿度就会降低较快。

（三）冷水冷却法

用水泵将机械制冷装置（或冰块）降温后的冷水喷淋在食品上进行冷却的方法称为冷水冷却法。也可以将食品直接浸在冷水中冷却，同时不断搅拌冷水，使其流动起来，此种方法也称浸渍式冷却。影响此种方法冷却效果好坏的关键因素是能否将冷却水控制在0℃左右。近年来国外设计了投资费用低廉，长达10 m的移动式高效水冷装置，可供冷却芹菜、芦笋、桃、梨、樱桃之用。

该种方法的最大缺点是冷却水容易受到微生物的污染，一些受微生物污染的食品经冷却水冷却后会传染给其他食品。当使用循环冷却水冷却食品时，要经常更换清洁的冷却水，并添加一定量的杀菌剂。在渔船上冷却鱼类时，还可以用海水作为冷却介质来替代淡水。

（四）真空冷却法

真空冷却又叫减压冷却。它的原理是根据水分在不同的压力下有不同的沸点。在正常的大气压（$1.01\,325 \times 10^5$ Pa）下，水在100℃沸腾；当压力降低至$6.56\,611 \times 10^2$ Pa时，水在1℃就沸腾了。

此法主要用于蔬菜的快速冷却，具体操作如下：收获后的蔬菜经过挑选、整理，放入打孔的纸板或纤维板箱内，然后推进真空冷却室，关闭室门后开动真空泵和制冷机。当真空冷却室内的压力降低至$6.56\,611 \times 10^2$ Pa时，蔬菜表面的水分在1℃的低温下迅速汽化，每千克水变成水蒸气时要吸收2 464 kJ的热量。

该法可适用于几乎所有叶菜类蔬菜。缺点是操作成本较高，一次性投资比较大。此法一般在蔬菜附加值高且处理量大的情况下应用。

五、食品冷链

食品冷链是指易腐食品在加工、贮藏、运输、销售，直至消费前的各个环节中始终处于规定的低温条件下，以减少食品质量损耗的一项系统工程。

（一）食品冷链的组成

食品冷链由冷冻加工、冷冻贮藏、冷藏运输和冷冻销售4个方面构成。

1. 冷冻加工

包括肉类、鱼类的冷却与冻结，果蔬的预冷与速冻，各种冷冻食品的加工等等，主要涉及冷却与冻结装置。

2. 冷冻贮藏

此环节主要包括冷藏、冻藏以及果蔬的气调贮藏。主要有冷库、冷藏柜、冻结柜、家用冰箱等能提供低温环境的设施及装置。

3. 冷冻运输

包括冷冻食品的短、中、长途的运输。常见的设施及运输工具主要有冷藏汽车、冷藏船、铁路冷藏车等。

4. 冷冻销售

包括从生产到运输，再到销售等各个环节，组成人员包括生产、批发和零售人员。冷冻食品的销售主要是通过冷链运输，将食品从生产厂家运输至批发商、零售商，或进入超市冷藏柜。整个过程中，冷冻食品都要保持低温状态。

食品冷链的一般流程如下所示：

食品原料 → 冷冻加工 → 冷冻贮藏 → 冷冻运输 → 冷冻销售 →（冷冻贮藏）→ 食用

（二）冷冻贮藏

食品冷链中的一个重要环节就是冷冻贮藏，贮藏设施及设备主要包括各式冷藏库、冷柜和家用冰箱等。

1. 冷藏库

冷藏库又称冷库或冷冻厂，是用人工制冷方法对食品进行加工和贮藏的企业。根据使用性质可将其分为生产性冷藏库、分配性冷藏库和零售性冷藏库3种。其中，生产性冷藏库的特点是冷冻加工能力大，并有一定的冷冻贮藏容量；分配性冷藏库区别于生产性冷藏库之处是冷冻加工能力小或不具备加工能力，但必须冷冻贮藏容量大；零售性冷藏库的特点是冷冻贮藏容量小，一般采用组合式冷库。

2. 装配式冷藏库

装配式冷藏库由预制的夹芯隔热板拼装而成，又称组合式冷藏库。装配式冷藏库拆装灵活，组合方便，搬迁容易。装配式冷藏库根据组合方式的不同可分为室内型和室外型两种形式：室内型冷库的容量较小，一般为2~20 t；室外型冷库的容量一般大于20 t。

3. 家用冰箱

家用冰箱是最小的冷冻贮藏单位，也是食品冷链的终端。冰箱的普及使食品冷链更加完善，对于冷藏食品的发展起到了促进作用。家用冰箱通常有两个贮藏室：冷冻室和冷藏室。主要用于冷冻食品和冷却食品的贮藏，一般冷冻室的温度在–18℃以下，冷藏室的温度一般在4℃左右。

（三）冷冻运输

冷冻运输是食品冷链中的一个重要环节，由冷冻运输工具来完成，包括冷藏汽车、铁路冷藏车、冷藏船和冷藏集装箱等。从某种意义上讲，冷冻运输工具是可以快速移动的小型冷藏库。

1. 冷藏汽车

冷藏汽车主要通过车体隔热的壁面将车厢内外的热量隔开，从而保证车厢环境内的温度足够低。车厢壁面的隔热性能的好坏直接影响冷藏汽车的运行成本。另外冷藏车也要承担开关门而造成的冷量损失。根据制冷方式的不同，冷藏汽车可分为机械制冷、液氮或干冰制冷、蓄冷板制冷等多种。

（1）机械制冷式冷藏汽车通常适用于远距离运输。

（2）液氮制冷式冷藏汽车由于使用液氮制冷，车厢内的空气被氮气所置换。由于氮气是一种惰性气体，运输食品时不仅可以保持低温，还可以减少食品被氧气氧化而使食品质量变差的现象。其优点如下：装置简单，初投资少；温度降低较快，能及时补充冷量的损耗，冷却效果好；无噪声；车体的重量轻，能耗低。其缺点如下：液氮成本较高；由于运输过程中液氮不容易补充，必须带有存储液氮的装置，降低了车厢的利用率。

（3）蓄冷板冷藏汽车内部装有低温共晶溶液。能产生制冷效果的板块状容器叫蓄冷板。使蓄冷板内的共晶溶液冻结的过程就是蓄冷过程。带有蓄冷板的冷藏车，共晶溶液可以吸收外部进入车厢的热量。其优点如下：设备费用比机械制冷的少；无噪声；故障少。其缺点如下：蓄冷板的蓄冷能力有限，其数量也不能过多，对于长途运输冻结食品是不适合的；由于蓄冷板占有一定的体积，故减少了冷藏车的有效利用率；冷却速度较慢。

（4）在实际应用过程中，也有一些采用几种制冷方式组合的制冷形式，综合不同方式的优点，从而达到高效运输冷藏食品的目的。常见的主要有液氮-风扇盘管组合制冷、液氮-蓄冷板组合制冷两种。

另外，特制的保温车也具有运输冷藏食品的功能，但是保温车不能长距离运输。

2. 铁路冷藏车

主要适用于大批量陆路长途运输大批冷冻食品时，主要在于铁路运输速度快而且运载量大。常见的主要有干冰制冷、液氮制冷、机械制冷、冰制冷、蓄冷板制冷等几种制冷方式的铁路冷藏车。

3. 冷藏船

其用途主要是远洋渔业。由于其作业时间长，所以必须将打捞上来的海产品及时冷冻贮存，才能保证海产品的新鲜程度。另外，易腐败的食品如果利用海路运输的话，也必须使用冷藏船。

根据冷藏船功能的不同，可以将其分为冷冻母船、冷冻运输船及冷冻渔船。冷冻母船是万吨以上的大型船，它配备有冷却、冻结装置，可进行冷藏运输。冷冻运输船用途是运输，必须配备隔热和制冷装置，温度控制在在±5℃以内。冷冻渔船一般是指备有低温装置的远洋捕鱼船。

4. 冷藏集装箱

所谓冷藏集装箱，就是具有一定隔热性能，并能保持一定低温，适用于各类食品冷藏运输而特殊设计的集装箱。冷藏集装箱根据其采取的制冷方式可分为以下几种：保温集装箱、外置式保温集装箱、内藏式冷藏集装箱与液氮或干冰冷藏集装箱。

（1）保温集装箱。这种集装箱无任何制冷装置，但箱壁具有良好的隔热性能。

（2）外置式保温集装箱。此种集装箱具有很强的隔热性能，但是不具备制冷系统。箱的一端有软管连接器，可与船上或陆上供冷站的制冷装置连接，使冷气在集装箱内循环，一般能保持-25℃的冷藏温度。这种集装箱的优点是自重轻、箱体利用高、机械故障少。缺点是必须与带有制冷装置的船舶连用，温度不能单独控制。

（3）内藏式冷藏集装箱。这种集装箱区别于外置式保温集装箱之处在于，拥有自己的制冷系统，可自行调节温度。制冷机组安装在箱体的一端，根据箱体的大小，可采用一端或两端同时送冷风，目的是保证箱体中的温度均匀一致。为了加强换热，可采用下送上回的冷风循环方式。

根据运输方式的不同，冷藏集装箱可分为海运和陆运两种。海运冷藏集装箱的制冷机组用电是由船上统一供给的，不需要自备发电机组，因此机组构造比较简单，比较小，造价也较低；而陆运冷藏集装箱必须自备柴油或汽油发电机组。

（4）液氮或干冰冷藏集装箱。这种集装箱利用液氮或干冰制冷。

（四）冷冻销售

冷藏陈列柜是目前冷冻食品销售的主要形式，也是食品冷链的重要终端。根据冷藏陈列柜的结构不同，有立式或卧式两种类型。也可分为封闭式或敞开式两种，在市场、超市等处均可见到。

第二节　海产品的冷冻加工技术

海产品包括鱼类、甲壳类、贝类、海藻类等。

我国地处温带、亚热带和热带，海域辽阔，海产品资源十分丰富，是世界上鱼贝类品种最多的国家之一。海产品营养丰富、味道鲜美，是我国人民十分喜爱的食物之一。但是海产品含水分较多，组织脆弱，容易腐败变质，同时在生产上又具有产地、季节和产量都高度集中的特点，造成了保藏、运输上的困难。为了充分利用海产品原料资源，减少浪费，多采取冷冻的方法来加工保藏海产品。

一、海洋冷冻食品的特点

选择优质海产品为原料，并经过适当前处理；采用快速冻结方式；在贮藏和流通过程中，品温应保持在-18℃以下；产品带有包装，食用安全并符合卫生要求；属于预制食品和方便食品的范畴。

二、海洋冷冻食品的种类

生鲜海产品：初级加工品、生调味品。生鲜海产冷冻食品的初加工是简单的形态处理。

调理海产品：包括油炸类制品、蒸煮类制品、烧烤类。

鱼类：冻鱼片（生鲜）、冷冻鱼排（调理）。

虾类：冻结温度应在-25℃以下，冻品中心温度在-20℃以下低温贮藏。

贝类：采肉后生冻或者煮熟后速冻包装的冷冻食品，-18℃下低温冷藏。

三、海产冷冻鱼类在冻藏期间的变化

（一）干耗

在冷却、冻结、冷藏（冷却物冷藏和冻结物冷藏）的过程中，因食品中的水分蒸发或冰晶升华，造成食品的重量减少，俗称"干耗"。由此产生的货物损失就是干耗损失。发生干耗的冷藏食品，由于水分的蒸发，其重量会减少，食品表面也会呈现干燥状态，从而严重影响产品品质和质量。冻鱼在储藏期间，由于鱼体周围的冰晶升华而失水，所以表面会出现干燥的情况，加之氧气的作用，会使鱼脂肪发生氧化的现象，引起鱼表面发黄，风味和口感变差。

防止干耗可采取镀冰衣、包装、降低冻藏温度等措施。干耗与冻品表面积及冻藏间内留下的空间容积有关，余留空间所占容积越大，干耗就大，鱼货进入冻藏间之前，预先要有计划，应保证冻藏间装满。

（二）冰结晶增大

鱼经冻结，鱼体组织中的水变为冰，体积膨大。冻结的速度决定了冰晶的大小，其速度越快，冰晶越小。在冻藏期间，由于冷冻环境温度的变化，会使冰晶变大。另外，水变成冰之后，体积会增加。这些变化都会造成鱼组织结构的破坏，而使细胞汁液流失，营养价值下降，感官变差等后果。故在存储期间，要尽量避免温度波动，取放货物操作要迅速，减少热量的交换。

（三）色泽变化

鱼贝类冻结、冻藏时色泽有明显变化，包括天然色素的分解和新的变色物质的生成。这种变化会使得产品失去原有的香气，感官变差，有时还会产生异味。变色有以下情况：

1. 褐变

还原糖与氨化合物反应造成的，即羰氨反应。

2. 黑色

酪氨酸酶的氧化作用。

3. 血液蛋白质的变化造成的变色

金枪鱼在−20℃冻藏2个月以上其肉从红色→深红色→红褐色→褐色，这是由于鱼色素中肌红蛋白氧化产生氧化肌红蛋白的结果。氧化肌红蛋白的生成率在20%以下，鱼肉为鲜红色，30%为稍暗红色，50%为暗红色，70%以上为褐色。

4. 旗鱼类的绿变

冻旗鱼为淡红色，在冻藏时变绿色，这时由于鲜度下降，细菌繁殖产生硫化氢和血红蛋白、肌红蛋白在储藏过程中变为硫络血红蛋白和硫络肌红蛋白造成的。

5. 红色鱼的褪色

绿鳍鱼、红娘鱼在冻结和冻藏时，体表红色素会出现褪色现象。大麻哈鱼、龙虾也有此类褪色现象。

红色鱼肉的褪色、冷冻金枪鱼的变色属于天然色素的破坏；白色鱼肉的褐变、虾

类的黑变属于产生新的物质。防止鱼、贝类色泽变化一般使用纯天然抗氧化剂浸泡海产品，防止一些氧化物质发生作用。

（四）脂肪氧化

在存储期间，鱼体内脂肪被水解为游离的不饱和脂肪酸，在冰的压迫下由鱼内部向表层转移，当与空气中的氧气接触后，会发生氧化作用，进而产生酸败现象。这样，鱼体内的组成就会发生变化，氨基酸、氨基氮、氨气、不饱和脂肪酸等小分子物质混合到一起，使鱼的感官和营养价值均变差。

预防脂肪氧化的措施：避免和减少与氧的接触；冻藏温度要低；防止冻藏间漏氨；使用抗氧化剂，或者抗氧化剂与防腐剂两者并用。

四、海产品的冷却与冷藏保鲜

海产品捕获后，一般应尽快将海产品的温度降低到冰的融点附近。理论和实践都证明：冷却速度越快，效果越好；冷却的最终温度越低，保鲜期也越长。

（一）冰冷却法

冰冷却法是海产品冷却最常用的方法。当冰与海产品接触时，固相的冰融化成液相的水，从海产品吸收大量的热量，海产品温度迅速下降。由于冰的冷却能力大，与海产品接触无害，价格便宜，便于携带，而且用冰冷却的海产品表面湿润、有光泽，没有干耗，因此各国至今将这个传统方法仍放在极重要的地位。

我国目前的制冰厂绝大多数生产块冰，用块冰冷却水产品前必须将其破碎成碎冰。使用冰冷却时，使用的冰粒要细，大小均匀，一般冰粒的各边长度为2~4 cm。碎冰装到渔船上后，很容易凝结成块，使用时还需要重新敲碎，操作麻烦，同时碎冰的边角锐利，容易损伤海产品，此外碎冰与海产品的接触也不良，因此渔业发达的国家都趋向于用片冰、管冰、板冰、粒冰等。1984年我国从澳大利亚引进日产35 t冰的管冰机，生产的管冰深受渔民的欢迎。

冰粒的撒布要均匀，一层冰一层鱼，使鱼体能够迅速冷却。对小型鱼的具体做法如下：先在容器的底部撒上碎冰，称为垫冰；在容器的壁上垒起冰，称为堆冰；把小型鱼整条放入，紧密排列在冰层上，鱼背向上或向下，在鱼层上均匀地撒上一层冰，称为添冰；然后一层鱼一层冰，在最上层撒一层较厚的碎冰，称为盖冰。容器的底部要开孔，让冰融化后的水流出。对大型鱼要除去鳃和内脏，在该处装碎冰，称为抱冰。冰鱼混合物不能堆装太高，一般不超过50 cm，否则会压伤鱼体。鱼体的冷却，是通过与冰的接触传导传热、与融化的冰水的对流传热、以及与冰和鱼之间的冷空气的自然对流传热而实现的。

渔业发达的国家研制了各种形式的冷藏集装箱和保温箱，应用于海产从捕捞到销售的低温流通体系，保持了海产品良好的鲜度。

冰鲜的海产品的质量最接近鲜活水产品的生物特性，各国至今对其仍十分重视，并不断加以改进。例如：丹麦的渔船普遍带片冰出海，捕获的鱼大多先放血、除内脏，冲洗后加冰分层贮藏在2℃的鱼舱内，航期通常不超过10 d，到达港口后30 min内将鱼货送至鱼市场或加工厂；日本的渔船是先将捕获的鱼迅速冲洗干净，然后浸在冷却海水池中预冷至5℃，取出后加片冰装箱，迅速装入2℃的鱼舱贮藏，3~5 d内返港出售。

除了用淡水冰冷却外，还有用海水冰冷却的。海水冰具有一定的抑制酶的活性作用，可防止鱼、虾的变色。

用冰冷却的鱼只能短期贮藏，一般海水鱼可贮藏10~15 d，若在冰中加入一些防腐剂，可延长贮藏期限，如用次氯酸钠冰（含有效氯50 mg/kg），贮藏期限可达17~18 d，另外将鱼用50 mg/kg的金霉素溶液浸泡5 min后，再用5 mg/kg的金霉素冰（用柠檬酸调pH至6.5~6.8）冷却，效果也很好。但也有相当一部分人反对采用这种方法。

（二）冷海水冷却法

这种方法是把海产品放在-1~0℃的冷海水中进行冷却。冷海水冷却装置主要由小型压缩机、冷却管路、海水冷却器、海水循环管路、泵及隔热冷海水鱼舱等组成。冷海水的供冷方式通常有2种：由制冷机单独供冷，或由制冷机和碎冰结合供冷。一般认为，要在短时间内冷却大量海产品，采用制冷机和碎冰结合的供冷方式较为适宜和有效。

冷海水冷却的最大优点是冷却速度快、劳动强度低，特别适用于渔获物高度集中的围网作业；其缺点是鱼体在冷海水中吸水膨胀，使鱼肉略带咸味，体表稍有变色，而且鱼体鲜度下降的速度比同温度的冰鲜鱼快。

冷海水冷却要求用含盐量为3%的清洁海水，由制冷装置生产-1~0℃的冷海水，一般鱼与海水的比例为7：3，考虑到船上的动力较小，船上应带有补充用冰（补充用冰一般为渔获物重量的30%左右），在加冰的同时，加入适量的食盐。

近年来，国外研究了用二氧化碳饱和的冷海水来保藏渔获物，方法是用二氧化碳去饱和冷海水，使冷海水的pH接近4.2，再将鱼放入这种冷海水中冷却，从而进一步延长了渔获物的保藏期限。如红虾，用冰冷却法保藏期最长为4 d，若放在用二氧化碳处理过的冷海水中，最少可保藏8 d。另外，日本的有些渔船在冷海水中通入氮气，可驱走海水中的氧气，使多脂鱼不易氧化变质。

（三）微冻法

微冻是将海产品的温度降低至略低于其细胞液的冻结点，并在该温度下保藏的一种保鲜方法，又称为"过冷却"或"部分冻结"。鱼类的微冻温度大多为-3~-2℃。由于微冻可以使鱼内部分水分形成冰晶，在一定程度上降低了水分活度，从而限制了大部分微生物的活性，所以延长了鱼的保鲜期，大致可保鲜20~27 d，比冰保鲜延长1.5~2倍。

鱼类的微冻保鲜方法有3种：冰盐混合物微冻、冷风微冻和低温盐水微冻。

东海水产研究所采用冰盐混合物微冻梭子蟹，效果良好。具体做法如下：一层蟹（约10 cm厚）加一层碎冰（约5 cm厚），再均匀掺入一定数量的粗盐（为冰重量的2%）。保藏期可达12 d，比一般冰冷却法延长一倍。

还有利用低温盐水进行微冻的，由于盐水的传热系数大，微冻速度较快。具体做法是将清洁海水抽入微冻舱，加入盐，使盐水的浓度达到10℃，再降温到-5℃，然后将渔获物经清洗后装入网袋，放进盐水中微冻，当盐水温度回升又降至-5℃时，鱼体的中心温度为−2℃左右，微冻完毕，将渔获物放入贮鱼舱，温度保持在−3~−2℃。经过微冻的鱼体内水分冻结率为20%~30%，保藏期可比冰冷却法延长一倍。微冻法是一种延长鱼类保鲜期的有效方法。

与冰藏法相比，微冻法可进一步抑制腐败微生物的生长繁殖而减缓鱼体的腐败变质。这可从鱼体中的三甲胺等腐败产物量的变化看出。

一般来说，高于食品冻结点的冷却食品只能作短期贮藏，而温度降至−18℃的冻结食品可长期贮藏。微冻法保藏的食品的贮藏期介于这两者之间，鱼的微冻保藏期在10~30 d，因此有其实用意义。

然而，目前微冻法还未广泛应用于生产，仅在某些国家，如加拿大、挪威等的部分渔船上使用。日本已用于部分淡水鱼的保鲜，但渔船上也未全面推广。这是由于微冻法还存在一些问题：吹风微冻会使鱼体表面干燥；低温盐水微冻使鱼体褪色，鱼肉中的盐分升高；微冻温度不易准确控制等。

五、海产品的冻结与冻藏

冷却或微冻海产品只能作短期保藏。为了长期保藏海产品，必须对海产品进行冻结，使鱼体温度降到−18℃以下，并且在−18℃以下的低温贮藏。当渔场远离港口，渔捞航次长时，渔获物必须在海上进行冻结才能保持其优良品质。渔汛期，渔获物的数量很大，用冻结的方法进行保藏，可调节供求的矛盾。海产品可作为原料供有关的海产加工厂进一步加工。

（一）海产品在冻结前的一般处理

海产品在冻结前必须经过挑选和整理。对于鱼类，必须剔去已腐败变质和受机械伤的鱼和杂鱼，按品种、大小分类，然后将鱼放入3~4℃的清洁水中洗涤，以清除鱼体上的黏液和污物，洗净后稍滤干，立即装盘。鱼是否整理得平直整齐，直接影响到商品外观和损耗，不整齐的鱼在冻结时容易相互缠绕在一起，在销售过程中易断头、断尾，损耗要增加10%左右。

对鱼体色泽容易消失的鱼类，如大黄鱼、小黄鱼等，整理装盘时一般分上下两层，底层的腹部向上，上层的腹部向下，使其金黄色的腹部不与空气接触；对长条形的鱼类，如带鱼、海鳗，装盘时将鱼体沿鱼盘四周围成长圆形，将头部圈入鱼体中间；墨鱼背部的色素，与空气接触容易变红，装盘时应将其腹部向外，背部朝内。

（二）海产品在冻结前的特殊处理

有些水产品在冻结前要进行特殊处理，水产品特殊处理的方法有以下几种：

1. 盐水处理

鲜度良好的比目鱼等白身鱼类的鱼肉冻结后，在解冻时会流出大量的汁液，可预先在浓度为3%~5%，温度为0~2℃的清洁食盐水中浸泡10~15 min，然后冻结。进行盐水处理后，鱼肉稍脱水，pH接近中性，保水能力增强，解冻时汁液流失减少。有时还可在食盐水中添加增强色泽或保水能力的食品添加剂，这种方法主要在美国、加拿大东部海岸实行。另外，鲜度良好的扇贝、牡蛎等剥出的肉经盐水处理后再冻结，在5℃以下低温解冻时，与未经盐水处理的相比，汁液流失显著减少。

2. 食醋处理

鲜度良好的海参若未经前处理就冻结、冻藏、解冻，本来整体紧绷而且吃起来有弹力感的海参会变得松软，如同蚯蚓般伸长，缺乏弹力感，失去商品价值。海参可先在食醋（4.1%的醋酸溶液）中浸泡10~15 min，然后冻结，可有效改进海参的口感。

3. 抗氧化剂处理

有相当一部分海产品冻结后，在长期的冻藏过程中会发生氧化变色和脂肪氧化的问题，且大都发生在表面，因此降低商品价值。对这些海产品进行表面抗氧化剂保护处理后再冻结，具有很重要的意义。使用的抗氧化剂有两大类：水溶性抗氧化剂和油溶性抗氧化剂。水溶性抗氧化剂只能防止水溶性物质的氧化，油溶性抗氧化剂只能防止油溶性物质的氧化，两者不可颠倒使用。

虾类的黑变，是由于虾肉中的蛋白质被微生物分解产生酪氨酸以及酪氨酸类似物质等水溶性物质，这些水溶性物质在有氧和紫外线的条件下因酪氨酸酶的作用而氧化，产生黑色素。酪氨酸的生成与微生物有关，虾类的鲜度不降低的话就不会生成。防止虾类的黑变，可将虾类去头并清除内脏（特别是肝胰腺），充分水洗、放血。冰藏时宜采用水冰法，并添加0.5%~1.0%的抗坏血酸钠，水温保持在0℃，水要淹没虾类并置于暗处。冰藏期在5 d以内。虾类在0.5%~1.0%的抗坏血酸钠溶液中浸泡5~10 min后再冻结，冻结后以同一溶液包冰衣，可有效抑制虾类的黑变。

虾类冻结后，在长期的冻藏过程中其红色的表皮会发白，这是由于虾类表皮中的虾青素（脂溶性色素）在有氧和紫外线的条件下，因脂肪氧化酶的作用而氧化，形成白色的虾红素，冰藏时也会发生褪色。解决的方法是冰藏时使用水冰法，并添加0.5%~1.0%的抗坏血酸钠，或添加BHA、BHT或两者的等量混合物0.01%~0.02%，并将水温保持在0℃，水要淹没虾类并置于暗处。冰藏期在10 d以内。虾类在上述溶液中浸泡5~10 min后再冻结，冻结后以同一溶液包冰衣，可有效抑制虾类的褪色变白。

多脂鱼类如秋刀鱼、沙丁鱼等冻结后，在长期的冻藏过程中会发生表面的脂肪氧化、变黄、变褐而带涩味，俗称油烧。一方面是鱼类中的脂肪在有水分的条件下，因脂酶的作用而分解，产生游离的脂肪酸；另一方面是鱼类中的脂肪在有氧和紫外线的条件下，因脂肪氧化酶的作用而氧化，形成氧化物或过氧化物。这些氧化生成物还会引起其他脂质的自动氧化，出现乙醛、巴豆醛等有活性羰基的醛化合物。另外，鱼肉中的氧化三甲胺还原形成三甲胺，鱼肉中的蛋白质分解生成氨基酸之类有氨基的含氮化合物。这两类化合物引起羰氨反应，产生黑色素之类的物质，使鱼的表面变黄、变褐。防止的方法是选择鲜度良好的多脂鱼类，在含BHA、BHT或两者的等量混合物0.01%~0.02%的冷水中浸泡5~10 min后再冻结，冻结后以同一溶液包冰衣。

（三）海产品的冻结

海产品的冻结方法有吹风冻结、盐水冻结和平板冻结3种。

1. 吹风冻结法

利用冷空气作为介质来冻结海产品，这种方式的冻结装置通常有间歇操作与连续操作两种。

（1）搁架式冻结装置。将装有海产品的盘子放在管架上，管架内制冷剂蒸发吸热，再以鼓风机吹风，冻结间的温度−25~−20℃，风速1.5~2 m/s。海产品通过与管架的接触传热，以及与冷风的对流换热而冻结。这种冻结方法冻结温度较均匀，耗电量少，但用钢管多，劳动强度大，如能实现装卸鱼盘的自动化，仍有一定的发展前途。

（2）隧道式吹风冻结装置。这是目前我国海产品在陆上冻结使用最多的方法。这种方法是将装有海产品的盘子放在鱼车上送入冻结间，采用冷风机强制空气流动，风速一般为3~5 m/s，使海产品冻结。这种冻结方法的优点是劳动强度小，冻结速度较快；缺点是耗电量较大，冻结不够均匀。近年来有的海产冷冻厂采用鱼车在冻结间内能转动的调向装置，以克服冻结不够均匀的缺点。

（3）螺旋带式冻结装置。其优点是连续冻结，自动化程度高，而且冻结速度快，冻品质量好，干耗也小。这种冻结装置在国内外广泛应用于冻结各种熟制品，如鱼饼、鱼排、鱼丸和油炸的海产品。

（4）流态化冻结装置。其优点是连续冻结，自动化程度高，而且可以实现单体冻结，冻结速度快，冻品质量好。这种冻结装置一般用来冻结小虾、熟虾仁、熟蟹肉等。

2. 盐水冻结法

盐水冻结法又分为接触式盐水冻结法和非接触式盐水冻结法两种。接触式盐水冻结法采用饱和的氯化钠溶液，非接触式盐水冻结法采用氯化钙溶液。接触式盐水冻结法存在鱼冻结后盐分渗入鱼体，使鱼的味道变咸，以及冻鱼的表面变色、失去光泽的问题。非接触式盐水冻结方法存在与盐水接触的设备的腐蚀问题，因此其使用受到较大的限制。

3. 平板冻结法

这是利用平板冻结装置的冻结平板与海产品进行接触传热的一种冻结方法，广泛应用于船上与陆上的海产品冻结。平板冻结装置分为立式和卧式两种。

（1）卧式平板冻结装置。适用于鱼片、对虾等小型海产品以及形状规则的海产加工制品如鱼糜制品等。卧式平板冻结装置在使用时，鱼品与上下两面的冻结平板必须接触良好，若有空隙则冻结速度明显下降。当鱼品因为上面与冻结平板接触不良而只有单面冻结时，其冻结时间为上下两面接触良好的3~4倍。

（2）立式平板冻结装置。它被广泛地应用于海上冻结整条鱼。鳕鱼等鱼类可冻结成坚实的鱼块，但鲱鱼之类的多脂鱼的冻块并不结实，搬运时容易破碎。因此，国外将多脂鱼包成一块，并在空隙内加些水后进行陈结。包装材料采用有聚乙烯涂层的单层纸袋。

平板冻结法的主要优点是冻结速度快。卧式平板冻结装置的主要缺点是劳动强度大，不能冻结大型的鱼；立式平板冻结装置虽然能减轻劳动强度，但由于散装，鱼体易变形，影响商品外观。近年来，美国和一些欧洲国家已开始使用进冻和出冻自动化的连续式平板冻结装置。

（四）冻结海产品的包冰衣和包装

用鱼盘冻结的海产品冻好后，应立即脱盘，包冰衣。

目前大多数冷冻厂采用浸水融脱的方法脱盘，也有些冷冻厂采用机械脱盘装置。

脱盘后的海产品必须立即包装，除了对昂贵的多脂鱼采用不透氧和水蒸气的塑料薄膜真空包装外，对一般的海产品采用包冰衣的方法，其目的是使海产品与外界空气隔绝，减少干耗，防止脂肪氧化和色泽变化。

包冰衣的水应是清洁的水，并预先冷却至5℃左右，海产品脱盘后放入水中浸泡3~5 s取出，海产品表面就会很快形成一层冰衣。冰衣的重量为冻品重量的2%~5%，厚度为2~3 mm较适宜。这种方法一直被广泛采用。

但是用清水包冰衣存在以下缺点：冰衣的附着量少；冰衣的附着力弱；有时冰衣会产生裂缝；冰衣在冻藏过程中会升华，过一段时间必须再包冰衣，相当麻烦。

为了克服清水包冰衣的缺点，可在清水中添加糊料，配成溶液后再包冰衣。使用的糊料通常有海藻酸钠、羧甲基纤维素等。糊料的使用量一般为0.5%~1.0%。在同一温度下，用糊料溶液包冰衣的附着量比用清水包冰衣的附着量增加2~3倍，且附着力增强，不会产生裂缝，这样可增强包冰衣的效果，推迟再包冰衣的时间。

冻结海产品的包装有内包装和外包装之分，对于冻品的品质保护来说，内包装更重要。包装可把冻结海产品与冻藏室的空气隔开，因此可防止水蒸气从冻结海产品向空气中转移，这样可抑制冻品表面的干燥。为了达到良好的保护效果，内包装材料不仅应具有防湿性、气密性、一定的强度，而且还要安全卫生。常用的内包装材料有聚乙烯、聚丙烯、聚乙烯与玻璃纸复合、聚乙烯与聚酯复合、聚乙烯与尼龙复合、铝箔等。在包装冻结海产品时，内包装材料应紧贴冻结海产品，如果冻品与内包装材料之间有空隙，冰晶升华仍有可能发生。但是采用普通的包装方法不可能使内包装材料紧贴冻结海产品，因此可采用包冰衣后再进行内包装的方法。冻结水产品的外包装采用瓦楞纸箱。

（五）海产品的冻藏

1. 冻结海产品的冻藏间条件

我国冻结海产品的冻藏间的温度大多为-20~-18℃，库温波动不超过±1℃，采用顶排管和墙排管的冻藏间内的相对湿度一般为95%~100%。

联合国粮农组织建议：冻结海产品应根据其品种、制品形式和贮藏时间来选择其合适的贮藏温度。

鱼类因其体内的脂肪多，含不饱和脂肪酸，特别是多脂肪鱼类（如带鱼、鲥鱼等）含有大量高不饱和脂肪酸（PUFA），在冻藏过程中很容易氧化、油烧，表面发生褐变，有些海产品（如墨鱼、黄鱼、对虾等）的色泽在冻藏过程中还容易发生变化。总而言之，海产品与牛肉、猪肉、鸡肉等相比，其品质稳定性最差，尤其是多脂肪鱼类。为了保持冻结海产品的良好品质，国际冷冻协会推荐少脂肪鱼类的冻藏温度为-20℃，多脂肪鱼类的冻藏温度为-30℃。

近年来，国际上的冻结海产品的冻藏温度趋向低温化，其主要目的是为了保持冻结海产品的高品质。英国对所有鱼类制品的推荐冻藏温度为-30℃，美国认为冻结海产品的冻藏温度应在-29℃以下。

包冰衣的冻结海产品在冻藏期间，应定期重包冰衣（用低温水喷洒），以减少干耗和氧化。

2. 冻结海产品在冻藏期间发生的变化

冻结海产品在冻藏期间会发生一些变化，使其品质降低，主要有重量损失（干耗）、冰结晶长大、脂肪氧化和色泽变化等。

干耗产生的原因是由于冻藏间中冻结海产品的表面与冻藏间内的冷空气以及冻藏装置的蒸发排管表面存在着温差，因而形成水蒸气气压差，使冻结海产品表面的冰晶升华到空气中去，进而在蒸发排管表面凝结成霜。

冰结晶长大的原因，主要是由于冻藏间的温度波动。

冻结海产品在冻藏期间的脂肪氧化问题是一个十分值得注意的问题。海产品中的脂肪含有大量的不饱和脂肪酸，多脂鱼中的含量尤其多，很容易氧化酸败，并且会因为冻结海产品表面的冰晶升华而加剧其氧化，因此应尽可能采用较低的冻藏温度（-35~-25℃），同时采用包冰衣、真空包装等方法避免与空气接触，必要时可使用抗氧化剂。

冻结海产品在冻藏期间的色泽变化是一个比较复杂的问题。有的海产品经冻结、冻藏一段时间后，色泽发生明显的变化。例如，大黄鱼的姜黄色变为灰白色，乌贼的花斑纹变得暗红，对虾由青灰色变成粉红色。这些反应有的是由于羰氨反应，有的是由于酶促氧化褐变，有的是由于肌红蛋白的氧化褐变，有的是由于细菌产生的硫化氢与血红蛋白、肌红蛋白在长期的冻藏中产生了硫络血红蛋白与硫络肌红蛋白，有的则由于紫外线的影响。对冻结海产品在冻藏期间的色泽变化问题，应根据具体情况区别对待：采用更低的冻藏温度，采用油溶性或水溶性的抗氧化剂，采用真空包装或不透紫外线的材料包装，也可将海产品除去内脏、血液，水洗后再冻结，等等。

（六）冻结海产品的解冻

解冻是冻结海产品在食用或加工之前必须进行的步骤，其操作是否恰当，也会影响产品的质量及口感。解冻是令冻结海产品中冰晶吸热融化，将冻结海产品恢复到冻结之前的状态。包括形态复原和本质复原两个方面。

当冻结海产品解冻时，细胞外的冰结晶融化成水后，会向细胞内渗透，细胞吸水后如果能恢复到原来的形态，就称为形态复原。一般来说，冻结海产品在冻藏初期能充分地完成形态复原。但随着冻藏时间的延长，海产品细胞的吸水能力变差，不能充分吸收并恢复到冻结前的状态。

形态复原时，水分被吸收到海产品的细胞内，其后就与细胞内的蛋白质发生水合作用，这种水合作用如果能充分进行，解冻后的海产品就能恢复到冻前的状态，具有高保水性和有韧性的食感，这称为本质复原。一般情况下，对于冻结海产品来说，都能实现形态复原。但是由于冻结、存储过程中，海产品中的部分蛋白质会变性，解冻吸收时不能充分吸收，所以本质复原不能完全实现，就会造成解冻后的海产品口感变差，无法恢复到冻结前的状态。因此，在冻结时要采取必要的措施来防止蛋白质变性现象发生。

近年来，研究表明：在解冻时细胞吸水速度非常快，一般在10~20 min，所以快速解冻对细胞吸水复原没有影响。另外，从海产品本身的生化变化角度来看，快速解冻要优于慢速解冻。

解冻过程中食品达到的最高温度被称为解冻终温。解冻终温对产品品质的影响要大于解冻速度。从微生物的观点来看，冻结海产品的解冻终温应在5℃以下，最多不能超过10℃，并且只能短时间的停留。

另外，有人为了达到快速解冻的目的，采用30~40℃的高温对冻结水产品进行解冻，这是很不适当的，应该采用低温快速解冻，介质温度应为10℃，最高也不能超过15℃，这样才能保证解冻品的质量。

冻结海产品常用的解冻方法主要有水解冻法和饱和空气吹风解冻法。全部解冻以后的整条鱼应立即除去内脏。

1. 水解冻法

整条鱼的冻块可采用水解冻，而冻鱼片、鱼段、鱼糜制品就不宜采用水解冻。

最简单的水解冻方法就是静水解冻。将冻鱼放在装满水的水槽中，放置过夜，待解冻后使用。静水解冻虽然解冻时间长，但应用仍然很广泛，其优点是用水少，解冻终温低。

流水解冻也是较常用的一种水解冻的方法，其解冻速度是静水解冻的1.5~2.0倍，由于解冻时间短，所以也能减少微生物的繁殖。影响解冻速度的因素有冻块大小、水温和冻块崩解程度等。

淋水解冻是把冻鱼块放在地面或传送带上，用水喷淋解冻。淋水解冻的速度主要与水流对冻结食品的冲击力有关，淋水的水温对其影响不是很大。此种解冻方法分为两个部分：一个是在水流冲击力的作用下，食品的冻块瓦解，使其分开；另一个部分是通过热交换的方式让冻结食品吸收热量而使冰晶融化。

2. 饱和空气吹风解冻法

为了避免用空气解冻法解冻的海产品脱水，并提高热交换效率，对空气加湿是必要的，饱和空气在冻结海产品的表面结露可以提供解冻所需热量的80%左右。

第三节　海洋冻制品加工实例

一、海洋冷冻鱼类加工

（一）冻鱼的一般加工工艺

冻鱼加工，就是将新鲜的或经过处理的初级鱼片、鱼段等，在-25℃低温条件下完成冻结，再置于-18℃以下冷藏，以抑制微生物的生长繁殖和酶的活性，延长贮藏期，保持海产品原有生鲜状态的一种加工保藏方法。

1. 原料

各种海水鱼类。

2. 工艺流程

原料鱼 → 冲洗 → 挑选 → 称重 → 装盘 → 冻结 → 脱盘 → 镀冰衣 → 包装 → 成品冷藏

3. 工艺要点

（1）在20℃以下，将鱼冲洗干净。

（2）挑选后按规格和让水标准称重。为了补充冻结过程中鱼体挥发的水分，小杂鱼需另加让水6%，其他鱼类让水2%~3%。

（3）将挑选后的鱼进行装盘，注意摆放整齐。

（4）装盘后的鱼一般在-5℃以下预冷间遇冷2 h左右，也可放入冻结室直接冻结。冻结室温度要求达到-25~-20℃范围内，冻结时间控制在24 h以内，一般为12~16 h，鱼中心温度要求达到-12℃以下。冻结期间要在鱼体表面浇水，目的是用冰将鱼体覆盖，避免鱼体直接接触空气。

（5）淋水时，不能破坏冰衣的完整性。

（6）冷冻好的鱼可直接出售或在-16℃以下冷库中存放。

（二）冻黄鱼和带鱼的加工技术

1. 工艺流程

原料 → 挑拣 → 淋洗 → 称量装盘 → 冷冻 → 脱盘 → 冷藏 → 成品

2. 工艺要点

（1）原料要求：要求黄鱼或带鱼的新鲜程度高，肌肉弹性好，鳃红，眼球饱满。变质鱼或杂鱼必须剔除。

（2）淋洗：一般采用喷淋冲洗的方式清洗原料。

（3）称组装盘：每盘装鱼15~20 kg，加0.3~0.5 kg的让水量，以弥补冻结过程中鱼体水分挥发而造成的重量损失。

（4）冷冻：冷冻要迅速，鱼体中心温度要求在14 h之内降到-15℃以下。

（5）脱盘：脱盘时不能直接进行，要求用10~20℃的清水浸泡鱼盘，目的是使鱼盘和鱼体容易分开，不至于损伤鱼体。

（6）冷藏：冻鱼储存条件是放入-18℃以下冷库内。

（三）冻鲳鱼的加工技术

1. 原料要求

要求鱼新鲜且体形完整；体色正常，不发暗；鳃呈淡红色、红色或紫色；气味正常，无异味；肌肉应有弹性。外观不得干枯、油黄。

2. 冷加工工艺流程

原料鱼 → 清洗 → 称量装盘 → 冻结 → 脱盘 → 镀冰衣 → 包装 → 成品

3. 操作要点

（1）清洗：清洗要求用水质良好且温度较低的清水冲洗。洗好后沥水一段时间。

（2）称量装盘：定量装盘，还要加入适量的让水。

（3）冻结：装盘后要立即进冻，冻结间的温度应在-25℃以下，产品中心温度必须在12 h内降至-15℃以下。

（4）脱盘：要求用10~20℃的清水浸泡鱼盘，目的是使鱼盘和鱼体容易分开，不至于损伤鱼体。

（5）镀冰衣：要求用3℃左右的清水，分两次操作，冰衣薄厚要均匀。

（6）包装：内包装一般采用高压聚乙烯塑料袋，内衬选用1~2张瓦楞纸垫。所用材料要求清洁卫生，包装整齐美观。包装后写上品名、规格等参数。

（7）冻藏：冻藏温度要求在-18℃以下的冷库中进行，库温波动不得高于1℃。

（四）冷冻海鳗片的加工技术

海鳗是我国沿海地区重要的经济鱼类。主要产区分布在浙江、广东、福建三省沿海地带。海鳗蛋白质含量丰富，脂含量较高，肉质细嫩。

1. 加工工艺流程

选料 → 去头（放血） → 洗涤 → 剖腹（去内脏） → 再洗涤 → 切段 → 最后洗涤 → 称重 → 保护处理 → 真空包装 → 冻结 → 装箱冷藏

2. 加工操作要点

（1）选料：要求用活海鳗原料。

（2）去头：把活海鳗去头，放净血。如在海上进行操作，应是一层冰一层海鳗，在3 h内将原料运至加工厂。

（3）洗涤：海鳗一般采用浓度为10 mg/kg的漂白粉水清洗，并浸泡30 min，以除去体外污物。

（4）剖腹：此操作是为了取出内脏，不能破坏鱼体非切割的部分。

（5）再洗涤：要求在3 min以内，用浓度为7 mg/kg的漂白粉水冲洗干净，去除内脏残留及杂质。

（6）切段：将海鳗沿椎骨剖开，去掉椎骨、鳍和尾部后，切成约20 cm长的小段。

（7）最后洗涤：用5 mg/kg的漂白粉水清洗，时间控制在3 min。

（8）称重：按规定的重量称重（通常2 kg/袋）。

（9）保护处理：将海鳗片蘸取脂溶性抗氧化剂溶液后，取出沥干，备用。

（10）真空包装：将处理好的海鳗采用真空包装机包装。

（11）冻结：将真空包装后的海鳗立即速冻，要求在15~20 min使海鳗中心温度降到-15℃以下。

（12）装箱冷藏：通常按8块一箱（纸箱）包装，包装后应及时送入冷库贮藏。库温应控制在-18℃以下。

3. 产品质量要求

（1）产品色泽洁白，无血块。

（2）气味正常，无酸败味及其他变质异味。

（3）组织紧密，有弹性。

（4）细菌总数<1×10^5个/克。

（5）大肠菌群阴性（检测不出来）。

二、贝类冻品加工

（一）贝类冻品的一般加工工艺

1. 工艺流程

原料贝类处理 → 水煮 → 冷却 → 割取 → 分级 → 漂洗 → 浸泡 → 沥水 → 速冻 → 镀冰衣 → 包装

2. 工艺要点

蛤仔和文蛤需用海水蓄养过夜，使其体内泥沙吐尽后，剥壳取肉。将贝肉在浓度为3.5%的食盐水中浸泡5~10 min，在此期间不断搅拌。使贝肉的泥沙去除干净后，沥干水分后装入聚乙烯袋中，放入冻结装置中冻结4~5 h。

牡蛎肉冷却与蛤仔大致相同，区别在于将牡蛎肉放入75%食盐水中搅拌洗涤3 min以上，然后进冻，冻好后低温贮藏。目的是减缓牡蛎肉的腐败变质过程。

3. 质量标准

应符合海产品质量标准。

4. 保藏和食用方法

–15℃或以下温度贮藏，温度越低，质量越好。保质期一般不超过6个月。严禁过度升温和出现再冻现象。可不经解冻直接进行烹调后食用。

（二）冻扇贝柱的加工技术

扇贝作为海产品加工的原料是由于其与呈味有关的氨基酸含量丰富，具有独特风味。近年来，冷冻生扇贝柱是常见的产品形式。

1. 工艺流程

扇贝原料 → 水洗 → 取贝柱（闭壳肌） → 冲洗 → 沥水 → 烫煮 → 冷却 → 分级 → 摆盘 → 速冻 → 镀冰衣 → 包装 → 成品 → 冷藏

2. 工艺要点

（1）原料：活鲜无异味、无腐败变质的扇贝。

（2）取贝柱：用小刀将扇贝的闭壳肌取出，除去外套膜及杂质。

（3）冲洗：贝柱不要用淡水洗，应用0.5%盐水冲洗，除去黑膜、污物，水温在15℃以下。

（4）烫煮：将冲洗沥水的贝柱放入沸水中，烫煮5~10 s。

（5）冷却：将烫煮的贝柱放入冷水中急速冷却，迅速捞起，冷却水温要求在10℃以下。

（6）分级：按500 g计，分为100~150粒、151~200粒、201~250粒、251~300粒及300粒以上等5级。

（7）速冻：速冻温度在-25℃以下，块冻中心温度达-15℃即可出库，要求速冻时间不超过12 h。

（8）包装及冷藏：将扇贝柱称量后用聚乙烯塑料袋包装，封口，并检验合格后放在-18℃以下的冷库中贮存。

（9）质量要求：冻贝柱水分82%以下，蛋白质在14%以上。冻贝柱在贮藏过程中易发生黄变现象，由于扇贝闭壳肌表面氨基酸和游离糖引起美拉德反应，以及磷酸质的氧化形成，为缓解黄变现象的发生，可用0.5%盐水洗净。

（三）单冻杂色蛤肉的加工技术

1. 工艺流程

原料 → 分选清壳 → 吐沙 → 清洗 → 蒸煮 → 冷却 → 去壳取肉 → 清洗 → 分级 → 清洗 → 控水 → 摆整速冻 → 精选 → 称重 → 镀冰衣 → 金属探测 → 装箱、冷藏

2. 工艺要点

（1）原料：鲜活杂色蛤。

（2）分选清洗：原料进厂时，用清洁海水在水槽中擦洗，在工作台上分选，挑出破蛤、其他贝类、杂物。

（3）吐沙：分选后的杂色蛤清洗后，装在有漏孔的塑料鱼箱内，移放吐沙池，采用沉淀净化海水暂养吐沙，让海水浸过蛤，并设小型空压机通气增氧，提高贝的吐沙效果。吐沙水温控制在17~25℃，吐沙时间8~10 h可完成，场地环境要安静、无杂音，无油类污染物。

（4）清洗：活蛤吐好沙，放入自来水槽内清洗，洗去蛤表面的污物。

（5）蒸煮：用蒸汽蒸煮杂色蛤，普通多层蒸饭柜每层铺放原料蛤，底层空盘盛放蒸煮贝汁，蒸煮时间用0.4 MPa压力、8~10 min达到贝肉鲜嫩，脱壳。

（6）冷却：蒸煮的杂色蛤装到清洁的筐内，用冰水冷却，浸泡冰水1~2 min，使蛤温度降到20℃以下。

（7）去壳取肉：冷却的原料及时送到工作台，用不锈钢消毒刀取肉，操作中注意保持肉完整、不破，保持台具清洁，每到1 kg肉及时交料，防止污染。

（8）清洗：将去壳的肉放到洗料筐内轻轻漂洗，每次不超过1 kg。清洗后，去除蛤肉上附带的碎壳、碎蛤皮、小蟹等异物，确保蛤肉无杂质。

（9）分级：选用鲜度好的蛤肉进行分选，其规格为LLL（100粒/千克以上）、LL（100~300粒/千克）、L（300~500粒/千克）、M（500~700粒/千克）、S（700~900粒/千克）、SS（900~1 100粒/千克）。

（10）清洗：分级后的蛤肉再次用流动清水冲洗，每筐不超过1 kg，去掉污垢及杂质。

（11）控水：清洗后控水，时间8~10 min。

（12）摆整速冻：将控水后蛤肉放入单冻机中速冻，注意要进行整形处理，彼此之间不能粘连，使形状完整、美观。速冻设备的温度要求在-35℃以下，冻结时间在10~14 min之间。整个过程要求必须清洁卫生。

（13）精选：经速冻的单粒在包装间精选一次，剔去破碎粒。

（14）称重：每袋1 kg在包装间进行，库温-10~-4℃。

（15）镀冰衣：称重后立即镀冰衣，防止产品冷藏干耗，在冰水中过2~3 s，水温0~4℃。

（16）金属探测：镀冰衣后必须及时袋装封口，通过金属探测器检测是否有金属异物残留，如果有，必须及时取出。

（17）装箱、冷藏：按要求装箱，标明生产日期、厂家代号、规格、数量、品名等。迅速放进冷库中冷藏，要求库温必须在-20℃以下，箱下放垫木，与墙间隔30 cm的距离。

（18）质量要求：品质新鲜，色泽正常，无异味，个体规格均匀，允许外套膜破裂但不脱落，无杂质。

（四）冻鲍鱼的加工技术

鲍鱼是比较珍贵的海产品，产量较低，价格较高，保鲜比较困难，所以一般加工成冻制品，主要包括冷冻鲍鱼肉和冷冻全鲍鱼。下面将冷冻鲍鱼肉工艺依次详细介绍。

1. 工艺流程

原料 → 去壳 → 洗涤 → 称重 → 装盘 → 速冻 → 脱盘 → 镀冰衣 → 包装 → 入库

2. 工艺要点

（1）去壳洗涤：用海水洗去鲍鱼表面的泥沙及污物，再进行剥壳取肉，取出内脏及不宜食用的部分后，用清水冲洗干净。

（2）称重装盘：洗净的鲍鱼肉沥干水分后，即可称重。以0.5 kg或1 kg为单位组装小盘，使盘平整美观。

（3）速冻：将称重装盘后的鲍鱼肉放入速冻间速冻，温度为-25℃以下，当冻品温度达到-8~-6℃时，向盘内加水制作冰被，当鲍鱼中心温度达到-15℃时方可取出速冻间，整个过程一般是在12 h左右。

（4）脱盘、镀冰衣：把速冻好的鲍鱼肉取出速冻间，选用淋浴法脱盘。脱盘后将冻鲍鱼肉迅速置于0~4℃的冷水中镀冰衣，时间控制在3 s之内。

（5）包装、入库：镀好冰衣的冻块要立即装塑料袋、小纸盒、大纸箱，然后放入-18℃以下的冷藏库中贮藏。

（五）冻蛏肉的加工技术

1. 原料的质量规格要求

要求原料新鲜，长度在4 cm以上。蛏肉按蒸煮冷却后的长度分级，5 cm以上为一级，4~5 cm为二级，3~4 cm为三级。

2. 冷加工工艺流程

原料验收 → 洗涤 → 浸泡、吐沙 → 蒸煮（或烫煮） → 脱壳 → 漂洗 → 分级、检验 → 沥水 → 称重、装盘 → 冻结 → 脱盘 → 包冰衣 → 装袋、装箱 → 冻藏

3. 操作要点

（1）原料到厂后要放在阴凉通风的地方，立即洗净壳外泥沙，洗净后立即浸泡吐沙。

（2）将洗净的蛏装入竹篮中，在1%~1.5%的盐水中浸泡1~1.5 h。吐沙后的蛏容易死亡，应立即蒸煮。

（3）充分吐沙的蛏在流动水中漂洗去泥沙，倒入竹篮中，在100℃的水中烫煮8~10 min，以蛏壳张开蛏肉容易剥出为准，蛏烫煮后的脱水率为40%~42%。

（4）烫煮后的蛏放在工作台上，逐只剥下蛏肉，去净蛏肉的黑络带。

三、头足类冻制品加工

（一）冻墨鱼的加工技术

墨鱼又称乌贼。我国墨鱼分布广，产量丰富。主要分布在浙江中南部、福建东部、广东沿海及北部湾海区等东南沿海地带。墨鱼身体的大部分都可食用，能达到92%，除了鲜食以外，还可以加工成冷冻墨鱼而长期贮存。

1. 工艺流程

原料 → 剖割 → 去头、内脏、表皮及肉鳍 → 整形 → 分级 → 清洗 → 漂洗 → 沥水 → 称重 → 摆盘 → 速冻 → 脱盘 → 包装 → 冷藏

2. 工艺要点

（1）原料：选取新鲜墨鱼为原料。

（2）剖割：将鱼腹部向下平放在工作台面上，将墨鱼从头部下面剖开，然后在胴部与肉鳍之间左右各一刀，刀口要沿着内壳表面边缘，自上端割至内壳中部位置。如果是金乌贼要去除骨针，如果是没有骨针的墨鱼，切到尾部为止。

（3）去头、内脏、表皮及肉鳍：去除墨鱼头、内脏、肉鳍等部分后，立即用流水冲洗干净，沥水后备用。

（4）整形：用锋利剪刀去掉墨鱼片周围的硬膜，将墨鱼片外形修整美观、整齐。

（5）分级：以每1 kg片数分为1片、2~4片和5~7片。

（6）清洗：将鱼片在5~7℃的清洁冰水中浸洗10~15 min。

（7）漂洗：将鱼片在浓度为5%的清洁冰盐水（温度5~7℃）中漂洗0.5~1 min，目的是增强肉片的弹性和光泽，同时有保鲜作用。

（8）沥水：一般沥水时间为15 min，最后以滴水为准。

（9）称重：每块成品净重2 kg，墨鱼片的让水率为3%，结盘称重2 060 g。

（10）摆盘：将墨鱼片卷成筒状，整齐摆放于脱盘内。

（11）速冻：将摆好盘的墨鱼片放在-25℃以下的速冻间速冻，使其鱼片中心温度迅速达到-15℃以下，整个过程控制在14 h以内。

（12）脱盘：脱盘连同冻好的墨鱼卷同时放入1~5℃的清洁水中浸泡3~5 s捞出，然后将脱盘和鱼块分开。此操作同时完成了镀冰衣和脱盘两道工序。

（13）包装：每块鱼片用聚乙烯袋包装，分规格装入纸箱，每箱装8块，打好包装袋。箱外标明产品名称（冻墨鱼片）、规格、净重、出口国、公司名称、产地和批号。

（14）冷藏：包装好的产品应及时送到温度为–18℃以下，库温稳定、少波动的冷藏库内贮藏。

（二）冻鱿鱼加工

鱿鱼又名柔鱼，广泛分布于大西洋、印度洋和太平洋各海区。近年来我国远洋鱿鱼业有很大发展，鱿鱼的捕获量日益增加，除鲜销外，还可以将鱿鱼冷冻加工。

1. 工艺流程

原料验收 → 洗涤 → 剖割 → 去内脏、软骨、表皮 → 清洗 → 称重 → 装盘 → 速冻 → 脱盘 → 包装 → 冷藏

2. 工艺要点

（1）原料：要求选用新鲜度高、品质好、无损伤且气味良好的鱿鱼作为原料。

（2）洗涤：用清洁海水洗去鱿鱼表面污物及杂质。

（3）剖割：用刀将鱿鱼在身体中间从上至下剖开，使两边对称即可。

（4）去内脏、软骨、表皮：将剖开后的鱿鱼内脏、软骨、皮等部位，注意不要破坏墨囊，保证鱿鱼外观整洁。

（5）清洗：将处理过的鱿鱼放入低温的清水中洗去内脏和残留物，再用流动清水冲洗干净。然后沥水装盘。

（6）称重：每块成品1 kg，干耗率2%，称重时每盘装1.02 kg。

（7）装盘：将鱿鱼整齐摆放在托盘中。

（8）速冻：将摆好盘后的鱿鱼及时送进速冻间排列在搁架管止，每层盘之间用竹片垫架，以利垫放和冷冻。速冻温度在–25℃以下。8 h内鱿鱼块中心温度达到–15℃即完成速冻。

（9）脱盘：采用水浸式脱盘，将鱿鱼冻盘依次放入1 ~ 5℃的清水中3~5 s，然后立即将鱿鱼块脱盘。

（10）包装：按产品特点及要求进行适当的包装即可。

（11）冷藏：包装后的成品应立即放入–18℃的冷库中储存。

四、冻无头对虾的加工

（一）原料的质量规格要求

1. 质量要求

要求品质新鲜，色泽正常，甲壳无黑变，气味正常，无异味，虾体完整，虾肉组织紧密有弹性。

2. 大小规格

根据虾大小进行分级。以500克计，分级：8~12只，13~15只，16~20只，21~25只，26~30只，31~40只，41~50只，51~70只，71~100只。

（二）冷加工工艺流程

原料 → 挑选分级 → 清洗 → 去头 → 清洗 → 称重 → 装盘 → 冻结 → 脱盘、包冰衣 → 装袋、装箱 → 冻藏

（三）操作要点

（1）对虾的清洗应使用5~10℃的清洁水。

（2）挑选分级时应尽量做到每级虾的大小大体均匀。

（3）去头时要注意保留颈肉。正确的操作如下：用左手的拇指、食指捏住对虾的第一腹节甲壳处，对虾腹部朝上，右手拇指、食指捏住虾头，稍用力向外、向下掰拉，使虾头与虾体分离，同时带出内脏。

（4）虾盘要清洗干净，并用7 mg/kg浓度的漂白粉溶液消毒。摆盘时要求排列整齐，底层腹部向上，上层腹部向下，尾对尾，相互挤住。

（5）要求低温速冻，速冻温度为-25℃以下。

五、冻生虾仁的加工

（一）质量要求

要求品质新鲜，色泽正常，甲壳无黑变或轻度黑变，气味正常，无异味，虾体完整，虾肉组织紧密有弹性。

（二）冷加工工艺流程

原料 → 挑选分级 → 清洗 → 剥肉 → 漂洗 → 分级 → 装袋 → 冷冻 → 装箱 →贮藏 → 检验

（三）操作要点

（1）剥肉：将虾体头部去掉，去除虾肠及背部虾线，小心将虾壳剥下，要求虾仁外观完整无损。

（2）漂洗：将虾肉置于清洗器具中用10℃以下的清水漂洗，此时需除去残留的虾壳等杂质。

（3）分级：经第一次漂洗后的半成品，再次按规格分级。分每500 g虾100~200只、200~400只和400~500只3种规格。

（4）清洗：按分好规格的虾仁分别收集在虾篮内，用3~5℃的盐水再次清洗，夏季要加碎冰降温至低于10℃。清洗后倒入竹筛沥水。

（5）装袋：沥水后的虾仁按规格过磅装袋，称量时要增加6%左右的让水量，保证解冻后不低于规定净重。虾仁装袋后再装入盒内，正面朝上，按顺序放入冻盘。

（6）冻结：冻盘要及时冻结，冻结间的温度应在-25℃以下，冻品中心温度必须在12 h内达到-15℃以下。

（7）装箱：按产品要求及特点进行定量装箱。

（8）贮藏：装箱后的冻生虾仁应立即放入−18℃的冷藏库，库温波动幅度不超过0.5~1℃。

（9）检验：对每天生产的产品做好检验工作，并做好产品的原始检验记录，产品出厂要逐批进行抽样检验。

（四）成品要求

1. 品质

品质新鲜；色泽正常，有适当光泽；组织紧密有弹性；气味正常，无异味。要求虾仁基本完整，只允许虾仁尾部有少量残缺。

2. 规格

分每500 g含虾100~200只、200~400只和400~500只3种规格。

六、冻梭子蟹的加工

（一）原料的质量要求

要求原料蟹的品质新鲜，胸部甲壳的色泽正常，无黑斑等变质异色，无异味，肥度良好。

（二）冷加工工艺流程

原料 → 分级 → 清洗 → 沥水 → 装盘 → 冻结 → 镀冰衣 → 包装 → 冻藏

（三）操作要点

（1）分级：将梭子蟹原料按大小规格分等级。

（2）清洗：逐个用流动水清洗，不能泡洗，以免影响鲜度质量。

（3）沥水：清洗后放入底部带有漏水孔的桶内，沥水10~20 min。

（4）装盘：为了避免梭子蟹螯足的脱落，在沥水后逐个用橡皮筋将蟹的螯足捆扎好，然后根据不同规格称量装盘。摆盘时，腹部朝上，单层排列。

（5）冻结：装盘后应立即进行冷冻，产品中心温度在12 h内降至−15℃以下。

（6）镀冰衣：镀冰衣应在5℃以下的低温间进行。先在镀冰衣用水中加冰，使之降到3℃，然后将梭子蟹浸入水中2次。镀冰衣后逐个装入塑料袋。

（7）包装：用纸箱或木箱包装，每箱净重10 kg，并标注品种、规格、生产日期、净重等参数。

（8）冻藏：包装后的梭子蟹应立即移入−18℃以下的冷库贮藏。

（四）成品质量

1. 品质

个体完整，允许有轻微勾伤；整体洁净，无异味，色泽正常；肥满度良好。

2. 规格

一级品每只重300 g以上，二级品每只重200~300 g，三级品每只重100~200 g。

七、冻结调理食品的加工

冻结调理海产食品是一种海产深加工产品，它主要是采用新鲜的鱼、虾、贝类等海产品为原料，经过一定的前处理、调理加工和冻结加工而成的。它具有以下几方面的特点：品质高、卫生良好、风味独特、食用方便、品种繁多、成本低。

冻结调理海产食品品种较多，如果按照原料的种类来分，一般可分为四大类：即冻结调理鱼类食品、冻结调理虾类食品、冻结调理贝类食品以及它们之间混合的冻结调理食品。

（一）原料

新鲜的鱼、虾、贝类均可用于冻结调理海产品的原料。但是对于原料的新鲜程度要求很高，必须选择发生自溶作用之前的原料，如果是贝类的话，通常要求是活的。原料应用之前必须及时去除头、内脏、外壳等不宜食用的部分，然后用流动清水冲洗干净，保持原料清洁无污染。

（二）辅助材料

辅助材料主要包括香辛料、调味剂、抗氧化剂、弹性增强剂、防腐剂等等。主要作用是改善食品感官特性，杀菌、防腐、抑制蛋白质变性等以延长贮藏期。

（三）工艺流程

冻结调理海产食品加工的工艺流程与普通的冷冻海产品区别在于，在冻结之前还要有一系列的调理过程。调理加工是冻结调理食品所特有的。冻结调理海产食品品种繁多，每种产品都有各自特殊的生产流程和要求。一般的冻结调理鱼、虾、贝类食品加工工艺流程如下：

前处理一般包括清洗、去头、去鳞或去壳、去内脏、分割采肉、漂洗、脱水、绞碎、擂溃等工序。当然不是每种产品都含有这些工序。

海产食品调理加工包括成型、调味、加热、冷却、包装等工序。加热方式包括油炸、水煮、蒸煮、焙烤等，采用其中任意一种或组合的方法来进行加热，使得生鲜食品变成熟制品。

在冻结过程中，主要采用下列设备：螺旋带式吹风冻结装置、平板冻结装置和流态化冻结装置。

（四）工艺要点

（1）产品所用的原料及辅料必须安全可靠，要求符合相关质量标准。

（2）操作工艺流程必须设计合理，不能在加工过程中产生污染，必须保证操作环节清洁卫生，同时也要注意操作人员的卫生。

（3）操作过程中，如果需要加热结束后，必须及时冷却降温，以减少高温对食品品质的损害。防止海产品在5~10℃温度内停留时间过长，以减少微生物繁殖的概率。

（4）要求进行快速冻结，而且要求冻结彻底，即产品中心温度要求达到−15℃以下。

（5）产品包装要求在-10℃清洁卫生的包装间内完成。

（6）包装材料和容器要提前杀菌消毒，以保证其清洁卫生，无污染且无毒无害。

（7）包装材料和容器在使用前要冷却到-10℃左右，方能使用，以防止与产品之间进行热量交换，从而影响产品质量。

（8）包装时产品应符合食品卫生质量标准，不得含有任何杂物，不合格的产品应当剔除。

（9）冻藏库要求清洁卫生，定期进行消毒处理。冷库温度必须在-18℃以下并保持恒定，库内温度均匀一致，其波动在±1℃以内。

（10）包装好的产品进库后按不同的品种、等级、规格和生产日期分别堆垛。

（11）为保证调理冻结海产品在存贮期间不发生腐败现象，定期检查库温及产品各项指标。发现问题及时解决，做到防患于未然。

（12）整个生产流程要求清洁卫生、快速和准确。

（五）质量标准

冻结调理海产食品的外观、组织形态应完整端正、大小均匀、表面形态良好、有自然光泽、呈现鲜嫩态、质构特性良好，不能有海产品原有的腥味和油烧味、新鲜鱼肉的加热腥味、焙烤制品和油炸制品的焦味等不良味道，口感良好。此外，冻结调理海产食品不得混入任何夹杂物，如碎贝壳、沙粒等异物。

（六）贮藏和食用方法

冻结调理海产食品应在-18℃或更低温度贮藏，温度越低，质量越好。保质期一般不超过6个月。严禁过度升温和出现再冻现象。

思考题

（1）简述食品低温的基本原理。

（2）食品冷却有哪些方法？分别叙述各类方法的原理及操作要点。

（3）什么是食品冷链？完整的食品冷链包括哪些环节？

（4）简述海洋冻鱼类在保藏期间的变化。

（5）简述冷冻黄鱼的加工工艺和操作要点。

第四章　海洋干制食品加工

第一节　海洋干制食品的加工原理及方法

海洋干制食品加工，是一种传统的加工方法，将海产品通过天然干燥或人工干燥的方法，制成消费者乐意接受的各种干制品，提高了产品的贮藏性能。随着一些新技术的应用，在干制时海产品的营养和风味的损失将会减少到较低限度。

一、干制的原理

海产品的腐败变质通常是由微生物作用和生物化学反应造成的。任何微生物进行生长繁殖以及多数生物化学反应都需要以水作为溶剂或介质。干制就是通过对海产品中水分的脱除，进而限制微生物活动、酶的活力以及生物化学反应的进行，达到长期保藏的目的。

微生物的生存需要一定的水分活度，当微生物所处环境的水分活度降低时，微生物的生长繁殖就会受到抑制，大多数处于休眠状态，当条件适宜以后，会继续生长繁殖。

从生化角度看，水分含量降低时，食品内部的酶活性也会降低。当食品中水分含量降低到1%以下时，酶活性将会完全被钝化。由于酶在湿热条件下易钝化，所以为了减少食品中酶的活性，在干制之前通常会通过化学方法或湿热的方法将酶失活。

二、干燥过程

海产品的干燥涉及表面水分蒸发和内部水分向表面扩散两个方面。其具体过程如下：当较高温度的干燥介质（空气）通过待干制的海产品时，表面水分被蒸发，即表面汽化；当表面水分被蒸发后，食品内外就会由于湿度差的原因，水分从内部向表层扩散；此过程连续不断进行，从而完成食品干燥。传统的干燥过程是食品外部的温度高于内部，外部湿度低于内部，即温度梯度和湿度梯度刚好相反，所以水分的散失较慢。而对于微波干燥来说，温度梯度和湿度梯度的方向是一致的，因此食品中的水分散失较快。由物料内部温度梯度和湿度梯度导致的水分传递称为内部扩散。两个过程同时进行，但是其控制机理不同，因此要分开来研究。

表面的水分蒸发速度和内部水分向表面扩散速度相等时，是最有利于海产品干燥的。干燥太快，内部水分还来不及扩散到表面，那么食品表面的水分就会蒸发过多，从而使表面形成硬壳或开裂现象，不利于干燥且影响产品品质。所以，有些地方在将海产品干燥到一定程度时，会将其堆积起来，用隔离物将其盖住，防止表层水分继续蒸发。过一段时间后，待内部水分向外扩散能够继续支持表层水分蒸发时，海产品表面会发生回软现象，此时再打开封闭物，继续干燥，这就是所谓的罨蒸（或称"晾水""出潮"），其目的是为了达到更好的干燥效果。

三、干制过程中的主要变化

食品脱水加工时出现的物理变化有干缩、干裂、变形、溶质迁移、表面硬化、多孔性形成以及热塑性出现等。

（一）物理变化

1. 干缩、干裂和变形

干缩是物料失去弹性时出现的一种变化，是食品脱水加工时最常见的、最显著的变化之一。其主要原因是当细胞失去水分时，细胞会发生萎缩现象。如果细胞重新吸收水分，在一定程度内会恢复到原来的状态，但是如果细胞失水时受到的压力过大时，细胞重新吸水后就不能完全恢复到以前的状态，就是所谓的干缩现象。

弹性完好并呈饱满状态的物料全面均匀地失水时，物料将随着水分消失均衡地进行线性收缩，即物体大小（长度、面积和容积）均匀地按比例缩小。实际上物料的弹性并非是绝对的，脱水加工时食品块片内的水分也难以均匀地排除，故物料干燥时均匀干缩极为少见。食品物料不同，脱水加工过程中它们的干缩也各有差异。

干燥操作时，如果食品外部温度过高，干燥速度过快，内部水分还来不及扩散到食品表面时，表面就会失去过多的水分而导致出现硬壳。当中心水分向表面扩散时候就会出现食品所受压力过大的现象，进而出现内部干裂、孔隙等情况。

在干制过程中，如果控制得当，新鲜的海产品将随着水分消失均匀地进行收缩，这种质量减轻和体积缩小有利于节省包装、储藏和运输费用。如果干制后体积为原料的20%~35%，则质量为原料的6%~10%。实际生产中由于温度、湿度、空气流速等干制因素的不同，物料干制时不一定均匀干缩。不同食品干制过程中的干缩也各有差异。高温快速干制的食品表面层远在物料中心干制前已干硬，其后中心干制和收缩时就会脱离干硬膜而出现内裂、空隙和蜂窝状结构，此时，表面干硬膜并不会出现凹面状态。而慢速干制品的密度较高，表面层内凹。质量相同的两种干制品，前者的容重明显低于后者。上述两种干制各有特点：密度低的干制品容易吸水、复原性好，但它的包装材料和储运费用较大，内部多孔易于氧化，储藏期相对较短；而高密度干制品复水缓慢，复原性差，但易于储藏。

2. 溶质的迁移

食品中的水分一般溶解了糖、有机酸、盐等物质，干制过程中，水分会向食品表面迁移，溶解的物质也会跟随迁移，但是当水分扩散到表面汽化以后，溶质并不会随之蒸发，会留在食品表层。当脱水速度较快时，脱水的溶质有可能堆积在物料表面结晶析出，或成为干胶状而使表面形成干硬膜，甚至堵塞毛细孔而降低脱水速度。如果脱水速度较慢，则当靠近表层的溶质浓度逐渐升高时，溶质借浓度差的推动力又可重新向中心层扩散，使溶质在物料内部重新趋于均匀分布。可见，脱水工艺直接影响可溶性物质在食品中的均匀分布程度。

3. 表面硬化

表面硬化产生的机理：当被干燥食品表面温度较高时，其表面水分会迅速蒸发，此时食品中心的水分不能及时扩散到食品表面，其表面就会出现干硬的现象。由于干硬表面阻止大部分内部水分继续扩散到表面，会使干燥速度急剧下降。对于一些含高浓度可溶性固形物的食品来说，更容易出现干硬的现象，比如腌鱼。食品内部水分在干燥过程中有多种迁移方式，生物组织食品内有些水分常以分子扩散方式流经细胞膜或细胞壁。食品内水分也可以因受热汽化而以蒸汽分子向外扩散，并让溶质残留下来。有时食品内还常存在有大小不一的气孔、裂缝和微孔，小的可细到和毛细管相同，故食品内的水分也会经气孔、裂缝或微孔上升，其中有不少能上升到物料表面蒸发掉，以致它所带的溶质（如糖、盐等）残留在表面上。这些物质会将干制物料的微孔收缩和裂缝加以封闭，在微孔收缩和被溶质堵塞的双重作用下，食品出现表面硬化。此时若降低食品表面温度使物料缓慢干燥，或适当回软，再干燥，通常能减少表面硬化的发生。

4. 多孔性形成

食品在快速干燥时，表面硬化及随之而来内部蒸汽压力增大，从而导致食品内部多孔性的出现。另外，当食品真空干燥时，真空度的提高也将食品内部水分迅速向外扩散，使食品内部物料受到较大的压力，从而也会形成多孔性的制品。干燥前经预处理促使物料形成多孔性结构，有利于水分的传递，加速物料的干燥。不论采用何种干燥技术，多孔性食品能迅速复水或溶解，食用方便。但是多孔性食品存在的问题是容易被氧化，储藏性能较差。

5. 热塑性出现

所谓热塑性就是某些食品在加热时会出现软化或熔化的现象，具有热缩性的食品也称热塑性食品。糖分等物质含量高的果蔬汁就属于这类食品。为此，大多数输送带式脱水设备内常设有冷却区。

（二）化学变化

食品脱水干制过程中，除物理变化外，还会发生一系列化学变化，这些变化对干制品及其复水后的品质，如色泽、风味、质地、营养价值和贮藏期等会产生影响。这些变化的程度常随食品成分和干制方式的不同而有差异。

1. 干制对营养成分的影响

脱水干制后食品失去水分，故单位质量干制食品中营养成分的含量相对增加。复水干制品和新鲜食品相比，则和其他食品保藏方法一样，它的品质总是不如新鲜食品。海产品含有较丰富的蛋白质，蛋白质在干制过程中易变性，降低了溶解性和生物学价值，影响食用品质。蛋白质变性的程度与干制温度、湿度密切相关。如肌肉中肌球蛋白的热凝固温度是45~50℃，肌浆蛋白的热凝固温度是55~65℃。肌原纤维蛋白由于变性凝固，进而发生收缩，保水性下降，口感变差。而脂肪含量较高的海产品在干制过程中容易氧化褐变，造成食品危害。因为干制会造成食品形态结构的变化，如片状或多孔状食品干燥增加了表面积，增大了与氧气接触的机会。高温干制时脂肪氧化更为严重，干制前添加抗氧化剂能有效地抑制脂肪氧化。干制过程中会造成部分水溶性维生素的破坏，维生素的损耗程度取决干制前物料预处理条件及选用的脱水干制方法和条件。通常干制鱼中维生素含量略低于新鲜鱼。加工中硫胺素会有损失，高温干制时损失量比较大。核黄素和烟酸的损失量相对较少。

2. 干制对风味的影响

食品失去挥发性风味成分是脱水干制时常见的一种现象，要完全防止干制过程中风味物质的损失具有一定的难度。通常可以从干制中回收或冷凝处理外逸的蒸汽，再加回到干制食品中，以尽可能保持其原有风味。此外，也可将该食品风味剂补充到干制品中。

3. 干制对色泽的影响

干制会改变食品的物理和化学性质，从而导致食品反射、散射、吸收可见光的能力发生变化，导致食品的色泽发生改变。

4. 吸湿性和复原性

食品的脱水是在物料和介质的水蒸气分压差的条件下进行和完成的，完成脱水的食品物料含水量一般很低，其蒸气压通常都小于正常大气的水蒸气分压。换句话说，就是脱水物料的相对平衡湿度很低，在正常的大气条件下，容易吸收大气中的水分而还潮，此时食品物料中的水分活度又见升高而降低质量，易受微生物的侵害。因此，经过脱水的食品必须采取妥善的包装措施，防止在消费前重新吸收潮气。

大部分脱水食品在消费前要求复水，尽可能恢复到脱水前的状态。但有些食品复水往往很困难，或者是复水以后结果不很理想。可能复水的时间要求很长，或者回复不到原有的形态和感观质量（色、香、味）。通常有细胞组织结构的物料要回复到原有的状态是不可能的，除了很特殊的情况（如干酵母等单结构物质）外，干燥是不可逆过程。

四、影响食品干藏的因素

食品干藏就是指采用自然干燥（晒干、风干）或人工干燥（常压加热干燥、真空加热干燥、红外线干燥、微波干燥、冷冻升华干燥）的方法，对食品或食品原料进行脱水处理，使其水分降低到不致使食品腐败变质的程度，而达到长期贮藏的过程。

（一）水分和微生物的关系

食品所含的水分有结合水分和游离（或自由）水分，但只有游离水分才与细菌、酶和化学反应有关，即有效水分。可用水分活度（Aw）进行估量。常用于衡量微生物忍受干燥的能力。

一般食品可视为含有不同含量溶质的水溶液，含水量在0~100%之间，水分活度值在0~1。水分活度值的不同，导致微生物的生长存活状态不同。一般情况下，Aw＜0.90时，细菌不能生长；当Aw＜0.87时大多数酵母菌受到抑制；Aw＜0.80时，大多数霉菌不能生长。大部分新鲜食品的水分活度都在0.99以上，所以为易腐食品；当水分活度下降到0.90时，霉菌和酵母菌仍能旺盛地生长；水分活度到0.80~0.85时，几乎所有食品还会在一周内迅速腐败变质；只有当水分活度降到0.65时，微生物的生长才会降到极低，食品贮存期即可长达1.5~2年。一般为了达到长期贮存的目的，应控制水分活度在0.70以下。但也应注意，在此水分活度下，有些霉菌仍会生长，因此，干制品中常见的腐败菌为霉菌。水分活度低但糖分高的食品中，常见的腐败菌是耐渗透压的酵母。

干藏制品的贮存除了受食品本身水分活度的影响外，还受贮藏条件（环境的干湿度、温度）以及贮存期的影响，所以还应根据具体情况进行调整。

（二）干制与微生物的关系

干制时，微生物和食品同时失水，处于休眠状态。一旦环境改变，湿度提高，就会重新吸湿，恢复活性，使食品变质腐败，甚至对人体健康造成威胁。因此为了防止微生物引起的劣变，应该在食品干制前进行加热灭菌，彻底杀死致病菌及腐败菌，从而延长干制品的保质期。

（三）干制与酶活性的关系

酶是具有活性的蛋白质，是各种生化反应的催化剂。它的催化作用离不了水分。干制时，水分减少，酶活性就下降，直到水分降为1%以下时，酶活性才会完全消失。一般的干燥过程，含水量是不会降到这一程度的。如果各种酶类不能完全失活，那么一旦吸湿就会缓慢活动，引起食品褐变及品质恶化。当水分含量达到15%~20%时，褐变反应进行得最快。

所以，为了彻底防止酶参与的劣变，应该在干制前对食品进行湿热或化学钝化处理，或者在干制过程中快速跨越15%~20%水分区域。干热处理，即使在204℃时也很难钝化某些酶的活性。而湿热，如100℃时瞬间就能使酶失活。

（四）干制与氧化反应

Aw在0.3~0.4之间反应最慢。为了防止干制品的变质与腐败，从抑制微生物与酶作用的角度看，水分含量（包括水分活度）愈低愈好。但水分含量过低时，食品易出现硬化、脂质易氧化、易于破碎、易于吸湿等问题。

海产品干燥过程中会出现表面蒸发、内部扩散和表面硬化，为了达到食品的理想干燥，在设计各种条件下（如干燥温度、外界湿度、空气流速及方向、物料的厚度、形状和排列等），要使表面蒸发和内部扩散速度取得均衡，在尽量短的时间内使物料干燥。

（五）食品干制的基本要求

1. 减少原料、成品和半成品的污染

选用污染少、质量高的食品原料，并在清洁卫生的环境中进行生产，对保证干制品的质量是十分重要的。在防尘、防虫、防鼠害等措施良好的环境下贮存干制品也是必需的。

2. 采用预处理

根据实际情况在干制前进行的预处理，包括加热处理（巴氏杀菌）、化学处理，可以用来破坏酶活性、杀死病原菌和寄生虫等。这些方法利于干制品保持色泽，防止褐变、腐败和传播疾病。

3. 控制干燥程度

水分含量越低越利于干制品的贮存，防止发霉变质；但过分干燥会使食品易碎，造成组织结构和化学成分的不良变化。目前，一般的干制设备能使食品的水分含量达到3%~25%之间，肉类干制品为5%~10%。

4. 减少香味成分的损失

挥发性的香味成分损失是伴随食品脱水过程的又一个不良变化。在脱水干制的过程中想要避免这种劣变是不可能的，所以只有采用收集、凝结香味成分，再在后期工序中加入到干制品中的方法来减少这项损失。此外，还可以向干燥产品中添加香精。

5. 抽空、充氮密封包装

干制品极易吸湿发霉变质，因此最好采用抽空、充氮密封包装，同时进行低温保藏。

6. 与其他保藏方法结合

一般干藏总是和其他保藏方法结合起来，如与盐渍、糖渍等手段结合以提高干制食品的耐贮藏性，提高干制品的质量。

第二节　海产品干制的方法

一、自然干燥

晒干是指利用太阳光的辐射能进行干制的过程。风干是指利用湿物料的平衡水蒸气压与空气中的水蒸气压的压差进行脱水干制的过程。晒干过程常包含风干的作用。

晒干与风干统称为自然干燥，是利用太阳辐射热和风力对物料进行干燥的一种方法。物料获得来自太阳的辐射能后，其温度随之上升，内部水分因受热而向表面的周围介质蒸发，物料表面附近（界面）的空气中水蒸气处于饱和状态，与周围空气形成水蒸气分压差和温度差，于是在自然对流循环中促使食品中的水分不断向空气中蒸发，直到物料的水分含量降低到与空气温度及其相对湿度相适应的平衡水分为止。

晒干过程中，空气的温度高于或等于被干燥食品的温度。炎热、干燥和通风良好的气候环境条件最适宜晒干，中国北方的气候常具备这种特点。晒干、风干方法可用于固态食品物料（如果、蔬、肉等）的干燥，海产品中的干制品几乎都采用这种方法，如干海参、海米、鱼干、贝干等。

　　由于晒干需占地面积较大，所以为了降低成本、减少原料损失，晒干应尽可能靠近产地或在产地进行。为保证卫生、提高干燥速率和场地的利用率，晒干场地宜选在向阳、光照时间长、通风，并远离家畜棚、垃圾堆和养蜂场的地方，场地便于排水，防止灰尘及其他废物的污染。食品晒干可采用悬挂架式，或用竹片、木片制成的晒盘、晒席盛装干燥。为保证食品的卫生质量，不宜直接铺在场地上晒干。

　　晒干时，物料的厚度要均匀，以保证干燥均匀、彻底。并注意定期翻动物料。晒干最显著的优点是无需特别的设备和技术，更无需热能投资，是一种比较经济的干燥方法。但其缺点是干燥条件无法人为控制，阴雨潮湿天气不能进行干燥，而且干燥过程中原料的卫生条件不易控制，沙土、蚊蝇、雨水等都会造成制品的质量显著下降。同时，由于紫外线的作用会促进脂肪的氧化，因此日光干燥的产品脂肪很容易氧化。目前，为了更好地利用太阳能资源，已出现了日光干燥和人工干燥组合的干燥方法。

二、人工干燥

　　人工干燥包括热风干燥、冷风干燥、真空干燥、冷冻干燥、辐射干燥。

（一）热风干燥

　　热风干燥是将加热后的空气进行循环，以此将原料加热促进水的蒸发，同时除去表面湿空气层的干燥方法，通常热空气干燥是在常压下进行的。当热空气通过海产品时，将热能传递给海产品，使其水分蒸发，并扩散到周围空间由流动的空气带走。所以空气不仅是载热体，同时又是带走物料表面蒸发处理水分的载湿体。常用的干燥装置主要由空气加热器、风机、干燥室等组成。由热风机将被加热的空气经过干燥室内待干燥食品，从而带走食品中的水分而达到干燥的目的。加热空气在适当调节温度、湿度后循环使用。一般海产干燥风温大体在50~60℃范围。干燥器有箱式和隧道式，热风干燥的优点是不受自然气候的影响。可以迅速有效地达到干燥目的，能防止干燥过程中细菌的腐败作用，减轻脂质的氧化，制品的色泽也较好。

（二）冷风干燥

　　冷风干燥采用低温去湿空气代替热风进行干制，依靠原料与冷风之间水蒸气分压压差进行，即用冷却除湿器除掉空气中的水分，得到的干燥空气通过待干燥的物料，以达到干燥的目的。用冷风代替热风进行干燥，其主要目的是防止干制过程中出现的脂肪氧化和美拉德反应引起的非酶褐变。冷风干燥的温度一般为15~35℃，空气相对湿度在17%~20%。当空气相对湿度较大时，可以用制冷装置预先去湿，对于脂肪含量较高的海产品，最宜采用冷风干燥法。鱼加工多采用冷风干燥。

（三）真空干燥

　　采用了在待干燥食品所处环境压力低时，水分蒸发快的原理。将食品放入真空干燥机中，抽真空，在水蒸气压力差和温度差的作用下进行干燥的方法。相对于常压干燥，此法具有干燥温度低、脱水速度快、氧化作用小、制品品质好、产品复水后的组织结构与新鲜原料接近等特点。因成本较高，此法适合于贵重海产品的加工。

（四）冷冻干燥

海产品冷冻干燥法有两种。一种是利用天然或人工低温，该法易使物料组织中的水溶性物质和水分流失，制品形成多孔性结构。另一种是真空冷冻干燥，又称升华干燥，是将物料冻结到共晶点温度以下，使水分凝固成冰，在真空条件下，通过升华除去物料中水分的一种适合热敏物质的干制方法。理想冷冻干制后的物料，其物理、化学和生物性状基本不变。

冷冻干燥的工艺条件为低温、低压，故和其他干燥方法相比具有独特的优点：干制品营养成分损耗最小，结构、质地和风味变化很小，色泽、形状和外观变化极微，保持了食品原有的新鲜度和营养价值；脱水彻底，重量轻；制品具有海绵多孔性结构，因此复水性极佳。冷冻干燥方法也有缺点，由于操作是在高真空和低温下进行，需要有一整套真空获得设备和制冷设备，故初期投资费和操作费都大，因而生产成本高。为了提高干燥效率，物料一般要求能切割成小型块片。多孔性干制品还需要特殊包装，以免回潮和氧化。

冷冻干燥装置的类型主要分间歇式、连续式和半连续式3类。其中在食品工业中以间歇式和半连续式的装置应用最为广泛。

（五）辐射干燥

辐射干燥法是利用电磁波作为热源使食品脱水的方法。根据使用的电磁波的频率，分为红外线干燥和微波干燥两种。

1. 红外线干燥

该法是利用红外线作为热源，直接照射到食品上，使其温度升高，引起水分蒸发而获得干制的方法。其原理是红外线被食品吸收后，引起食品分子、原子的振动和转动，将电能转变成热能，水分便吸热而蒸发。

主要特点是干燥速度快，干燥时间仅为热风干燥的10%~20%，因此生产效率较高。由于食品表层和内部同时吸收红外线，因而干燥较均匀，干制品质量较好。设备结构较简单，体积较小，成本也较低。

2. 微波干燥

微波是一种频率在300~3 000 MHz的电磁波，微波干燥是以食品的介电性质为基础进行加热干燥的。根据德拜理论，介质中的偶极子在没有外加电场的情况下，因布朗运动而杂乱无章地取向，总偶极矩为零。当有外加电场后，偶极子将克服周围偶极子的摩擦阻力而呈外加电场方向的取向。由于外加电场是微波产生的，因而电场方向将发生周期性的改变。在微波频率区间内，偶极子极化强度的变化将滞后于电场强度的变化，因此，一部分电能将用于克服偶极子间的摩擦而转变成热量。这种现象也称作介质的松弛损耗，是微波加热的本质。外加电场的变化频率越高，偶极子摆动就越快，产生的热量就越多。外加电场越强，偶极子的振幅就越大，由此产生的热量也就越大。

微波电磁场对物料会产生两方面的效果：一是微波能转化为物料升温的热能而对物料加热；二是与物料中生物活性组成部分（如蛋白质）或混合物（如霉菌、细菌等）等相互作用，使它们的生物活性得到抑制或激活。前者称为微波对物料的加热效应，后者称为非热效应。

微波干燥器主要由微波导管、干燥室等部分组成。微波导管发射出微波，微波能被物料吸收后产生分子共振，使其温度升高，水分蒸发，蒸发的水分由流动空气带走。微波干燥设备体积小、结构简单、卫生，物料受热均匀，干燥速度快，但能耗高。

三、干燥设备的选择

干燥是一个复杂的传质传热过程，到目前为止很多问题不能从理论上解决，而须借助于实践。干燥设备的选择不仅会影响脱水过程，还会影响干燥食品的其他特性。选择干燥器时，应考虑物料的种类、理化特性、工艺要求及成品的要求等方面的情况。同时还应对所选择的干燥器进行经济核算和比较，以达到较好的经济效益和社会效益。具体方法如下：

（1）达到工艺要求，保证产品质量，如产品最终含水量、风味、口感、色泽等。

（2）干燥速度快，干燥时间短，设备体积小。

（3）干燥器的热效率高。

（4）干燥阻力小，效率高。

（5）操作方便，自动化程度高，劳动条件好。

另外，不同干燥器的特点不同，其选择方法和步骤也有所不同，选择时应仔细了解干燥的工作原理、结构及使用范围等。

第三节　海产品干制加工实例

海产干制品可分为生干品（即原料直接脱水干燥者）、煮干品、熏干品、盐干品、调味脱水制品。

一、生干品的加工技术

生干品又称素干品，是指原料不经盐渍、调味或煮熟处理而直接脱水的制品。利用干燥脱水来抑制细菌繁殖和酶的分解作用。在干燥脱水初期，不宜使用太高的温度，以防止酶的分解，一般以20~40℃为宜。一般的生干品有鱿鱼干、鳗鱼干、鱼肚、鱼卵、鱼翅等。

（一）鱿鱼干加工技术

1. 工艺一

A. 工艺流程

选料 → 处理 → 脱水 → 成品

B. 操作要点

（1）将新鲜鱿鱼自腹部中央纵剖开来，除去内脏、眼球、嘴等。

（2）用淡水洗净、沥干水分。

（3）将头部向阳、胸部内面向外，挂于竹竿或绳索上，干至适当程度，将其肉鳍、腰部以及皱纹处撑开整形，继续干燥脱水。夏天晒3 d可干燥脱水。

（4）脱水后制品水分应在18%~22%或以下。

2. 工艺二

A. 工艺流程

原料选择与处理 → 剖割 → 去内脏 → 洗涤 → 干燥 → 成品

B. 操作要点

（1）原料选择与处理。选择新鲜的鱿鱼，按大小分类，洗净体表污物。

（2）剖割。剖割的方法有挑割法和剖腹法两种。

（3）去内脏。将剖割好的鱿鱼放在木板上，摊开腹腔两边肉片，从尾部向头部方向去除内脏，注意保证鱼体完整。

（4）洗涤。用清水洗去肉面上的黏液和污物。将两片肉面摊开，对合叠起，置于洁净容器中沥水待晒。

（5）干燥。可采用吊晒法和帘晒法两种。吊晒法是在船甲板上搭竹架，用1 m长竹签穿在鱿鱼尾的两块肉鳍上，头部向下，用绳子把竹签绑挂在竹架上吊晒。晒制1 d后，取下来平放继续晒制五成干后整形。用两手拇、食、中三指牵拉肉面及肉腕，使之平展对称呈三角形。至八成干时，边整形边翻晒5次左右，直至干透为止。帘晒法是将鱿鱼平铺在竹帘上，背先朝上沥水，后翻晒腹内。

（6）包装。干透的成品进行分级包装。

（二）墨鱼干加工技术

1. 工艺流程

选料 → 剖割、去内脏 → 洗涤 → 出晒 → 发花

2. 操作要点

（1）选料。选用新鲜的墨鱼为原料。选好原料后进行分级，然后分开处理。

（2）剖割、去内脏。用刀从墨鱼腹部正中向尾部直切一刀，使左右对称。然后去除眼球、墨囊及内脏。操作时尽量不要将墨囊割破，否则容易污染鱼体。

（3）洗涤。用流动清水冲洗鱼体内外的污物、黏液及墨汁等。

（4）出晒。放在室外自然晒干，晒干时要及时整形，使其外观整洁、美观。

（5）发花。晒制过程中鱼体内的一些含氮化合物由于扩散作用，由体内析出到表面，会出现白霜，即为发花。具体方法是将墨鱼晒至含水量为23~25%时，收入仓库堆积起来，用稻草或竹叶等盖严4~5 d即可发花。发花结束后，再继续晒制干透后，含水量18%以下，包装。也可不发花直接晒干。

（三）鳗鱼鲞加工技术

1. 工艺流程

选料 → 整理 → 脱水干燥 → 成品

2. 操作要点

（1）选择新鲜的海鳗，在清水中刷洗干净，除去表面附着的黏液，用干布拭去表面水分，平放在工作台上。

（2）由尾部沿脊骨上面贯通腹腔切到头部，使切口肉面平整光滑，下面部分的脊骨完全露出，不留余肉。

（3）然后再从泄殖腔孔外肠管开始将全部内脏向头的方向揭起，连同鳃片一并剥除。

（4）清除脊骨内侧的凝血，用洁净的湿布将腹腔内所有残留污物拭去，防止污染肉面，确保干燥后腹腔内面洁白。

（5）将处理好的海鳗用竹片撑开或夹住后，用绳子穿缚头部悬挂通风处干燥，为防止温度过高，制品不能直接受日光照射。

（6）成品含水量控制在30%，过分干燥会损失原有的风味。

3. 标准质量

鳗鱼鲞质量以体呈长扁形、剖面淡黄色、肉厚坚实、形体完整无损。

（四）小公鱼生干品的加工技术

1. 工艺流程

选料 → 洗涤 → 晒干 → 包装

2. 操作要点

（1）选料。挑选新鲜的鱼体为加工原料。

（2）洗涤。用海水把鱼体表面黏液和杂质冲洗干净，沥水后待晒。

（3）晒干。晒前把晒场打扫干净，把鱼摊开在晒场上，20 min后开始第一次翻晒，隔30 min再翻晒1次，以后每隔1 h翻晒1次。翻晒时动作要轻，不能损伤鱼体，晒成的干品为半透明。晒干后再经过2 d的扩散，腥味殆尽并露出芳香气味即可。

（4）包装。成品用干箩筐或木箱包装，小包装可用聚乙烯食品袋。

二、煮干品的加工技术

原料煮熟后再干燥脱水即得煮干品。蒸煮具有脱水作用，兼有杀菌作用，同时可破坏本身所含的消化酶类，防止鲜味成分减少。煮时温度不宜过高，以免筋肉因凝固过速、收缩过度而产生包裂或扭转现象，有损外观；但温度过低则凝固不足，可溶成分易流失，制品形状易伸长变形。所以煮法随原料种类及新鲜程度的不同，对加热温度与时间要适当地加以调节。煮干品多系小鱼、贝、虾类加工而成，具有味道好、质量高、食用方便和便于贮藏的特点，诸如海鳗、鲍鱼、干贝、虾皮等。

（一）海参煮干品加工技术

1. 工艺一

A. 工艺流程

原料处理 → 水煮 → 烘焙和日晒 → 罨蒸、干燥 → 成品

B. 操作要点

（1）原料处理。将新鲜原料放在海水或淡盐水中，洗净表面附着黏液。然后用金属脱肠器（中空的细管）由肛门插入，贯穿头部后拉出内脏。再用毛刷通入腹腔，洗去残留内脏和泥沙，或用长形小刀在背面尾部切开3 cm，除去内脏，在用淡盐水洗净。

（2）水煮。锅中注入2波美度的淡盐水，加热煮沸后加少许冷水，使温度降至85℃左右。将洗净的原料按大小分批放入锅中煮1~2 h，煮至用竹筷很容易插入肉内部为适度。在煮熟过程中，如发现腹部胀大的原料，用针刺入腹腔，排出水分后继续加热。有泡沫浮出，随时除去。

（3）烘焙和日晒。海参取出冷却后，置炭炉上以40~45℃烘焙2 h，待表面水分蒸发后再行日晒。以烘干与晒干交替继续干燥3~4 d。

（4）罨蒸、干燥。将已半干的海参收藏在木箱中，四周以洁净稻草或麻包，加盖密封。罨蒸3~4 d，再晒至全干即为成品。

C. 质量标准

制品含水量在15%以下，形状整齐，腹腔完好，肉质肥厚，色泽光洁，盐味极淡，大小均匀。刺参肉刺应该完整直立。

2. 工艺二

A. 工艺流程

选料 → 处理 → 烘烤 → 脱水 → 成品

B. 操作要点

（1）将生海参投入稀释盐水中，采用长约45 cm、直径1.5~1.8 cm的脱肠管，从其肛口插出，由口端拔出，除去内脏。洗净后，淋去余水，在95℃的3%食盐水中煮1~1.5 h。

（2）在100~150℃炉子上烘烤50 min，然后装入木桶，使内部水分向表面扩散，再次日晒干燥脱水即可。至水分含量在15%以下。

（二）鲍鱼煮干品的加工技术

1. 工艺流程

选料 → 剥肉 → 盐腌 → 刷洗 → 蒸煮 → 脱水 → 成品

2. 操作要点

（1）黄褐色的称明鲍，肉色红杂有黑色、形状小、表面有灰白色粉末的称灰鲍。

（2）从壳内剥下鲜鲍鱼肉用盐腌，大型鲍鱼用10%食盐，小型者用6%食盐，擦盐1~2 d后，放入桶中，搅擦10~20 min，加清水，洗去表面黏液等污物，再用刷子刷洗其表面。

（3）将其放入60℃热水中，加热至80~95℃煮1~3 h。

（4）置蒸笼中，放在干燥炉上，约70℃进行脱水1 h，第二日再煮熟，这次放在沸水中煮沸。此后5~6 d内，火力烘烤（每日1 h）与日晒反复进行，直到含水量在15%以下。

（三）干贝煮干品的加工技术

1. 工艺一

A. 工艺流程

煮熟与去壳 → 刮取贝柱 → 盐水煮贝柱 → 贝柱干燥脱水

B. 操作要点

（1）煮熟与去壳。用大锅将海水煮沸，将原料贝装于煮笼中浸入沸水内煮熟，这是第一次煮。煮时要时常摇动煮笼，使之煮得均匀，待贝壳张开后，提起煮笼。

（2）刮取贝柱。第一次煮好后的贝，应立即用小刮勺刮下贝柱，用流水冲洗后，放到处理台上分离贝柱、外套膜和内脏。根据贝柱大小，分别放入笼中用水漂洗，此工序须在1 h内完成，因时间过长的活贝柱易于崩溃。

（3）盐水煮贝柱。第二次煮是用浓度为8%~8.5%的食盐水煮贝柱。如盐分浓度太高，则干制品易于吸湿。煮时，先将盐水煮沸，再将盛着贝柱的煮笼浸入其中，然后逐渐加强火力。在煮的期间，为使料受热均匀，应将煮笼摇2~3次，并用小布兜网捞出浮在水面上的泡沫。中粒贝柱需煮10~15 min，在沸腾煮液中经历3~5 min为宜；大粒贝柱需煮15~20 min，在沸腾煮液中经历5~8 min为宜。

（4）贝柱干燥脱水。已煮过两次的贝柱即可进行干燥脱水。在渔区多用日光干燥脱水，但由于贝柱含盐分较少，在缓慢干燥脱水的初期易受菌侵害，常采用先进行焙干法，使之较快地减少部分水分，再进行日光干燥脱水。焙干是将贝柱在保持温度为100~150℃的炉子上干燥脱水50 min。成品的水分含量约为16%。在同时需要干燥脱水鱼、虾、贝类，拥有人工干燥脱水设备的地区，如进行人工热风干燥脱水，则可极大地缩短干燥脱水时间。

2. 工艺二

A. 工艺流程

选料 → 取肉 → 水洗 → 烘烤（日晒） → 成品

B. 操作要点

（1）将生贝原料装入笼中，放在沸腾海水（或等盐度的食盐水）中，待贝壳张开后，将贝柱取出。

（2）将贝柱洗净，再将外套膜等去除，水洗，放在笼中，在沸腾海水（或等盐度的食盐水）中煮至沸腾。

（3）取出在100~150℃的木炭炉上烘烤1 h，然后日晒。干至六七成时再以火力与日晒反复干燥脱水，最后仅用日晒，制品称"白干贝"。经过煮熟后在进行熏干和日晒，则称"黑干贝"。水分含量在15%以下。

（四）虾干的加工技术

1. 工艺流程

选料 → 煮熟 → 脱水 → 成品

2. 操作要点

一般以长度为2 cm以下的小虾为原料，放在约1.8%的盐水中煮熟（20~30 min），晒干后即称虾皮。以较大的虾为原料，经上法煮熟、充分干燥脱水后再行脱皮，摊置席上，以竹竿轻轻敲打、或于臼中以杵轻轻捣，然后将皮筛去，即为虾米。

三、熏干品的加工技术

熏干品中最有名的干松鱼，又叫鲣节，是鲣鱼肉经加工后成为像木质的硬块，所以也称木鱼或柴鱼，能久藏不腐。出售食用时刨成薄片似刨花，放在汤内，因含有肌苷酸，滋味特鲜。

1. 工艺流程

原料鱼 → 分切 → 蒸笼 → 煮熟 → 去骨 → 脱水 → 整修 → 熏干 → 日晒、削修 → 日晒、生霉 → 制品

2. 操作要点

（1）把鱼头、内脏及腹部皮肉切去，洗净，切去背鳍。3 kg以下者纵切成2片，叫作包片。3 kg以上者切成左右2片后，在腹背交界处各切成2片，叫做本节。

（2）切好后把鱼肉向下放在笼屉内固定，置水中，蒸熟后鱼肉凝固。新鲜原料鱼肉包片：80~85℃、40~50 min；本节：60~90 min。如果鱼肉鲜度较差，煮时温度可提高到90~95℃，经20 min后可略呈沸腾状。

（3）煮好后取出放冷，投入水中，然后取出，剥去部分表皮，抽除肋骨及其他大骨。

（4）然后将鱼肉再放在蒸笼内，置于干燥脱水炉上，约85℃烘烤1 h，进行脱水，同时把几只笼屉上下替换以使温度均匀。

（5）将煮熟时与抽骨时脱落的碎肉捣溃，填塞到包裂部分或形状不整齐之处进行整修。然后再放在蒸笼内，按脱水操作进行熏干。蒸笼从炉上取下后放置过夜，至表面有水分渗出，再放入蒸笼内如前熏干，反复多次，直到充分干燥脱水为止。

（6）将熏干后的产品再放在席上日晒1~2 d，装入箱内放3~4 d，其表面会吸水软化，修去表面黑褐色的污层，使里层的赤褐色露出。再日晒2 d，刷去表面灰尘，装箱放两星期后，待全部长青霉时取出日晒1 d，再装箱使生霉，再次日晒，如此反复4次，使所生霉颜色从青绿色→灰绿色→淡褐色。制品收得率为原料的16%~19%。

四、盐干品的加工技术

盐干品是指经过盐渍后脱水、干燥脱水的制品。主要用于不宜进行生干和煮干的大中型鱼类的加工。主要的制品有黄鱼干、鳗鱼干、盐干鳓鱼、盐干带鱼。

（一）黄鱼干的加工技术

1. 工艺一

A. 工艺流程

原料选择 → 加盐 → 腌渍 → 压石 → 干燥脱水

B. 操作要点

（1）原料选择。选取鲜度高，品质优良的黄鱼为原料。

（2）加盐。将盐均匀撒在鱼体表面，并用竹制鱼耙翻拌，用盐量约为原料重量的25%。

（3）腌渍。黄鱼拌好盐后，将池或船舱洗净，底部撒一层1 cm厚的盐，放入待腌鱼。一层鱼一层盐，至九成满加封盐。

（4）压石。腌渍鱼经1~2 d后铺上一层硬竹片，上压石块，石块重量为鱼重的15%~20%。以卤水淹没鱼体为准。

C. 质量标准

形态完整；色白有光泽，鳞片紧密，胸鳍下部残存金黄色；肉质坚实，气味正常，眼球饱满；含盐量不超过18%，含水量40%以下。

2. 工艺二

A. 工艺流程

原料选择 → 撞盐 → 腌渍 → 压石 → 干燥脱水

B. 操作要点

（1）原料选择。选取鲜度高，品质优良的黄鱼为原料。

（2）撞盐。用木棒等工具将鱼腹腔、鳃、嘴等各个部分涂抹食盐，再把鱼放入盐中翻拌，使鱼体沾满食盐。保证鱼的各个部位均匀一致，用盐量约为鱼重的10%。

（3）腌渍。将撞盐后的鱼进行盐渍，盐渍时底部先撒一层1 cm厚的盐，放入待腌鱼。然后一层鱼一层盐。

（4）压石。 腌渍鱼经1~2 d后铺上一层硬竹片，上压石块，石块重量为鱼重的15%~20%。以卤水淹没鱼体为准。

（二）盐渍海胆的加工技术

1. 工艺流程

选料 → 开壳去内脏 → 盐水漂洗 → 浸泡 → 称重 → 加盐脱水 → 称重包装 → 贮藏

2. 操作要点

（1）选料。通常选用壳径为5 cm以上紫海胆或壳径为4 cm以上的马粪海胆为原料。

（2）开壳去内脏。利用开壳工具将海胆破开，去除内容物放入2%的盐水中。操作过程中要保持生殖腺完整。

（3）盐水漂洗。用3%~5%的盐水进行漂洗，将海胆生殖腺放在聚乙烯塑料筐中，入盐水轻轻漂洗，拣除内脏及其他杂质，清洗3~5 min，再放入洁净盐水中漂洗1次，然后取出沥去水分。

（4）浸泡。将上述处理好的海胆生殖腺放在盐矾混合溶液（在3.2%的食盐水中加入0.5%的明矾，配制成浓度为3.5%的盐矾混合溶液）中浸泡30 min左右，使海胆生殖腺紧缩，外型美观，并起到一定杀菌作用。

（5）称重。将浸泡好的海胆生殖腺捞出后沥干水分，然后称重。将海胆生殖腺控水至无水滴时称重。要保证在较低温度下操作，可以安装吹风机加速脱水。

（6）加盐脱水。总加食盐量为海胆重量的12%，分两次加入，脱水至不滴水为止。

（7）称重包装。定量称重，每箱装10 kg，外包装箱可用无味木箱衬两层聚乙烯袋，排除袋内空气，扎紧袋口。

（8）贮藏。销售前盐渍海胆贮存在-18℃冷库里，并不得有鱼、肉等产品混入，以免染上异味。

3. 质量标准

颜色呈淡黄色、金黄色或黄褐色；产品呈块粒状，软硬适中；新鲜度良好并具有海胆生殖腺应有的鲜香味，无异味；质地均匀洁净，不能混有海胆内脏膜。盐分含量6%~9%，水分含量小于54%。

（三）盐渍海参肠的加工技术

1. 工艺流程

选料 → 采肠 → 排污 → 清洗 → 盐制 → 包装

2. 操作要点

（1）从海上捕获上来的海参必须及时置于网箱暂养。渔船回港后将海参放到蓄养网箱内蓄养。该网箱应置于40~100 cm水层中，蓄养一夜，需换水3~4次。

（2）采肠时，把海参放在操作盘内，用刀在距肛门1/3体长处腹部开口，首先摘出白色肠，然后取出上端的淡黄色肠和白色的呼吸树，一并放入操作盘内，剖采时要尽量保持肠管的完整。

（3）将海参肠内的污物挤干净后，将肠管和呼吸树放入笊篱网兜中，用干净海水冲洗数遍，并用手按一个方向搅动，直到肠内没有污物。

（4）将洗净的海参肠和呼吸树沥干水分后备用。

（5）在上述沥干水的海参肠和呼吸树中加入总重量15%左右的食盐，搅拌均匀后沥水3 h。

（6）内包装用双层聚乙烯塑料薄膜袋，包装时先排出袋内气体，内层袋需与内容物紧贴，扎紧袋口。外包装用木箱或纸箱。在-15℃以下冷库中存放。

（四）盐藏鲐鱼的加工技术

1. 工艺流程

选料 → 解冻 → 理鱼 → 沥水 → 腌制

2. 操作要点

（1）选料。以体重0.5 kg以上、脂肪含量高的新鲜鲐鱼或速冻鲐鱼为原料。

（2）解冻。将冷冻的鲐鱼放在4%食盐水中进行解冻。

（3）理鱼。背开除去鳃和内脏，以延长保藏期限。注意操作要及时、迅速。

（4）沥水。水洗后，充分沥去鱼体带有的水分。

（5）腌制。在鱼体两面均匀撒上碎盐，用盐量为鱼体重的4%~5%。

3. 质量标准

体形完整，刀口光滑平整；肉质坚实，体壮肉肥，肉面呈朱红色，表面花纹清晰可辨；无杂物，清洁卫生，有正常盐香味。

（五）黄鱼鲞的加工技术

1. 工艺流程

选料 → 清洗 → 整理 → 腌制 → 出桶 → 清洗 → 干制 → 成品

2. 操作要点

（1）选取新鲜的黄鱼为原料，用清水洗净鱼体上的杂质及黏液。

（2）从离泄殖腔孔6~7片鳞处倾斜入刀，背开，除去内脏。注意不能切断上下颌骨。

（3）把剖割好的大黄鱼用盐擦抹均匀，按一层盐一层鱼将其平码在桶内，上面加顶盐，加轻压约48 h，然后撤去压石再腌10 d左右即可出晒。用盐量一般为鱼重的30%左右。

（4）盐渍好以后，用清水冲洗掉鱼身上的黏液及杂质，并用清水浸泡30 min左右。

（5）取出后用细竹片将两扇鱼体和鳃撑开，不使它们合拢，用绳或铁丝穿在鱼颌骨上吊挂起来或平铺在晒台上，通风干燥。约经3 d即可晒成黄鱼鲞，含水量小于30%。

（六）孔鳐干的加工技术

1. 工艺流程

选料 → 清洗 → 整理 → 腌制 → 出池 → 晒制 → 罨蒸 → 再晒制 → 成品

2. 操作要点

（1）将鲜孔鳐从嘴到肚子割开，除净内脏，在"翅膀"上各割几刀，加盐码垛，3~4 d后下池腌渍。入伏前用盐量为22%~24%；入伏后用盐量为38%~40%。

（2）孔鳐出池后，用清水浸泡一夜，刷洗鱼体除去污物，并脱去多余盐分。

（3）晒制2~3 d后捂垛，也叫罨蒸，即停止干燥，把鱼体堆积起来，让内部水分向表面扩散移动，使水分均匀分布，防止鱼体表面结硬壳。捂2 d后晒制1 d，再捂4~5 d。第三次晒制1 d后，再捂10 d天，最后晒制1 d，就可脱掉鱼体中的多余盐分。

（七）盐干沙丁鱼的加工技术

1. 工艺流程

选料 → 处理 → 浸泡 → 清洗 → 干燥脱水 → 成品

2. 操作要点

先将鲜鱼剖开、洗净，沥去余水，在10%~30%食盐水中浸泡1 h，再用清水洗去表面盐分、血液等，除去多余水分后晒干，含水量在30%以下。

五、调味脱水制品

鱼类调味脱水制品是近年来大力发展起来的鱼类新品。脱水的方法主要是烘烤。它不仅能够保藏，而且是一种营养丰富、鲜香美味的方便食品。

调味烘烤食品还具有加工工艺简单、处理量大、设备条件要求不太高、包装简单、运输方便等优点。因此，一般海产加工企业稍加投资都能制造。此外，对原料要求不高，一些小杂鱼如小带鱼、黄鲫和一些低值鱼类如马面鲀、大鲨鱼、海鳗等，以及紫菜、海带等藻类均可。目前，调味烘烤制品主要有珍味烤鱼片、五香烤鱼、五香鱼脯、辣味鱼脯、香甜墨鱼（鱿鱼）干、鲳鱼肉干、鱼柳、调味海带丝、调味紫菜等品种。

（一）调味烘熟鱼片干的加工技术

1. 工艺流程

选料 → 处理 → 脱水 → 烘熟 → 冷却 → 轧松 → 成品

2. 操作要点

（1）选料。调味烘熟鱼片干所用原料有两种：一是生鲜原料鱼，将调味的鱼片经热风干燥脱水到一定程度，转入烘烤操作，直到烘熟、轧松；另一种是在冷库储存的生鱼片干，先将生鱼片干回湿，再进行烘烤及以后的操作。

（2）处理、脱水。将出库的生鱼片干按大小分类后，分别装入多孔的塑料周转箱内，逐一浸没于水池中，浸渍2 h左右，拎起鱼箱上下抖动，并拎出斜置，使之沥水至表面无明显水渍为准。可控制其水分含量在25%左右。回湿的时间应随季节、气温而异。

（3）烘熟。烘熟操作使用远红外烘烤机。烘烤温度和时间分别约为140℃、2~3 min，进出时间一起总共以不超过5 min为宜。当烘烤至周围稍微焦黄、鱼片中间灰白或微黄的不透明状时，标志烘烤成熟。

（4）冷却、轧松。鱼片烘熟后要冷却到70~80℃之间，再用冷式轧松机轧松。具体的轧松温度由鱼片含水量决定，含水量高，则要求温度低，反之温度高。将鱼片横向排列在橡胶输送带上，并留适当间隙（可避免辊轧时连在一起），经第一次辊轧后，鱼肉纤维已被挤松，应趁热进行第二次辊轧，使鱼片继续横向扩展、疏松干整。

（二）白姑鱼酥的加工技术

1. 工艺流程

原料鱼预处理 → 清洗 → 浸泡 → 沥水 → 拌料 → 摆网 → 烘干 → 高压蒸煮 → 晾干 → 包装 → 成品

2. 操作要点

（1）将原料鱼去头、鳍、内脏，清洗干净后放入容器中，加入3倍清水浸泡30 min，除去血渍、污物及其他杂物。

（2）将鱼从水中捞出，沥水20 min后调味。调料为糖5%、盐1.5%、味精0.6%、柠檬酸0.3%、姜0.1%、料酒0.8%、醋0.6%、西红柿酱0.05%。把调料混合均匀拌入鱼肉中，每隔15 min搅拌1次进行调味，调味时间为1 h。

（3）将调好味的鱼逐条摆到网片上，放到烘干车上，将烘车推入烘道内，调整烘车方向，使网片上的鱼尾与风向相顺，启动风机调温至35℃，烘10~12 h，至水分含量在25%以下。

（4）将烘干的鱼装入高压蒸煮锅内，控制条件为真空度0.2 MPa，蒸煮40 min。

（5）出锅的鱼入冷却间凉透，计量包装。

成品呈黄褐色，酥、脆、软，常温可保存6个月。

（三）香酥鱼丝的加工技术

1. 工艺流程

选料 → 整理 → 剖片 → 调味 → 烘干 → 切丝 → 油炸 → 成品

2. 操作要点

（1）原料整理。将新鲜鱼（或解冻品）去头、尾、鳍、内脏等后，用流水清洗干净。

（2）剖片。用剖刀剔除脊柱骨后切片，放入10℃以下水中漂洗20~30 min。

（3）调味。调味料配方为糖8%、盐1%、味精0.3%、黄酒1%、胡椒粉0.15%、姜粉0.1%、酱油1%。将上述调味料与鱼片拌匀，每隔10 min搅拌1次，至调味料渗透均匀。

（4）烘干。将调味后的鱼片摊在网片上，推入烘房风干，烘干温度50~55℃，经3~10 h，至水分含量为25%为止。

（5）切丝。将烘好的鱼片切成2~3 mm宽、5 cm长的细条。

（6）油炸。将鱼丝放入150℃油中炸1 min捞起，再放入脱油机中脱油。

（7）包装。用铝箔复合袋真空包装，真空度0.08 MPa。

（四）美味鱼松的加工技术

1. 原料与配方

原料鱼100 g、葱0.2 g、姜0.25 g、黄酒0.6 g、盐1 g、糖0.7 g、醋0.3 g、味精0.3 g。

2. 工艺流程

选料 → 整理 → 蒸熟 → 采肉 → 压榨搓松 → 调味炒干 → 包装

3. 操作要点

（1）原料选择。很多鱼类都可以加工鱼松，以白色肉鱼类制成的鱼松质量较好。目前生产中主要以带鱼、鲱鱼、鲐鱼、黄鱼等为原料。要求原料鱼的新鲜度高（二级以上）。

（2）整理。将原料鱼首先进行水洗，然后去头、鳞、内脏和尾等部位，然后用清水冲洗去除污物及杂质。

（3）蒸熟、采肉。将处理好的鱼沥干水分后加入葱、姜、黄酒、醋等调料后蒸熟，使鱼肉容易与骨刺、鱼皮分离、冷却后手工采肉（亦可用采肉机在原料处理后机械采肉，再进行熟化）。

（4）压榨搓松。得到鱼肉后先行压榨脱水，再放入平底沙锅中捣碎，搓散，用文火炒到鱼肉捏在手上能自行散开为止。

（5）调味炒干。将鱼松微热拌入盐、糖、味精（3种调味料事先混匀），收至汤尽，肉色微黄，用振荡筛除去小骨刺等物。再继续炒拌直至干燥，再人工搓松，至毛绒状为止。

（6）包装。待鱼松冷却后，选用合适的包装材料包装，通常选用复合薄膜或罐头装。

4. 质量标准

呈细绒状，白色，清鲜味，水分含量12%~16%。

（五）鱼肉酥松的加工技术

1. 原料与配方

杂鱼10 kg、油230 g、姜20 g、黄酒20 g、盐130 g、糖300 g、葱25 g。

2. 工艺流程

选料 → 整理 → 蒸熟 → 出笼 → 沥干 → 炒制 → 冷却 → 包装

3. 操作要点

（1）选择合适的原料鱼经过去鳞、头等不宜食用的部位后，用清水冲洗，沥干备用。

（2）将处理好的鱼加入姜、葱、料酒等，调味。

（3）待鱼蒸熟后采用。

（4）将鱼肉置于炒锅中翻炒，期间加入酒、盐、糖、醋等调料，注意控制火候。

（5）当鱼肉颜色由淡黄变成金黄，冒出大量蒸汽时，加入香料粉继续炒到鱼肉松散干燥为止。

（6）将已炒好的鱼肉离火出锅，置于浅盘等容器中，冷却至室温。

（7）将鱼松用复合袋充气包装，或用铁听定量包装。

（六）多味鱼脯的加工技术

1. 工艺流程

选料 → 整理 → 调味 → 烘烤熟化 → 蒸热 → 辊压拉松 → 烤制 → 成品

2. 操作要点

（1）选料、整理。选取新鲜或冷冻但新鲜度好的鱼类为原料。大多选择脂肪含量少的鱼，比如马面鲀、红娘鱼等。选料后去头、剥皮、除内脏、洗净、切片，除去鱼骨后用清水漂洗洁净，捞出沥水。

（2）调味。沥水后的鱼片，加入白糖、精盐、酱油、胡椒粉、五香粉、鲜味剂（味精和5′–鸟苷酸以5：1混合均匀，其鲜味比味精高10倍左右）、少量酒，拌匀后置于室温浸渍，待调味料充分渗透捞出沥卤。

（3）烘烤熟化。调味后的鱼片，放在热风蒸汽烘干箱或其他烘房烘干，烘干温度一般控制在50℃左右，烘至2 h。

（4）蒸热。将鱼片置于蒸笼中蒸热，其含水量应控制在25%~30%之内，这时肌肉组织最容易辊压拉松。此时将温度控制在60~70℃之间。

（5）辊压拉松。鱼片蒸热后，应立即置于辊压机中辊压拉松，使鱼片肌肉纤维组织疏松均匀，面积延伸增大。

（6）烤制。将拉松后的鱼片，再入远红外烘烤炉中烘干烤熟。成品含水量要求在12%~15%，最高不超过20%。

（7）包装。鱼片烤熟后，进行自然冷却再按照要求定量包装。

（七）淋味鱼脯的加工技术

1. 工艺流程

选料 → 整理 → 脱脂 → 烘干 → 熬煮 → 浸泡 → 干燥 → 成品

2. 操作要点

（1）原料整理。选择合适的原料后，进行清洗，去鳞、内脏等不宜食用的部分后，用清水冲洗干净，沥干。然后放在90℃的恒温水槽中热烫，待鱼皮裂开后立即放入冰水中，脱掉鱼皮。

（2）脱脂。将处理好的原料鱼浸入20℃生物酶液中约15 min，脱脂，最终pH达8.6。

（3）烘干。摊片厚度3 mm左右，温度控制在35℃，约烘8 h。

（4）熬煮。配料为水1 000 mL、料酒250 mL、白糖70 g、食盐50 g、味精40 g、各种香料适量，熬煮后待用。

（5）浸泡。将烘干后的鱼片浸入上述料液中，密封约15 d，即为成品。

3. 质量标准

均匀的淡黄色，质地疏松，呈纤维状；口感酥、脆，味香，无异味；水分≤8%；细菌总数≤3 000个/克；大肠菌群≤40 MPN/100克，致病菌不得检出。

（八）调味鱼片的加工技术

1. 原料与配方

盐1.6%~1.8%、糖6%、味精1.2%~1.3%。

2. 工艺流程

选料 → 切头 → 剥皮 → 除内脏 → 冲洗 → 剖片 → 除褐色肉 → 剪掉残骨和鳍 → 漂洗 → 沥水 → 浸渍 → 脱水 → 成品

3. 操作要点

（1）将原料切头、剥皮、除内脏、冲洗、剖片，剔除褐色肉、剪掉残骨和鳍后，再移至20℃以下的流水中漂洗45~60 min，并间歇式搅动4~5次，漂洗后再沥水15 min左右，则可进行浸渍调味。

（2）按调味料配方将各配料均匀地撒在鱼片上，加适量的水予以拌匀后，放置在20℃的室温下，任其渗透1 h，中间应翻拌2次。

（3）将完成调味的鱼片平展在尼龙网的托盘上，并将大小相近者每两片粘连拼接，使其背面朝下。然后将鱼片送入隧道式干燥机干燥，干燥温度在40℃左右，干燥时间约为5 h以后，取出放入室温下1~2 h，使其内部水分平衡，再继续放入烘干机中烘至最终水分含量20%为宜。

（九）鱼柳丝的加工技术

1. 工艺流程

新鲜鱼 → 采肉、去头、去内脏 → 漂洗 → 加冷冻变性防止剂 → 捣碎 → 冷冻 → 解冻 → 加料擂溃 → 铺片 → 定型 → 成品

2. 操作要点

（1）采肉、去头、去内脏。用背剖法将鱼剖开，然后清洗干净，除去含脂高的红色肉，采白色肉。

（2）漂洗。漂洗后用离心机脱水。

（3）加冷冻变性防止剂。加入糖7.28%、山梨糖醇3.1%、山梨酸钾0.1%。

（4）捣碎。用捣碎机捣碎。在捣碎时应注意控制低温，捣碎后的鱼糜可直接加辅料进行擂溃或冻藏。

（5）加辅料擂溃。先加盐擂溃2 min，然后加糖、味精等其他辅料继续擂溃（辅料种类、量可自行设计）。擂溃时注意控制温度低于15℃。

（6）铺片。铺片要均匀，厚度在1 mm左右。

（7）定型。把鱼糜薄片置于不粘锅上焙烤（两边反复烤），使内部膨胀分层。

（8）切丝。切丝后迅速包装。

（十）鱼肉粉的加工技术

1. 工艺流程

鱼肉糜 → 分散 → 脱水 → 成品

2. 操作要点

（1）分散。先将鱼肉糜分散于氨水中，氨水浓度为0.2%~1%。鱼肉糜最好充分分散于溶液中，形成胶体状。

（2）干燥。一般采用喷雾干燥法。通常的干燥条件如下：加热温度为90℃、100℃，相对应的供给量分别为60 g/min、110 g/min。将肉糜分散液在离心喷雾干燥机中干燥，得鱼肉干粉。

（十一）酥脆鱼肉的加工技术

1. 原料与配方

冷冻的磨碎鱼肉110 g、土豆淀粉90 g、碳酸氢钠和碳酸铵混合物3 g、食盐3 g、白砂糖5 g、味精0.3 g、清水10 g。

2. 工艺流程

选料 → 调配 → 成型 → 加热 → 煎炒 → 成品

3. 操作要点

（1）选料。选择新鲜或冰冻白色鱼，或冰冻的磨碎鱼肉。

（2）调配。在鱼肉原料中添加土豆淀粉或玉米粉，然后添加调味料和膨松剂。膨松剂可使用碳酸氢铵。用水或蛋清将原料调成可成型的硬度。

（3）成型。用成型机做成任意的形状，如球状、棒状、片状、多角形等。

（4）加热、煎炒。成型后直接用火加热，为了让其膨胀得更好，可先在30~40℃的食用油中浸几十分钟，浸后沥去油。现用重量为成型原料重量10%~30%的食用油煎炒，油温以110~140℃为宜。为将生料中的水分减少至3%~6%，要边搅拌边加热，直到使产品形成快餐食品所具有酥脆口感。

（十二）鱼肉蛋白的加工技术

鱼肉蛋白也称为"海洋牛肉"，是一种复水率高，且具有肉状组织的鱼肉蛋白质。它是生产浓缩鱼肉蛋白的延伸产物。加工"海洋牛肉"的原料鱼不受品种的限制，中、上层鱼类和低值鱼类等均可利用。

1. 工艺流程 I

原料鱼 → 切鱼片 → 清洗 → 采肉 → 水洗 → 脱水 → 精磨 → 调节pH → 捏合 → 一次挤压 → 二次挤压 → 分离乙醇 → 干燥 → 包装 → 成品

2. 工艺流程 II

原料鱼 → 清洗 → 切割 → 清洗 → 采肉 → 鱼粉 → 碱洗 → 脱水 → 水洗 → 脱水 → 精磨 → 调节pH → 添加食盐 → 捏和 → 一次绞肉（挤压）→ 一次醇处理 → 二次绞肉 → 二次醇处理 → 三次醇处理 → 分离 → 四次醇处理 → 离心分离 → 干燥 → 包装 → 成品

3. 操作要点

（1）原料选择。选择新鲜且肌肉纤维丰富的鱼作为原料。

（2）采肉。原料鱼经过去内脏、清洗后，用人工或鱼肉采取机采取鱼肉。

（3）水洗与碱洗。对狭鳕或非洲鳕等低脂鱼类只需水洗除去污物，而对高脂鱼类如沙丁鱼或鲐鱼等，则要用0.4%的碳酸氢钠溶液漂洗。

（4）脱水。洗后的鱼肉通过压榨机或离心机脱去水分，然后用精磨机精磨。

（5）调整pH。将鱼肉pH调整为7.4~7.8，一般选用0.5%~1%（占鱼总重量）的碳酸氢钠，并添加1%~2%的食盐。

（6）捏和。将调整pH、添加盐后的鱼肉用捏和机捏和，直到变成黏糊状为止。

（7）挤压和乙醇处理。黏糊状鱼肉通过绞肉机挤压入冷乙醇中。乙醇温度为5~10℃，用量为鱼肉的3倍。搅拌1 min，使鱼肉在乙醇中凝结。再将鱼肉挤压成条状，然后用离心法去掉乙醇。再用鱼肉3倍的冷乙醇处理鱼肉条，处理时间为15 min，再次除去乙醇。为了使鱼肉中的脂肪取出完全，还要把鱼肉放在乙醇溶液中煮沸，然后再次离心除去乙醇。所有用过的乙醇经蒸馏回收，可重新使用。

（8）干燥。用30~45℃热空气干燥，使之含水量低于10%。

4. 质量标准

灰白色、细粒状，直径1~2 mm、长度2~4 mm；不需冷冻保藏，复水率高，浸水膨润后可按习惯口味烹调；营养丰富，消化率高。

（十三）牛肉干鱼的加工技术

利用鱼肉蛋白形成特性制成的纤维状鱼肉干品与鱼肉冻干品类似，具有细小的网状结构，质地疏松如同海绵状，吸水后膨润柔软，可作为食品原料，经二次加工后制成各种食品。所采用的原料，可为整条鱼和鱼品加工中的鱼肉碎屑，还可采用冷冻鱼肉糜。

1. 工艺流程

原料鱼 → 采肉 → 细切 → 浸渍 → 搅拌 → 揉搓 → 抄制 → 成型 → 脱水 → 成品

2. 操作要点

（1）原料处理及采肉。将狭鳕鱼除去头及内脏等，水洗后用采肉机采肉。

（2）浸渍。将鱼肉与2倍鱼肉量的过氧化氢和氨水的混合溶液（浓度大于1%）混合，在室温条件浸渍30 min，进行发泡、漂白、柔润处理，然后用搅拌机搅拌10 min，对鱼肉纤维进行揉搓。

（3）抄制。在抄制台上放上过滤网上，上面再放上19.5 cm×25 cm×3 cm大小的木框，然后将鱼肉溶液倒入框内摊开，静置10 min，等水沥干后除去木框。

（4）脱水。将抄制沥干后的鱼肉按切成2 cm×1 cm的小块，在干燥机内烘干。烘干条件为温度35~40℃、风速1 m/s，干燥2 h，使水分含量控制在54%以下。

（十四）鱼露粉的加工技术

1. 工艺流程

鱼露 → 干燥 → 包装 → 成品

2. 操作要点

（1）鱼露处理及干燥。将鱼露过滤，除去淀粉，调整其氨基酸态氮含量，然后喷雾干燥。根据实际需要调整喷雾干燥的进风口和出风口温度、鱼露流量和流速等条件。

（2）包装。鱼露粉在湿空气中易回潮、发黏，故鱼露粉成品应立即用密封桶储藏，按规定重量进行包装。包装物采用塑料薄膜，内销产品每袋成品净重50 g，用纸箱包装，每件10 kg；出口产品每袋成品净重125 g，用木箱包装，每件成品净重25 kg。

3. 质量标准

白色粉末，无异味，组织状态松散，无杂质。用氨基酸态氮为0.45%~0.65%的鱼露所加工的成品，每100 g含蛋白质17~21 g、氨基酸态氮1.2%~1.7%、氯化钠73%~78%。

（十五）龙虾片的加工技术

1. 原料与配方

鲜虾肉或鲜带鱼肉10 kg、淀粉90 kg、食盐2.3 kg、白砂糖3.3 kg、味精2 kg、调料水2 kg（桂皮、甘草和大料各0.5 kg，加水熬成2 kg）、淀粉浆48 kg（淀粉10 kg，加水打成48 kg浆料）。

2. 工艺流程

选料 → 去头、尾、内脏 → 洗涤 → 去骨刺 → 打浆搓条 → 蒸熟 → 冷却切片 → 烘干 → 成品

3. 操作要点

（1）将新鲜的带鱼去掉头、尾和内脏，并用清水洗净，剔去骨刺，取净肉备用。

（2）将味精和打成浆的淀粉均先用水化均匀，然后加热，边加热边搅拌，使之成透明状，加热至以刚烫手为度。

（3）将原料、调味配料和浆粉料同时放入搅拌机内搅拌，再把热浆徐徐加入搅拌机内，约经20 min，待搅拌均匀和其浓稠度接近烙饼用面的浓稠度时，即可取出倒入木箱，用布盖好以保温。同时陆续取出在案板上搓成直径为5 cm的粗条，要搓得紧实，中

间不得有微孔。把搓好的粗条放入蒸箱蒸熟，约1 h后取出，再冷却12 h。

（4）把已冷却的粗条放进温度为-2℃冷库内，再冷却约30 h，使之成为棍状即可。然后切成厚度为1 mm的薄片，再经过晾晒或烘干即成为龙虾片。

（5）食用时用油炸、沙炒或爆筒加热，即可膨胀成为酥松、香脆、鲜美可口的龙虾片。

思考题

（1）食品干制的原理是什么？简要叙述其过程。

（2）影响食品干藏的因素有哪些？详细说明原因。

（3）简述人工干燥海洋食品的方法有哪些？请详细说明各种方法的原理及过程。

（4）介绍两种海产干制品的加工工艺，并说明其操作要点及原理。

第五章　发酵海洋食品加工

　　发酵海洋食品是以海产品为原料，利用微生物在特定条件下将其发酵，从而产生营养丰富、易于消化吸收的海洋食品。发酵海洋食品传统的制作方法是依靠自然界中的微生物自然富集到原料上面，在适宜温度、湿度等条件下繁殖，进行长期发酵而得到的产品。此类产品营养丰富、风味醇厚自然，但是产品质量难以控制，生产周期长，不宜规模化生产。而利用现代技术生产的发酵海洋食品是通过纯种或限定性微生物作为发酵剂，进行精确控制条件而发酵生产产品。现代生产技术大大缩短了发酵周期，产品质量稳定，适宜规模化生产。但是风味与利用传统发酵方法生产得到的产品相比较单一，这也是加工技术需要完善的方面。目前优质发酵海洋制品仍然适宜自然发酵生产为主。我国民间制作的发酵海洋制品主要有鱼露、虾油、蚝油、虾蟹酱、酶香鱼、海胆酱等。

第一节　发酵食品的加工原理

　　发酵食品是一类色、香、味、体等诸项调和的特殊食品，它是食品原料经微生物（包括本身的酶）作用所发生的一系列生物、化学反应的产物。它们包括生物合成作用，也包括由原料降解的分解作用，以及推动生物合成过程所必须的各种化学反应。发酵食品的工艺中微生物类群来源于自然界，而现代科技则采用微生物纯培养，这不仅能提高原料利用率，缩短生产周期，而且便于机械化生产，但对产品风味会有所影响。

一、发酵食品与微生物

　　自然界中微生物种类多，分布广，繁殖速度快。与发酵食品相关的微生物种类繁多，有细菌、霉菌、酵母菌等，在发酵食品的制作过程中起着非常大的作用。在众多类型的微生物当中，对于发酵海洋食品来讲，有些是有益的，它们可以使发酵食品具有更丰富的营养的同时，也赋予产品特殊的色泽、口感和滋味；还有一些则对发酵食品来说是有害的，不仅阻止食品的正常发酵，还可能引起发酵海洋食品的腐败、变质。近几年来，随着科学技术的不断发展，人们对发酵海洋食品的生产研究越来越深入，科技工作者已找出影响其产品风味、效率的主要微生物，并运用现代生物工程技术，大大改进了传统工艺，使这类食品的生产能力及产品质量大跨度地向前迈进。我们在生产及研究中要根据这些微生物的特点加以利用或避免，从而为发酵海洋食品的开发做出贡献。

二、发酵食品的形成过程及原理

经研究表明，发酵食品在生产过程中存在一些共同点，例如在原料的选择、预处理、发酵、后处理等方面都有相似之处。食品的发酵历程是原料中的无机物、有机物以及微生物复合体新陈代谢的动态表现，一般经历着以下几方面的过程：第一阶段，发酵原料预处理后，当温度和湿度等条件适宜时，微生物会迅速繁殖，众多微生物在经过一定时间的相互竞争后，按照一定比例在食品中定居下来；第二个阶段，随着时间的推进，原料不断分解，代谢产物不断产生，其营养组成及环境也随之不断变化，进而导致原来定居下来的微生物类群、比例也不断改变，一些高度特异化的微生物大量繁殖，比如发酵鱼中嗜盐性产脂肪酶和蛋白酶的微生物；第三个阶段，微生物生理类群之间的反复较量，结果是最适合此时环境且又能对环境中其他微生物起到抑制作用的微生物脱颖而出，称为优势菌。古代劳动人民就是通过对发酵工艺的巧妙掌握，给不同时期、不同生理类群微生物以合适的外界条件，使其生长繁殖，以获得发酵食品。现在我们由于研究方法上的困难，对特定条件下有机质分解过程中微生物更替的具体情况还不太清楚，只能就食品发酵的历程粗略地描述，人为将它分为3个阶段，在实际生产中这3个阶段的界限不是十分明显，而是交错进行的，是通过各种工艺操作来控制的，决定了发酵最终产物的趋向。

（一）大分子物质降解阶段

这一阶段可以称为大分子物质降解阶段，也可称液化阶段。当发酵食品原料准备好后，原料中所固有的酶和微生物在适宜条件下，就会发挥其活性。微生物开始利用原料生长、繁殖，并产生代谢产物，从而降解大分子物质。根据物料组成的不同，适合生长的微生物种类也不同。参与的微生物大致可分为淀粉分解菌、蛋白质分解菌和脂肪分解菌等。

1. 淀粉的降解

（1）淀粉的结构。淀粉是由D-葡萄糖以α-糖苷键连接而成的高分子物质。天然淀粉有两种结构，即直链淀粉与支链淀粉。直链淀粉是D-葡萄糖残基以α-1，4糖苷键连接而成的链，直链淀粉的相对分子质量为$3.2 \times 10^4 \sim 1.6 \times 10^5$，此值相当于分子中含有200~900个葡萄糖残基。其分子结构呈卷曲螺旋形，每一个螺旋含有6个葡萄糖残基。

支链淀粉分子较直链淀粉分子大，相对分子质量在$1 \times 10^6 \sim 1 \times 10^8$之间，相当于聚合度为600~6 000个葡萄糖残基。支链淀粉分子形状如高粱穗，小分子极多，估计至少在50个以上，每一分支平均含20~30个葡萄糖残基。各分支也都是D-葡萄糖以α-1，4糖苷键连接成链，卷曲成螺旋形，但在分支接点上则为α-1，4糖苷键，分支与分支之间间距为11~12个葡萄糖残基。

（2）淀粉的糊化。淀粉在适当的温度下（各种来源的淀粉所需温度不同，一般在60~80℃），在水中溶胀、分裂、形成均匀糊状溶液的过程称淀粉糊化。糊化的本质是淀粉中有序及无序态的淀粉分子之间的氢键断开，分散在水中成为胶体溶液。

淀粉的糊化过程可以分为三个阶段：

可逆吸水阶段：水分子进入淀粉粒的非晶体部分，体积略有膨胀，此时冷却干燥，颗粒可以复原，双折射现象不变。

不可逆吸水阶段：随着温度升高，水分子进入淀粉微晶间隙，不可逆地大量吸水，双折射现象逐渐消失，亦即结晶"溶解"，淀粉粒膨胀达原始容积的50~100倍。

淀粉粒最后解体，淀粉分子全部进入溶液。

糊化后的淀粉又称为α-淀粉，将新鲜制备的糊化淀粉浆脱水干燥，可得易分散于冷水的无定型粉末，即"可溶性α-淀粉"。

（3）淀粉的老化。淀粉溶液经缓慢冷却，或淀粉凝胶经长期放置，会变得不透明甚至产生沉淀的现象，称为淀粉的老化。其本质是糊化的淀粉分子又自动排列成序，形成致密、高度晶化的不溶性的淀粉分子微束。因此，老化可以看成是糊化作用逆反应，但老化后的淀粉结构与生淀粉比较，结晶程度较低。老化淀粉不易为淀粉酶作用。

控制淀粉的老化作用在食品工业中有着十分重要的意义。淀粉老化的最适温度在2~4℃左右，高于90℃或低于-20℃都不发生老化。但食品又不可能长期放置在高温下，所以为防止老化，可将淀粉速冻至-20℃，这样淀粉分子间的水会迅速结成冰晶体，阻挡了淀粉分子的重新结合。

含水量在30%~90%的淀粉易老化，含水量小于10%的淀粉的干燥态则不易发生老化。不同来源的淀粉，老化难易程度不同。直链淀粉比支链淀粉易老化，聚合度高的淀粉比聚合度低的淀粉易老化。支链淀粉几乎不会老化的原因是其分子结构的三维网状空间分布妨碍微晶束氢键的形成。

（4）淀粉酶的分类。淀粉酶根据结构及功能可分为α-淀粉酶、β-淀粉酶、γ-淀粉酶、异淀粉酶和磷酸脂酶等几种，其作用于淀粉的部位和水解方式有所不同，在应用过程中要加以区分。

（5）产生淀粉酶的主要微生物。能产生淀粉酶的微生物种类很多，目前发现并使用的主要集中在细菌和霉菌，其中细菌主要为枯草杆菌属、芽孢杆菌属，霉菌主要有米曲霉、黑曲霉等。据研究发现也有少量的酵母在特定的条件下也能产生少量淀粉酶。

2. 蛋白质的降解

（1）蛋白质的结构。蛋白质是以氨基酸为单体构成的高分子化合物，在其分子中，氨基酸以肽键结合。由两个氨基酸组成的肽称为二肽，再往上可形成三肽、四肽等。氨基酸按一定顺序以肽键相连形成多肽链称为蛋白质的一级结构。多肽链在空间折叠盘曲成一定构象，形成蛋白质的二级结构。在二级结构基础上进一步扭曲、折叠、盘旋成一定的空间构象，形成蛋白质的三级结构。稳定蛋白质三级结构的键主要有氢键、范德华力和二硫键等。几条多肽链在三级结构基础上缔合在一起，就是所谓蛋白质的四级结构。

（2）蛋白质水解酶类及微生物。蛋白质的水解酶类很多。它是指水解蛋白质肽键的一类酶的总称。按照水解肽的方式可分为内切酶（内肽酶）和端肽酶两类，内肽酶能切开大分子多肽的内部肽键，生成相对分子质量较小的肽等产物。端肽酶（又称外切酶）是从肽链两端开始水解肽键。又可分为两类：一类是以肽链氨基末端开始水解肽键的氨基肽酶，一类是以肽链羧基末端开始水解肽键的羧基肽酶，在端肽酶作用下得到的是单个氨基酸。

根据蛋白酶在细胞中所处位置的不同，可分为胞内蛋白酶和胞外蛋白酶。胞内蛋白酶与细胞内经常发生的蛋白质分解代谢有关。微生物的胞外蛋白酶在工业上应用较多。根据反应的最适pH，人们又把蛋白酶分为酸性、中性及碱性蛋白酶3种，相对应的pH分别为3左右、7左右及7.5~10.5之间。产生酸性蛋白酶的代表菌种为As3350，产生中性蛋白酶的代表菌种为枯草杆菌As1398，产生碱性蛋白酶的代表菌为As2709。

3. 类脂化合物及其他芳香族化食物的分解

类脂化合物包括脂肪、磷脂、游离脂肪酸、蜡类、油类等。类脂化合物水解的主要产物是脂甘油和肪酸。在有氧情况下，脂肪酸可进行β-氧化，微生物对原料中的各种芳香族化合物的作用，能产生发酵食品特有的香味。

（二）代谢产物形成阶段

在大分子物质降解的同时，产生了各类代谢产物，这些代谢产物是决定发酵产物去向的物质基础。在此阶段，各种微生物在好氧或厌氧、高温或低温、酸性或碱性等条件下将大分子原料降解的同时进一步进行转化为产物。

1. 醋酸

在醋酸杆菌的代谢中由乙醇氧化成醋酸，但是不同的醋酸菌在氧化乙醇产生醋酸的过程中还可以氧化酒醪中的其他基质形成若干产物，如可把乙二醇转变成乙醇酸、二甘醇转变成乙甘醇酸等。

短乳杆菌、双歧杆菌等微生物进行异型乳酸发酵，产生醋酸的同时还会产生乳酸。

2. 乳酸

乳酸是发酵食品中一种重要的不挥发酸，能赋予发酵食品以特有滋味及浓厚感。乳酸发酵从它的生化机制上可以分为两类：一类称为正型乳酸发酵，这种类型的乳酸发酵几乎可以将全部葡萄糖转化为乳酸（至少80%以上），没有或很少有其他产物；另一类称为异型乳酸发酵，它使葡萄糖分解为乳酸（约占50%）、乙醇、醋酸及CO_2等。

（1）正型乳酸发酵。正型乳酸发酵是葡萄糖经双磷酸己糖途径进行分解形成两个分子丙酮酸，最后丙酮酸接受氢还原为两分子的乳酸。常见菌种有干酪乳杆菌、保加利亚乳杆菌等。

（2）异型乳酸发酵。此种类型乳酸发酵是按葡萄糖单磷酸己糖途径进行降解，这一途径的特点是葡萄糖经磷酸化形成6-磷酸葡萄糖后脱羧脱氢形成5-磷酸木酮糖，再分解成3-磷酸甘油醛和乙酰磷酸。3-磷酸甘油醛按EMP途径形成乳酸，乙酰磷酸在脱氢酶的作用下还原为乙醇。另外在发酵过程中还有一些微生物（如许多细菌）也可以分解其他有机酸成为乳酸，其中也包括乳酸菌将苹果酸分解为乳酸和CO_2等，即生成一分子乳酸的同时还分解成一分子其他产物。常见菌种有戊糖明串珠菌、短乳杆菌、双歧杆菌等。

3. 乙醇

常见的是酵母菌经EMP途径得到乙醇。

4. 甘油

甘油可以使发酵食品有浓厚感，呈甜味，脂肪的水解产物中有甘油。

5. 酯类

酯类是具有芳香气味的挥发性化合物，是发酵食品中香气的重要组分。如乙酸乙酯有香蕉味，并带有微弱的苹果味，味淡；丙酸乙酯有芝麻香味；丁酸乙酯有甜菠萝味、凤梨味，微辣、微酸，量大时会有臭味。酯的形成是由酰基辅酶A和醇类缩合而成。

（三）产物再平衡

当代谢产物形成以后，彼此之间将会通过各种纵横交错的途径使其组成基本保持平衡，从而形成特定的发酵食品。从表面上看，此过程似乎主要指是指发酵食品的后发酵阶段。但是从本质上看，从原料获得、到粉碎、到配比、再到发酵，直到端到餐桌上来，整个过程都有产物再平衡的现象。在整个工艺过程中除一部分被彻底氧化为CO_2、水和矿物质外，还有其他大部分物质彼此之间有着错综复杂的、往复交替的一系列物理化学变化。

第二节　鱼露的加工技术

鱼露也称鱼酱油，是以鱼为原料经腌制发酵提炼的一种味道鲜美、营养价值高的氨基酸调味液，我国主要产地在福建省，当地称之为"鲭油"，是利用鱼体自身所含的蛋白酶以及多种微生物所分泌的酶，通过对原料鱼中的蛋白质、脂肪等大分子物质进行分解，小分子之间进行再结合等复杂的作用，酿制而成的调味品。据测定，鱼露中含有人体所需的各种氨基酸，还含有人体所需的多种无机盐如磷、镁、铁、钙及碘等，故具有非常高的营养价值。

我国适合生产鱼露的水产原料十分丰富，发展鱼露生产是充分利用低值鱼的途径之一。在国外，鱼露生产集中在东南亚国家和地区，是当地居民不可缺少的日常调味品。越南和柬埔寨的鱼露年产达20万~30万吨，鱼露在泰国、老挝、菲律宾、马来西亚、印尼、缅甸等国家的调味品中也占有重要的地位。已有300年历史的日本盐鱼汁、玉筋鱼酱油是具日本特色的风味调味品。在欧洲也有鱼露产品，是法国人民非常喜爱的调味品之一。外国的鱼露虽然名称不一，所用原料也不尽相同，但生产工艺与我国基本相同。

味道鲜美、营养丰富、风味独特、原料丰富是鱼露能成为传统食品的原因。新中国成立后，对鱼露生产工艺和设备不断地进行改革，已经取得了很大成绩，但尚未彻底改变面貌。随着技术不断进步，鱼露生产将会出现一个崭新的局面。

鱼露生产大致有两种形式：一是以底拖网渔船带盐腌鱼的卤水和鱼为原料，加酸加热，鱼体中的蛋白质分解，经中和过滤而成，这种鱼露生产周期快，成本低，但鲜味不足，腥味较重；二是以中上层鱼类为原料，主要是12 cm以下的蓝圆鲹、竹荚鱼、沙丁鱼、醍鱼、马面鲀等肉厚、体液丰富的鱼类，经长时间的腌制成熟，然后日晒翻动，在高盐控制下和微生物的作用下，使鱼体蛋白质充分分解，再以盐水溶出氨基酸，经过滤精制而成，这种方式生产的鱼露质量较佳，鲜甜不带腥味。传统鱼露生产主要以海水鱼为原料，采用高盐自然发酵，该法生产周期约1年。现代生产工艺则采用先酶解，然后接种纯种发酵菌种控温发酵，该法生产周期3个月左右。

一、自然发酵法生产鱼露

自然发酵法一般要经过高盐浸渍和发酵两步，其生产周期为10~18个月，产品的盐度高为20%~30%之间，但产品的味道鲜美，呈味物质较复杂，其气味是氨味、奶酪味和肉味这3种气味的混合。呈味物质复杂，口感丰富，主要原因是各种小杂鱼的原料成分含量差异大，原料含水不同，鱼体大小的差异也大。对于鱼露的天然发酵工艺研究不多，也不过深入，多凭经验操作，因此其很多机理并不是很清楚。

（一）自然发酵法生产鱼露的典型工艺

1. 工艺流程

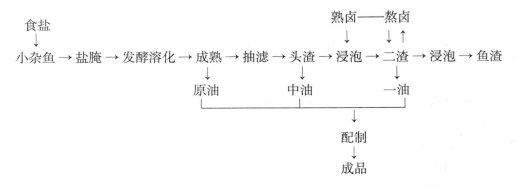

图1　鱼露的自然发酵工艺流程

2. 操作要点

（1）原料选择。鱼露的原料一般选择经济价值低的小型鱼类，如沙丁鱼、鲭鱼、大眼鲱鱼以及各种混杂在一起的小杂鱼。原料不同成分的含量高低（尤其是酶等蛋白质）对鱼露加工工艺、成品产量、营养价值、香气及味道都有着不同程度的影响。鱼种类不同，或是同种鱼在不同生长时期、不同部位，其化学组成和蛋白酶活力等都不尽相同。

鱼的新鲜度也会对鱼露的质量产生较大影响。不新鲜的原料在腐败过程中会产生大量的氨等腥臭味的物质，会在发酵过程中被带到成品中去。如果采用鱼内脏等废弃物作为原料的话，腐败微生物的含量会更多，会使发酵更加难以控制。所以所选取的原料的新鲜度至关重要。

（2）盐腌。盐量为鱼重的25%~26%，由于食盐渗透作用，腌制几天后会渍出卤汁，此时要及时压石并密封。腌制过程中要及时把发酵醪表面的油去除。由于鱼油会被空气中的氧气氧化，发生酸败，严重影响产品质量。食盐在鱼露发酵过程中有抑制腐败菌的繁殖和破坏鱼细胞组织结构的作用，更易于微生物发挥作用，进而促进氨基氮的生成。此外，食盐与谷氨酸结合为谷氨酸钠，增加产品的鲜味。高盐度还能抑制蛋白酶的活力，延长发酵周期。腌制过程（即发酵前期）中，为了使盐分布均匀，要进行多次翻拌。另外还要倒桶1~2次，以增加氧的溶解量、排出氨等代谢废物。腌制时间通常7~8个月。腌制期间，发现鱼体颜色呈现红色或淡红色、鱼体变软、骨肉呈分离的溶化状态时，标志着发酵前期的结束，此时的鱼胚醪具有令人愉悦的清香味，即可以转入中期发酵阶段。

由于食盐具有抑制蛋白酶活性的作用，所以可以在腌制时先少加盐，从而提高蛋白酶活性，而后再补足盐量，这样可以缩短发酵周期。发酵过程中，如果采取加曲或加酶强化发酵时，可以加较少的盐（通常在5%~15%之间）。但盐量不能过低，否则不仅会影响产品保存，还会影响风味。盐渍过程中，如果温度高可以加快进程，因此可以通过升高温度到60℃左右，保温20~30 d，来缩短发酵周期。腌制过程实质是鱼体在食盐存在的情况下，发生自溶发酵的过程。在生产上，最好将不同品种和大小的鱼分开腌制，但是此操作会增加成本。

（3）成熟。将腌制成熟的鱼胚醪放入露天的陶缸或发酵池中继续发酵，此过程是露天开放式发酵，又称晒露发酵，发酵过程中要定期搅拌，以促进发酵。在移出下缸时，新旧或不同品种的鱼胚醪要互相搭配混合发酵，以稳定质量、调和风味。鱼胚醪转移时，一般用浓度为23~25%的盐水或渣尾水冲淋。发酵至渣和汁液分开时，开始定期测定汁液的氨基氮含量，当变化微小或不变时，上层汁液澄清发亮、颜色加深、滋味鲜美、香气浓郁，即可过滤取油。

鱼渣尾，即"酶水"，其中不仅含有一部分氨基酸，更重要的是含有大量的有益菌和风味前体物质，对于香气和滋味的形成具有促进作用。

（4）抽滤。发酵成熟后，将上清液抽取出来，即得到原油；在抽取原油以后剩下的渣中加入熟卤浸泡一段时间后，过滤得到的汁液称为中油；重复上述操作而得到的汁液称为一油；将剩下的滤渣加入盐水或腌鱼卤后，通过煮沸、过滤工序后得到的淡黄色、澄清透明的液体，被称为熟卤。

滤出汁液若再转入后期发酵，可提高氨基酸含量，鱼露澄清透明、口味醇厚，风味更为突出，且能经久耐藏。刚滤出的鱼露会浑浊而且风味尚未圆满纯正，还属半成品，原因在于：其中还有少量蛋白质等未完全分解，需要再继续分解。后发酵实质主要是各种物质相互缓慢作用、再平衡的过程，同时由于发酵缓慢，温度较低，也是提清的过程。也可使香气更加柔和、饱满，使产品品质更加完善。根据不同品种和发酵条件，鱼露后期发酵时间一般在1~3个月之间。充分成熟的鱼露，细菌数极少，不必加热灭菌就可以灌装。

（5）配制。将原油、中油、一油按不同比例配比，从而得到不同级别的成品鱼露。

（二）福州鱼露的加工技术

1. 工艺流程

原料鱼 → 洗净 → 盐腌 → 发酵 → 过滤 → 滤渣 → 清液 → 检验 → 配液 → 杀菌 → 检验 → 包装 → 浸提 → 过滤 → 渣

2. 操作要点

（1）原料鱼。一般用鲜度较好的低值鱼如蓝圆鲹、鳀鱼、七星鱼及其他小杂鱼，在收购原料中要选用同一批、大小均匀的鱼，以便同时完成发酵。

（2）去杂清洗。去除沙石、贝类及水草等杂物，洗净后使用。利用鱼加工副产物的鱼头、皮、鳍、内脏下脚料，要拣去内脏中的苦胆。

（3）盐腌。用盐既能抑制腐败微生物的繁殖，又不影响发酵速度，用盐量一般为原料鱼重的30%，脂肪含量较高的鱼，用盐量还要多些，可达40%左右。食盐和鱼要配合均匀，最上层鱼用盐覆盖，再用清洁大石块压实，以加速腌渍过程，使卤水渗出，逐步使鱼体全部浸没。腌渍时间掌握在6~8个月为宜。

（4）发酵。通常采用在常温下自然发酵。发酵期间，通过阳光照射来适当提高发酵温度来加速发酵过程。通过定期搅拌的方式来使鱼胚醪的温度均匀。

（5）过滤。发酵完成后，需经过过滤，将液体和渣分离。传统的过滤方法有：布滤、插篓过滤、竹帘过滤和沙滤等，不能形成连续化规模生产。现代鱼露厂大多采用离心、压滤和砂芯过滤等工业装置。

（6）浸提。抽滤原油剩下的渣，分别用稀鱼露、腌鱼卤水或盐水加入浸提，通过搅拌的方式最大限度溶解渣中的氨基酸，浸提时间一般为1~2 d。

鱼露的初产品需反复过滤浸提，促使最大程度回收氨基酸成分，当滤液中的氨基酸含量降低到0.15~0.2 g/100 mL时，滤渣就不再浸提，可用盐水和滤渣煮沸，冷却过滤，滤液可用作浸提液之用。

（7）配液。企业按滤液批次的检验结果，抽取小样鱼露进行氨基酸含量调配及感官比较，调配到理化指标和感官评定均符合鱼露等级标准为止，然后按小样配比进行批量生产。

（8）灭菌。产品一般采用紫外线灭菌，生产工具及盛装容器经高温蒸煮杀菌。在生产过程中，车间及操作人员应注意清洁卫生，减少杂菌污染。

（9）包装。灭菌的鱼露经检验合格后进行包装，包装的容器可分瓶装、听装、罐装、缸装，也可用复合食品塑料袋包装，根据实际情况设定包装规格。

利用自然发酵法生产的鱼露，特点是氨基酸种类较全，味鲜美，但带有鱼腥味。但含盐量高，一般在29%左右。产品稳定性好，不易受到微生物污染。

（三）韩国鱼露的加工技术

韩国鱼露的生产包括家庭和大工业生产两种模式，产量较大。20世纪80~90年代之前是以自然发酵为主，随着研究的不断深入，在自然发酵基础上对原有工艺进行了改进，得到能加速发酵的新工艺，主要过程如下：向处理好的鱼肉中添加酱曲，来分解鱼肉中的蛋白质等大分子营养物质，前期发酵结束后，加入18%的盐水，直至发酵成熟为止。其生产周期约9周。产品含氮量较高，含盐量大，风味物质较丰富，但鱼腥味较重。

（四）日本鱼露的加工技术

日本鱼露酿造历史较短，但酿造行业重视技术进步，致力于产品开发，使得鱼露工业在较短时间内，迅速发展为现代化大生产，且迈入现代化高级发酵工业行列，产品远销欧美各地。日本鱼露产量较大且销路广。

将适量的盐、水、酱曲加到捣碎的鱼肉中，控温30℃发酵30 d。之后再加入葡萄糖、酱油酵母等，继续发酵3个月，最后压榨得到鱼酱油。还可加入15%的传统大豆发酵酱油，以掩盖鱼腥味。

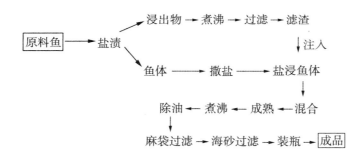

图2　日本传统鱼露的酿造工艺

（五）越南鱼露的加工技术

越南是东南亚生产鱼露较多的国家，近年产量已达30万吨。鱼露在越南的经济上至关重要，越南政府于1916年12月21日颁发了有关鱼露规格的法令，以防止粗制滥造。

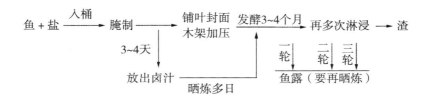

图3　越南鱼露的酿造工艺

（六）泰国鱼露的加工技术

取一定数量的鲜鱼和盐按3∶4或1∶2的比例配好，为防止鱼体腐败，盐量必须高于鱼。将盐和鱼充分混匀后，装坛发酵3~4个月。此时，鱼体会变软，会有浅黄色的液体渗出，该液体经过过滤或水蒸就成为了鱼露。该产品味道鲜美，营养丰富，但含盐量较高。

二、速酿法生产鱼露

将传统方法与现代方法相结合的速酿技术通过保温、加曲、加酶等手段，可以缩短鱼露生产周期，降低产品盐度，同时又减少产品的腥臭味。由于采用微生物强化发酵的方式，菌种相对较单一，所以风味、香气及滋味相对来说较单薄，总体质量比采用传统发酵方法生产的鱼露差。

（一）工艺流程

鱼、曲（或酶）混合 → 加盐 → 保温发酵 → 成熟 → 杀菌灭酶 → 分离 → 调配 → 成品

（二）操作要点

1. 加种曲或加酶

种曲是在适当的条件下由试管斜面菌种经逐级扩大培养而成的。加种曲实质就是强化微生物发酵的固态发酵方式，不仅能加速蛋白质分解，还能改善产品风味。目前很少用鱼粉等物质直接做成的鱼露专用的种曲，而大多采用生产大豆酱油的种曲。由于鱼肉水分含量较高，所以不适合直接制作种曲。为了改善鱼露的品质，从利用的种曲角度看，生产鱼露专用的种曲是关键，也是今后发展的一个方向。

鱼露发酵是各种蛋白酶先后作用的结果，在发酵过程中蛋白酶活力先增强，后逐渐地降低，可见蛋白酶是发酵的关键因素，但鱼肉中自身携带的蛋白酶大多数不能耐受16%以上的高盐。所以为了提高发酵速度可以选择外加蛋白酶，其来源可以是动物、植物也可以是微生物。近年来，从沙丁鱼的幽门盲肠中分离到的3种碱性蛋白酶中碱性蛋白酶Ⅲ在加盐量为25%时仍相当稳定。添加外源蛋白酶能显著地提高蛋白质水解程度，缩短发酵周期。有人利用蛋白酶，发酵1个月后，结果氨基氮总量比不加蛋白酶提高70%~200%。

2. 低盐发酵

利用蛋白分解酶在低盐时活力强的原理，用发酵前期少加盐，至蛋白质分解到一定程度时再加足盐的办法，以缩短发酵周期。如福建云霄县用三角鱼新鲜原料加25%左右的盐，发酵5~15 d，当鱼体变软、发胀上浮并有鱼露气味时，表示发酵适度。第二次加盐5%，经2~3d再加5%的盐，继续发酵至鱼肉全部分离成浆状，即可过滤。发酵周期由1年缩短到4~6个月。但这种方法所用原料应较新鲜，以三角鱼等较合适，鲜度太差的鱼不适宜采用低盐发酵。其发酵工艺要求严格控制，防止蛋白酶水解过度而造成产品质量下降等问题。

3. 保温发酵

保温发酵分电热保温发酵和蒸汽保温发酵两种。根据发酵所在的场所，又可分为室

内和室外保温发酵两种类型。其发酵原理都是通过一定的方式，使得发酵容器内的温度达到发酵要求并保持恒定。加热方式分为蒸汽盘管加热、蒸汽夹套式加热。不管采取哪种方式，目的是使发酵容器内的温度达到45~50℃内，使蛋白酶和微生物发挥最大的活性。发酵池分为水泥池和铁制发酵池。人工保温发酵成熟的时间视原料的用盐量多少，以及盐渍时间长短而不同。高盐发酵时，产品味道丰富，质量好，但是由于酶和微生物的活性受到抑制，而使其作用时间增长，以至于发酵周期较长。如果采用低盐发酵，可以缩短发酵周期，但是产品质量差，一般会有杂味出现。

三、鱼露的质量控制

（一）鱼露的质量标准

1. 感官指标

色泽橙红色或棕黄色；具有鱼露特有的香气，无臭味；具有鱼露特有的鲜美滋味；澄清透明。

2. 理化指标

相对密度（20℃时）不低于1.20，食盐（以NaCL计）不高于29 g/100 mL，铵盐（以氨计）不超过0.3%。总氮（g/100 mL）：一级品1.90~2.00，二级品1.70~1.80，三级品1.50~1.60。氨基酸氮（g/100 mL）：一级品0.88~0.92，二级品0.82~0.87，三级品0.73~0.78。铅不超过1 mg/L，砷不超过1 mg/L，不得含有不符合食品卫生要求的添加剂。

3. 微生物指标

菌落数每毫升不超过1万个，大肠菌群不超过10 MPN/100 mL，致病菌不得检出。

（二）鱼露质量的初步检验方法

鱼露的初步检验以感官检验法为主，深入检测可采用化学分析或仪器分析的方法。

色泽：对光检测，产品呈现橙红色或橙黄色，不发黑，透明发亮且无悬浮物。

香气：气味芳香，宜人，无腐败气味。

滋味：取少量品尝，味道鲜美，余味幽香，无异味，咸度适中。

观察泡沫：通过摇动鱼露瓶子，使其产生泡沫。如果泡沫消失较快，说明发酵完全，此产品可以长期储藏而不会变质；如果泡沫消失慢，则说明没有完全发酵，在存储过程中会继续发酵，可能会发生变质等问题。

（三）鱼露质量的控制措施

1. 黑变及控制措施

鱼露黑变的主要原因是原料中混进虾类，因虾类酪氨酸含量高，在发酵中酪氨酸及色氨酸会氧化导致鱼露黑变。控制鱼露黑变的关键点是原料的整理，把混进的虾类挑出另行处理。

2. 沉淀及控制措施

有些鱼露在存放一段时间后，会出现絮状沉淀。产生此现象的原因，主要是发酵时间不够，还有少许蛋白质没有降解完全，受到高温、光照等影响，蛋白质往往会发生变性而析出；或者是鱼露发酵时盐量加入量、酸度调节不合理等原因，导致蛋白质降解不完全。可以通过以下方法来控制：延长发酵周期；适当前处理，将没降解的蛋白质去除；准确控制pH和加盐量。

3. 结晶及控制措施

鱼露在存放过程中，由于天气变化、盐量处于过饱和状态时，可能会出现食盐的结晶现象。另外还有一种碎玻璃状的磷酸镁铵结晶，对人体无害，可通过调节产品pH来消除此类结晶。

第三节　虾酱、蟹酱的加工技术

蟹酱的生产主要分布在河北、天津、浙江等沿海地带。浙江沿海的渔民常将捕上来的新鲜梭子蟹捣碎，加入适量食盐，经腌制发酵后作为日常佐餐食品，很受欢迎。蟹酱的生产一般在气温较低的冬季进行，加工时对原料蟹的新鲜度、加工工艺和卫生条件等要求较高。为防止食物中毒，蟹酱在出售前须经食品卫生部门检验，合格后方可出售。虾酱的主要产地在虾类资源丰富的河北和天津，虾酱的加工方法和要求大体与蟹酱相同。广东、浙江地区也有少量生产。

一、虾酱、蟹酱的典型加工技术

（一）工艺流程
原料处理 → 捣碎、盐渍 → 发酵 → 增香 → 成品

（二）操作要点
1. 原料处理

选用体质结实、新鲜的虾或蟹为原料，其中虾一般选择经济价值较低的小白虾、眼子虾、糠虾等，蟹一般选用小海蟹。要求原料鲜度质量好，收取的原料漂洗干净并去除泥沙、石子、水草及其他杂质，海蟹则需剖开蟹壳，除去胃囊。

2. 捣碎、盐渍

蟹酱：将原料倒入木桶内捣碎，捣得越碎越好，捣碎后将蟹壳除去留取蟹肉，或者不去壳直接加盐拌和，加盐量为原料重的20%～30%，然后倒入大缸，上加盖压实。

虾酱：将原料加入30%～35%盐拌和后，放入大缸，每天2次用木棒捣碎约20 min。

加盐量根据气温和原料新鲜度而定，气温越高，原料新鲜度越差，则考虑加大盐量，主要考虑控制杂菌等微生物的生长。

3. 发酵

为加速原料分解及发酵均匀，捣碎后要压紧、抹平，直到发酵大致结束为止。将发

酵酱缸置于室外，借助日光加温促进成熟。缸在阳光照射的时候，注意避光、密封，防止原料中的酪氨酸被氧化而变黑。雨天避免混入雨水和尘沙。一般发酵时间为20~30 d，原料颜色逐渐变红，并发出酵香味时，得到成品，色泽微红，得率为70%~75%，可以随时出售。蟹去壳取肉酿造的蟹酱为精品。产品在10℃以下可以长期保存。如捕捞后不能及时加工，需先加入25%~30%食盐保存。这种半成品称为卤虾或卤蟹，运至加工厂进行加工时，将卤虾、卤蟹取出，沥去卤汁，并补加5%左右的食盐装缸发酵。

4. 增香

发酵时为增加产品风味，可加入茴香、花椒、桂皮等香料，混合均匀。

若要制成虾酱砖，可将原料洗净后，加原料重10%~15%食盐，盐渍12 h，压取卤汁。经粉碎，日晒1 d后倒入缸中，加的0.2%白酒和0.5%的茴香、花椒、陈皮、桂皮、甘草等混合香料，搅拌均匀，压紧抹平后表面洒一层酒，促进发酵。当表面形成1 cm厚硬膜时，夜晚缸上加盖。发酵成熟后，可取出香气浓厚的虾卤（虾油）。虾酱成熟后，除去表面硬膜，将内部软酱放入长方形盒中，定型后取出风干12~24 h即可包装销售。

（三）成品感官评价标准

1. 一级品

紫红色，呈黏稠状，气味鲜香无腥味，酱质细腻，无杂鱼等混入，盐度适中。

2. 二级品

紫红色，鲜香但滋味较差，无腥味，酱质较粗且稀，有小杂鱼等混入，咸味重或发酵不足。

3. 三级品

颜色暗红不鲜艳，酱稀、粗糙，杂鱼杂物较多，味咸。

二、山东地区虾酱、蟹酱的加工技术

（一）工艺流程

原料 → 清洗 → 腌制 → 卤虾蟹 → 发酵 → 成品

（二）操作要点

在海上将小虾、小蟹倒在船舱木板上用海水冲洗干净，加入食盐并以木耙搅拌均匀后，推入船舱内腌制，得到的半成品即为卤虾蟹，一般用盐量为25%~30%。回港后用木桶卸入加工厂的缸内，放置3~5 d，然后取出卤虾蟹，沥干并捣碎重新放入缸中，补加5%的食盐，白天揭去缸盖，在阳光下晒制，晚上加盖。5~10 d后，虾蟹酱发酵膨胀而浮起，此时应每天早晚用木耙搅拌。约1个月，发酵成熟而不再膨胀时停止搅拌，此时加工完毕得到成品。

（三）质量控制

制酱时如果雨水进入酱中，会导致酱色变黑，此时应通过加入食盐的方法来补救，同时应该日晒。若发酵过程中发现酱太干，可加入少量卤水来将酱调稀，再日晒发酵。

三、酶法生产虾酱、蟹酱

酶法生产虾酱、蟹酱是在研究发酵法生产技术的基础上，利用外加酶制剂的方法，对虾、蟹中的蛋白质等大分子物质进行水解，此种方法较传统的发酵方法大大缩短了生产时间，是一种改进的方法，但是口味较发酵方法生产的产品要差。

（一）工艺流程

小虾、小蟹 → 预处理 → 破碎 → 称重 → 加水 → 调pH → 加温 → 配入木瓜蛋白酶 → 控温水解 → 灭酶 → 离心 → 中上层水解液 → 浓缩 → 调料配制 → 拌匀、匀质 → 装罐 → 脱气 → 杀菌 → 洗净、抹干 → 保温检验 → 贴商标 → 装箱

（二）操作要点

1. 原料

小虾、小蟹、木瓜蛋白酶、砂糖、精盐、豆豉、葱、姜、味精、辣椒粉、糊精增稠剂等。

2. 预处理

将鲜活小虾、小蟹洗净、煮熟，去除杂质，小蟹要剥壳取肉，然后将其绞碎成浆状。

3. 加酶

加入木瓜蛋白酶0.5 g，拌匀，加温并控制到水浴条件为70℃、5 h，用离心机离心5 min，将中上层浆液收集并在常温下浓缩75%左右，再用真空浓缩至50%，升温至100℃灭酶15 min。冷却，添加调味辅料配制，搅拌、匀质、装罐、脱气、密封、杀菌。

4. 调配

以虾蟹量为基准，食盐12%、砂糖8%、姜葱汁10%、味精3%、糊精3%。

第四节　酶香鱼的加工技术

酶香鱼是用发酵方法生产的鱼类深加工制品，其特点是在食盐的控制下使鱼肉蛋白适度分解，得到氨基酸、核苷酸等呈味物质，以提高食用的风味与滋味，同时也易于为人体消化吸收。我国南方的广东、福建等省有着较为悠久的加工历史，经验也很丰富。生产时间为5~6月和9~10月。20世纪50年代酶香鱼曾是广东省的主要加工产品之一，年产量1 000 t以上，销路畅通。此后，由于这些原料鱼的资源衰退和需求量增加，酶香鱼的产量大大减少。酶香鱼的加工方法简单，又具有独特的风味，是值得大力推广的鱼制品。

一、盐渍法加工酶香鱼

（一）原料的选择和处理

要求选取鱼体完整、新鲜的鱼为原料。另外，注意不要选择冰藏过的鱼，由于冰藏会破坏鱼体内酶的活性，使后续发酵受到抑制。腌制前，要用流水冲洗干净鱼体表的黏

液，且需打破眼球。

（二）操作要点

1. 撞盐

用小木棒等工具，将盐从鳃部捅入鱼腹内，操作要仔细，不能将鱼腹捅破，以免影响浸渍和发酵。然后装入发酵容器中。盐的总用量为鱼总重的8%~10%。

2. 腌制发酵

将腌制发酵容器（通常有木桶、水泥池）清洗干净后，底部均匀铺撒一层厚度为1 cm的食盐。将撞过盐的鱼紧密摆放于发酵容器内，一层鱼一层盐，顶层再撒一层盐。盐的总用量在30%~38%之间。注意控制盐量：过多会抑制酶及微生物活性，从而影响发酵；过少的话，会引起杂菌滋生，从而导致腐败。一般腌制2~3 d的时候，就会产生酶香味，说明已经开始发酵。此时可以压石。

3. 压石

开始出现香味以后，就可以压石，石块的总重量为鱼重的8%~10%。不能过重，也不能过轻。过重会使鱼之间压得过紧，而产生粘连的现象；过轻就不能使卤汁浸没鱼体，而使鱼体暴露于空气当中，从而影响产品质量。压石时间根据鱼的种类、大小、气温、发酵状况而定，一般是2~3 d之间。

4. 包装

发酵好以后，将鱼取出后沥干卤水后才能包装。根据实际情况可以考虑不同的包装形式，目前都采用木箱或竹筐。

二、干盐法加工酶香鱼

1. 原料选择和预处理

要求选取鳞片完整、鲜度高、无创口的鲜鱼为原料，其重量最好控制在每条750 g以上。选好后掀开鳃盖，从鳃部取出鳃耙和内脏，并将鳃骨压断，撕破眼球内膜。然后再用流动清水将内外冲洗干净，然后沥干水分备用。

2. 操作要点

（1）撞盐。用小木棒将盐从鱼鳃处捅入腹部，注意不能将鱼腹捅破，以免影响发酵。腹部和鳃部都要塞满盐，然后将其放入发酵容器或场地中腌制。一般食盐总用量约为鱼重的13%。

（2）干盐埋腌。埋腌的场所主要是带孔的木桶或有一定坡度墙角。底部撒一层8 cm左右的底，然后处理好的鱼头部朝下整齐摆放，每一层摆好后，都要放和底盐同样厚度的盐。一般依次摆放3层为准。摆放好后周围和上部也要用盐封好，分别成为护边盐和封面盐。

这种方法主要是依靠盐的高渗透压作用，将鱼体内水分快速排除。另外，还利用了盐的防腐杀菌作用，保证发酵顺利进行。流出的卤水直接流到地面，总体的用盐量为鱼重的3倍左右。

（3）发酵。春季室内温度以24~26℃最适宜，要注意观察气温变化。发酵过程中注意控温，温度过高或过低都会影响发酵正常进行：过高的话会使发酵出现异常气味；温度过低，则会使发酵时间延长，发酵不完全。发酵期间，要定期检查发酵情况。一般在此温度下，3天开始发酵，经过4~5 d发酵完全。经过6~7 d的时间，一般会得到成品酶香鱼。其成熟的标准为表面略透明，肌肉变硬，具有浓郁的酶香味。

（4）清洗。将腌制发酵好的鱼体取出后，用清水及毛刷将鱼体附着的盐及杂质清理干净。注意操作过程中不要把鱼鳞破坏。然后将鱼头部朝下沥干水分。

（5）晾晒。选取通风朝阳的晾晒场所，要求带有一定的倾斜角度，将干净的竹帘铺在场地上。然后，将清洗沥干的鱼体放在竹帘上，头部朝下，整齐摆放。鱼鳃部最好放纸团或小棍将其撑开，以便于鱼体内部的水分及时排掉。每天翻晒3~4次。中午应该放入阴凉处，避免强烈的阳光直晒。一般晒制4 d左右，就能得到成品。

（6）包装。酶香鱼的包装，目前主要用竹筐或木桶。注意防潮，按产品的不同规格，包装成不同种类。

三、酶香鱼成品质量要求及注意事项

（一）酶香鱼成品质量要求

一级品鱼体完整，鳞片较齐全，体色青白，有光泽，气味正常并有香味，含盐量18%；二级品鱼体完整，鱼鳞有少量脱落，体色青白，色泽较差，肉质稍软，略有香色，气味正常，含盐量不超过18%。

（二）注意事项

加工的场所、器具要清洁卫生；要选用洁白而颗粒粗的陈盐；撞盐时防止捅破鱼腹；操作时防止鱼鳞脱落；包装装置内要有防潮设施，且加入成品重量3%~5%的隔体盐；发酵过程中要时刻关注温度变化，发酵胚如果有气泡产生，可以采用加重压石来解决，如果不能解决问题，产品就要重新加工。

第五节　虾油的加工技术

虾油是以鲜虾为原料，经发酵提取的汁液。也可以用小青鳞鱼、三角鱼、小杂鱼、蚌肉以及鱼制罐头的下脚料加工制成。虾油是我国传统的海鲜调味品，盛行于沿海地区。虾油并非油脂，而是原料经腌渍、发酵、熬炼后制成的一种味道极为鲜美的液体调味料。其中含有鲜虾浸出物的各种呈味成分，味鲜美，营养价值也很高，且易于消化吸收。

一、虾油的传统加工技术

（一）原料清理

虾油加工原料是采用新鲜小虾，经过干净海水冲洗，去除杂质，采用适当的保鲜措施（通常加15%的盐）。传统的加工时间是每年清明节前的一个月。

（二）操作要点

1. 入缸腌渍

将准备好的新鲜原料洗净沥水后，放入广口的陶缸中，装料系数一般为60%左右。将装好原料的陶缸置于露天场地，放置2 d以后开始定期搅拌，当缸内出现红沫时（一般需要3~5 d时间），开始加盐搅拌。每天早晚各搅拌一次，每次都要加入约虾量1%的盐。经过15 d的缸内腌渍，到缸内不见虾体上浮或很少上浮时，继续每天早晚搅动一次，用盐量可减少5%。持续1个月左右时，可以减少搅拌次数及加盐量，直至按规定的用盐量用完为止。用盐总量为总虾量的16%~20%。

2. 晒露发酵

传统的虾油酿造过程，采用的是晒露发酵。主要依靠阳光暴晒来提高发酵温度，通过定期搅拌，使发酵过程融入定量的氧气，还能促进发酵均匀。如果条件控制得当，其产品的品质优良，腥味少。如遇雨天，腌缸需加盖。发酵结束的标志是缸内酱液澄清发亮，气味芳香。

3. 炼油

虾酱液发酵成熟后即可炼油，炼油即是将虾油与残渣分离的过程。先取出澄清的浮油，这部分虾油是质量最好的原油。然后加入与剩余醪液近似相等的浓度为5%~6%的冷盐水，再搅动3~4次，达到充分浸提虾油的目的。然后滤出虾油。最后将分离得到的全部虾油混合，即成为生虾油。

将生虾油煮沸、冷却后，就得到了成品虾油。成品虾油的盐浓度以20%为宜。用盐和开水来调节其浓度。通常情况下，每100 kg鲜虾可制得虾油100 kg。

4. 虾油贮存

制成的虾油仍可放置室外，外加盖，使之透风，以免变质。

二、虾油的新型加工技术

随着技术进步，在传统技术方法的基础上，进行工艺改进后，可出现了一些新的加工方法。捕捞上来的鲜虾，及时用清水冲洗干净，取出杂质及污物。原料取得以后尽快杀菌处理，否则杂菌等微生物过多繁殖，影响发酵。然后加入原料量10%~15%的食盐，在专用发酵缸中37℃保温发酵数小时（时间视发酵状况而定）。而后可适量增加花椒、大料、茶叶以改善风味。发酵结束后进行压滤沥油，压滤的目的是将虾油与虾酱分离，此操作可在压滤机或真空吸滤器中进行。虾油在长期放置后，蛋白质等物质会形成絮状沉淀。在成品装瓶以前，应将虾油煮沸，以去除沉淀和杂质，趁热灌装。

三、虾油的风味

虾油是以虾为原料生产的分解型天然调味品。虾油中的风味物质非常复杂，其来源主要是原料中的蛋白质、脂肪等大分子物质经微生物和酶作用后生成的各级产物和小分子最终产物，微生物在发酵过程中产生的代谢产物，以及这些物质之间十分复杂的生化反应的产物。

四、虾油的质量标准

（一）感官指标

合格虾油应该是橙红或棕黄色透明液体，具有特有的虾香和特有的鲜美滋味。

（二）理化指标

氨基酸态氮（mg/100 mL）≥0.85，氯化钠（%）≥25。

（三）细菌指标

细菌总数（个/毫升）≤2×10^3，大肠杆菌（个/100毫升≤30）。

第六节 蚝油的加工技术

广东称牡蛎为蚝，用蚝熬制而成的调味料即为蚝油。蚝油是广东、福建等地常用的传统的鲜味调料，也是调味汁类最大宗产品之一，它以素有"海底牛奶"之称的牡蛎为原料，经煮熟取汁浓缩，加辅料精制而成。蚝油味道鲜美，蚝香浓郁，黏稠适度，营养价值高，亦是配制蚝油鲜菇牛肉、蚝油青菜、蚝油粉面等传统粤菜的主要配料。蚝油根据加工方法可分为原汁和复加工品两种，原汁蚝油具有重金属含量高、色泽差、腥味大等缺点，故一般只作为加工原料。复加工品一般以浓缩蚝汁为原料进行配制。

一、原汁蚝油的加工技术

（一）工艺流程

优质牡蛎 → 腌渍 → 发酵 → 牡蛎原汁 → 调配 → 包装 → 成品

（二）操作要点

1. 牡蛎的选择

收获的牡蛎按品种、大小、鲜度等分等级，及时予以防腐处理，大型牡蛎应用绞碎机绞碎，然后用盐渍发酵方法精制蚝汁。

2. 盐渍

将牡蛎和盐均匀混合后，顶层封盐。浸渍一段时间后，在有益微生物和酶的作用下，牡蛎发生自溶现象，渗出卤水会浸没牡蛎。通常用盐量占牡蛎总重量的30%~45%。

3. 发酵

可以分为自然发酵和人工保温发酵两种。自然发酵周期长，产品风味好；人工保温发酵虽然缩短了生产周期，但是成品风味较自然发酵产品差。

A. 自然发酵

在自然发酵时，牡蛎利用自身酶类的作用，将体内的大分子物质降解，为了提高发酵速度，有时也人为添加适量的蛋白酶、脂肪酶、纤维素酶加速牡蛎降解。操作过程中，空气、操作器具上的有益微生物如耐盐酵母、耐盐乳酸菌也会进入其中，参与发酵过程。不加盐水，只利用自身的卤水进行发酵，发酵成熟后所得的滤液中氨基酸含量很高，风味很好，称原汁。原汁不作商品出售，只作调配用。有些工艺加入一定量的盐水或卤水进行发酵，得到的发酵液可直接调配成不同等级的蚝油。在发酵过程中应经常检测发酵液中的各种理化、卫生指标，观察发酵期微生物的变化情况，并加以控制。发酵过程中还要定期检测发酵液中氨基酸含量，如果发现含量不变或很小变动时，表示发酵成熟。此时，发酵液上层澄清，香气四溢，颜色加深并发亮，味道鲜美。

自然发酵周期较长，通常都要半年左右。一般来说发酵时间长的产品风味好，具体时间由产品要求而定。为了加速发酵进程，应尽量利用气候条件和太阳的热能，发酵池应建在日照时间长的地方，以提高发酵温度。顶盖用玻璃板覆盖，其厚度一般为4~6 mm，理想的盖板材料应该是太阳辐射透过率高而低温长波辐射通过率低、耐用、价廉的材料，采光表面保持一定斜面。

B. 人工保温发酵

人工保温发酵分蒸汽盘管保温池或缸、水浴保温池或缸、电热保温池或缸3种。

蒸汽盘管保温发酵池或缸，分为夹层式、盘管式列管式、蛇管式等几种形式。是将蒸汽通过夹层等通入到发酵池或缸中，将发酵胚间接加热，使其温度达到发酵需要温度。如果是大型的发酵装置，用压缩空气搅拌。小型的可以搅拌器搅拌或人工搅拌。

水浴保温发酵是在池或缸的周壁、底壁特制有夹层并带有水管、蒸汽管，方便进出水及蒸汽。通入蒸汽把夹层内的水加热，通过周壁、底壁使热传导到发酵液内，并使发酵液的温度保持在40~45℃。水泥的周壁、底壁夹层间距为200~250 mm，铁池或缸用6~7 mm钢板，水浴层厚250~300 mm。

电热保温发酵是在发酵池或缸中装入电加热装置，利用电加热使发酵胚加热到需要的温度。

人工保温发酵与自然发酵相比，其实质性区别在于通过人为控温的方式，使发酵液温度控制在相对恒定的状态，以促进发酵成熟。一般发酵时间长，由于酯香味合成的时间长，因而成品的风味好。

4. 过滤与浸提

发酵成熟后，采取一定的方式抽取滤液，此滤液即为原蚝油汁。用盐水或卤水继续浸提，得到的滤液品质较差，一般作为调配使用。

通常，工人凭经验判断是否达到成品有几种方法：一是观察蚝油沸腾时产生的花纹；二是把蚝油滴在纸上一滴，以不迅速扩散为准；三是把蚝油加到盛有冷水的玻璃杯里，旋转杯子，以不粘杯壁为准。

二、蚝油的酶解加工技术

酶解工艺加工蚝油可克服传统方法存在的盐、重金属含量高和氨基酸损失大等缺点，经过一系列试验结果，产品基本达到出口标准。

（一）工艺流程

牡蛎 → 加盐 → 杀菌 → 磨碎 → 投料 → 升温 → 酶解 → 过滤 → 浓缩 → 产品

（二）操作要点

1. 蛋白酶的选择

由于不同蛋白酶的性质不同，最适合的条件也不同，且对水解蛋白至关重要，所以蛋白酶的选择非常关键。研究表明，中性蛋白酶最适合于蚝油的发酵，得到的蚝油色、香、味均较好。

2. 酶解温度的选择

不同蛋白酶都有自己发挥活性最适合的温度，过高或过低都会影响发酵。蚝油水解所用的蛋白酶最佳的酶解温度为50~55℃。

3. 酶解物料的pH选择

根据牡蛎水解所用蛋白酶的性质，pH为7时，最适合于牡蛎发酵。

4. 酶解时间的选择

酶解时间以50~60min为宜。

三、蚝油的复配加工技术

（一）工艺流程

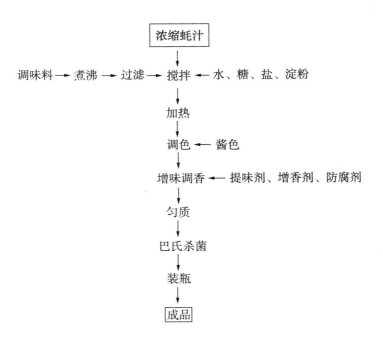

图4　蚝油的复配工艺流程

（二）操作要点

1. 原料的选择

选择经澄清、过滤（120目滤网）后不含杂质，无腐败、异味的半成品原汁蚝油，作为蚝油复配工的原料。

2. 原料检验

用化学方法测定复配用油原料的氨基酸态氮、食盐含量、黏度等指标。

3. 配料的准备

目前尚无统一规定，可以根据各地消费者口味、消费水平，选择合适的配方进行调配。参考配方如下：浓缩蚝汁16%、调味液25%~30%、砂糖20%~25%、食盐7%~10%、味精0.3%~0.5%、黄酒1.0%、白醋0.5%、变性淀粉1.0%~3.0%、增稠稳定剂0.2%~0.5%、酱油5.0%、蚝油香精0.005%~0.01%、防腐剂0.1%、水3.35%。

4. 混合、搅拌

将浓缩汁、砂糖、食盐、增香剂、增稠剂等分别按配方依次加入，搅拌均匀，加热至沸腾，最后加入黄酒、白醋、味精、香精等，搅拌均匀。将蚝油按配方配好以后，要经过胶体磨等设备淹没，再匀质处理，使产品颗粒变小，口感顺滑。匀质后杀菌，杀菌条件通常采用85~90℃、20~30 min。灭菌后的蚝油装入预先经过清洗、消毒、干燥的玻璃瓶内，压盖封口，贴标签，即为成品。

5. 成品检验

测定蚝油成品的pH、总酸、含盐量等指标。

四、蚝油的质量标准

（一）感官指标

滋味：有蚝油独特风味及滋味，无异味及苦涩味；色泽：红褐色或棕红色；体态：黏稠状，不得有颗粒。

（二）理化指标

氨基酸态氮0.5~0.6 g/100 mL（复配品）、1.0 g/100 mL左右（原汁）；含盐量9~12 g/100 mL（复配品）、15 g/100 mL以下（原汁）；总糖13 g/100 mL（复配品）、微量（原汁）；恩氏黏度20度以上（复配品）、10度以上（原汁）；pH为4.5~5.5。

第七节　海胆酱的加工技术

海胆可作中药，其味咸，性平，具有软坚散结、化痰消肿等功能和滋补功效。海胆酱又称酒精海胆黄、海胆卵、海胆胃、海胆膏、海胆春、红膏、云丹等，是一种以海胆为原料的高级调味性发酵食品。我国明代就有利用海胆生殖腺制酱的记载，20世纪30年代，日本人曾在中国大连、山东长岛生产过。1957年，大连和山东长岛两地开始正式生产海胆酱，但产量很低。80年代初，辽宁、山东、浙江、福建和广东各地都有加工，产量达到了100多吨，全部出口日本。产品以酱色金黄、酱质呈瓣状，气味芳香浓郁兼有乙醇气味者为佳。既可生食又可熟食，如吃面条、氽汤、拌小菜及西餐烤面条等。

一、海胆酱的加工工艺

（一）工艺流程

原料 → 开壳取卵巢 → 盐水漂洗 → 沥水 → 称重 → 加盐脱水 → 加酒精搅拌 → 密封发酵 → 包装 → 贮藏 → 成品

（二）操作要点

1. 原料及处理

鲜活的紫海胆或马粪海胆采捕后应趁活着时加工，也可以放在阴凉处，喷淋海水，以延长保活时间。在加工前必须将海胆外面的刺除去，其方法是把海胆倒在篓中，两手握住篓耳前后搓转，不必过于用力，以防海胆打破，待外面的刺全部去掉后，用清水冲洗干净。

2. 开壳取卵巢

把海胆放在地上，口部朝下，用两把尖刀同时插入其背部中心，把海胆分成两半，用小勺挖出卵巢。操作要小心，尽量保持卵黄瓣块原形，勿使其破碎及受污物污染。在海水中洗去杂质，放在铺纱布的竹筛上沥干水分。

3. 加盐脱水

经漂洗沥水后的海胆卵巢中加入总重8%~10%的加热食盐，放一层海胆加一层盐。盐渍沥水0.5 h，期间不要搅动，以免破坏组织结构，不利于脱水。

4. 加酒精

把沥水后的卵巢放入容器中，加入95%的食用酒精，轻轻搅动，使其均匀。酒精的作用是防腐和调味。

5. 密封发酵

将加好酒精的海胆卵巢放在密封的容器中，并在表面喷洒适量酒精防霉，在10~20℃温度下发酵1~2个月，即为成品。

6. 贮藏

将包装好的成品置于0~5℃冷库中贮藏。

二、海胆酱的质量标准

（1）海胆酱的色泽具有海胆黄本身的天然色泽（淡黄色、红黄色或褐黄色），且色泽要一致。

（2）要带有原粒形的酱状，稠厚且呈凝固状；具有明显的醇香味和海胆酱的发酸香味，无异味。

（3）盐分（以氯化钠计）6%~9%。

（4）水分≤60%。

（5）蛋白质10%以上。

思考题

（1）简述发酵食品的形成过程及机理。

（2）鱼露通常采用的加工方法有哪些？对比不同方法，说明各自的优缺点。

（3）鱼露生产过程中容易发生哪些质量问题？针对不同问题提出解决方法。

（4）简述虾酱、蟹酱的典型加工工艺，并说明其加工要点。

（5）酶香鱼加工过程中哪道工序起到最关键的作用？说明其操作过程及原因。

（6）简述虾油的加工工艺，说明其操作要点。

（7）请根据蚝油的加工原理及工艺，自行设计一种复配蚝油的配方，并说明理由。

（8）简要叙述海胆酱加工过程的操作注意事项。

第六章 海洋藻类食品加工

第一节 概述

众所周知，植物是初级生产者，通过光合作用产生有机物，成为食物链的基础，哺育了地球上的所有生命。海域中的动物并非直接依靠陆生植物而生存的，海洋生态系统是以海洋植物为物质基础的，通过食物链能量传递才维持着海洋生物物种多样性和海洋生态系统的持续发展。

一、海洋植物的组成

藻类（ALgae）是海洋植物的主要部分。由于海洋的生态条件所限，具有根、茎、叶高度分化的高等植物是不可能像在陆地上那样遍布在海洋中生活。能在海洋环境中生活的高等植物比较少，主要分布在海湾、滨海湿地、河口等海域内。如分布相对较广的大米草 *Saccharum* sp.、大叶藻 *Zostera* sp. 和只能在暖温带、热带海域潮间带、浅海、河口生长的红树 *Rhizophora* sp.、木榄 *Bruguiera* sp.、秋茄 *KandeLia* sp. 以及伴随红树林生长的喜盐草 *HaLophiLa* sp. 等。

藻类是简单、古老的低等生物，种类多、分布广，凡潮湿的地区，都能生长。海洋中的藻类，由于其结构简单，都是柔软的，可以抵御海流、浪、潮的冲击，随水流而摆动。藻类能进行光合作用而产生有机物，有的海藻表层细胞能直接从海水中吸取生源物质，因而能满足营养需求。海藻虽然生命周期较短，但以简单的方式繁衍后代来保证种群的延续。根据阳光强弱不同，不同水层中分布着不同类型的海藻。海藻因为结构简单，适应能力强，能够适应海洋这一特殊的环境，所以成为了海洋植物的主要类群。

根据生活习性，海藻可分为两大类：一类是附着、定生生活的物种；另一类是营漂浮生活的物种。第一类只能生活在潮间带和浅海，包括单细胞藻类和多细胞体两类。目前普遍认为巨藻是海洋中体积最大的藻类。第二类海藻在海水中营漂浮生活，绝大多数个体都是非常微小的，它们的个体大小是以微米来计量的。这类海藻虽然能在海水中营漂浮生活，但也只能分布在水深200 m以内的水层中。由于海藻生存必须通过光合作用获得能量，所以在无光的黑暗环境中无法生活。其中第一类对食物链的贡献及在海洋生态系统中所发挥的作用等都远不如第二类海藻。后者虽然个体微小、生长周期短，但繁殖快、量大，是生活在辽阔的大洋水体内次级生产者（浮游动物或鱼、虾的幼体等）的直接饵料。

二、海藻在海洋中的重要性

虽然海藻是海洋植物的主要组成成分，但是海洋环境复杂，海洋的绝大多数区域没有阳光，所以它们生存在水深200 m以内的水层中。它们产生的能量启动了海洋生态系统，可以说是海洋生态系统的发动机。海藻的代谢和它们与生存环境的物质交换，对整个环境产生了极其重大的影响。

根据Martin等（1987）的估计，海洋总初级生产力可达51.0 Gt，而全世界海洋底栖植物的平均产量仅为海洋浮游植物的2%~5%。因此，海洋浮游植物被誉称为"海洋牧草"。海藻通过物质的转化和光合作用，产生大量的有机物，成为海洋食物链的最底端，进而保证了海洋生态系统正常、持续地运转。

海藻在全球CO_2循环过程中起调节和泵的作用，海藻光合作用吸收海水中的CO_2不仅直接影响海水中CO_2通量的变化，还能影响到全球的气候。如果海藻吸收CO_2的能力下降，海洋动物呼吸排出的大量CO_2就会使海水中CO_2的含量饱和而进入大气，大气中因CO_2量的增高而使大气温度升高，大气温度升高从而导致极地融冰，大海水平面升高，海拔不高的岛屿就有可能被淹没。一些海岛国家，如马尔代夫由1 190个小岛组成，仅高出海面2 m。图瓦卢是由9个环礁组成的国家，岛屿的最高点仅高出海面0.8 m。因此，在全球变暖的趋势下，海藻在全球CO_2循环过程中所起的调节和泵的作用尤其重要。

海藻光合作用不仅对全球CO_2循环具有重要作用，光合作用过程中所释放出的O_2对海洋动物、需氧细菌等的生存也是至关重要的。

海藻的生命活动也能改变海水的透明度和颜色。另外，海藻通过利用海水中的有机物，而使海水获得自净的能力。

浮游植物由于所生活的海域有机物含量过高，会生长过快从而导致赤潮现象的发生，将会海洋水产养殖业带来严重危害；反之，浮游植物生产力下降也会严重影响渔业资源。

三、海藻与人类的关系及其经济价值

辽阔的海洋为人类提供了大量的食物、药品、原材料等物质。

随着对海藻研究的深入，将会有更多的海藻物种被不断地开发利用。人类虽然在陆地上安居，但却是海洋食物链的最高环节。海藻的营养价值很高，很多大型海藻被人们直接食用，如坛紫菜、海带、裙带菜等。全世界可供食用的海藻有100多种，我国沿海可食用的海藻有50多种，而常见的、经济价值较高的只有20多种。目前被利用的只是少数，其资源潜力非常大。

海藻是海洋药物的重要来源。从公元前300年起，我国和日本就直接用海藻来治疗

甲状腺肿大和其他腺体病。罗马人用海藻来治疗外伤和皮疹。英国人用紫菜预防长期航海中易患的坏血病。海人草中具有海人草酸而被用做驱虫药物等。迄今研究表明，海藻中含有各种藻胶、蛋白质、氨基酸、褐藻酸钠、褐藻氨酸、糖类、藻类淀粉、甾醇类化合物、甘露醇、丙烯酸、脂肪酸、维生素等药用成分。不少海藻性味属咸、寒，有清热解毒、软坚散结、消肿利水以及化淤痰的功效。不少海藻提取物对病毒、伤风感冒、肿瘤、子宫癌、肺癌、支气管病、心血管病及放射性锶病等都有一定的抑制或防治作用。

藻胶是海藻的重要产物，如琼胶、卡拉胶、褐藻胶等用途很多，可用于食品工业、纺织工业、印染业、医药卫生业以及国防工业等。

海藻能从海水中富集大量的无机盐，如卤化物、碳酸盐、氧化钙、钾盐、镁盐等。带动了海藻化学工业的发展。

由于人类对海藻的大量利用，自然资源远不能满足需求，人工养殖海藻业应运而生，已成为重要的海洋经济产业。凭着我国科学家的才智及卓有成效的研究，不仅开发了可养殖的海藻物种，并创造了科学的人工养殖海藻的技术。从20世纪50年代我国首次开展人工养殖海带开始，70年代又增加了紫菜的人工养殖。迄今，养殖的海藻物种还有裙带菜、石花菜、麒麟菜、江蓠、羊栖菜等。单细胞海藻的养殖也为海洋动物虾、贝的人工养殖提供了饵料基础。海藻养殖业的兴起，带动了海藻化学工业，发展了海洋经济，提高了沿海百姓的经济收益。

海洋藻类不仅对整个海洋，乃至整个自然界具有重要意义，亦与人类的日常生活密切相关。研究、了解海洋藻类，开发利用海洋藻类资源，是当今世界人口不断增加、有效耕地不断减少的情况下的必然发展方向。

四、海藻的分类及营养价值

世界上藻类植物约有2 100属，27 000种。藻类对环境条件适应性强，不仅能生长在江河、溪流、湖泊和海洋，也能生长在短暂积水或潮湿的地方。藻类的分布范围极广，从热带到北极，从积雪的高山到温热的泉水，从潮湿的地面到不很深的土壤内，几乎都有藻类分布。经济海藻主要以大型海藻为主，利用的约100多种，列入养殖的只有5属，即海带、裙带菜、紫菜、江蓠和麒麟菜属。我国最早开发海带养殖技术，1988年产量216 400 t（干重），居世界各国之首。裙带菜在朝鲜和日本分布较广，在我国仅分布于浙江嵊州岛。世界上的三大紫菜养殖国家是日本、朝鲜和中国。江蓠是生产琼胶的主要原料，我国常见的有10余种，年产约4 000 t（干重）。麒麟菜属热带、亚热带海藻，在我国自然分布于海南省的东沙和西沙群岛及台湾省海区，近年还从菲律宾引入长心麒麟菜进行养殖。藻类除可直接食用外，藻胶是工业上的主要利用成分，单细胞藻类作为饲料蛋白质源也具有重要意义。

根据藻类不同特点，在分类学上将海藻分为10个门。与加工利用关系较大的有蓝藻门、绿藻门、红藻门和褐藻门。

1. 糖类

糖类是海藻中的主要成分，一般占其干重的40%~60%，其中，以多糖成分为主，还有一些低聚糖和单糖。海藻多糖因生理功能不同，其种类及单糖构成表现出较大的差异。多糖一般存在于细胞壁中，构成细胞壁骨架的多糖主要有海藻纤维素、木聚糖、甘露聚糖等，构成这些多糖的单糖有葡萄糖、木糖、甘露糖等；存在于细胞间质中参与代谢的多糖有琼胶、卡拉胶、杂多糖、褐藻胶等，其单糖构成主要为L-古罗糖醛酸、D-甘露糖醛酸、D-半乳糖、L-半乳糖及相关衍生物等；而存在于细胞质中的多糖主要为淀粉，是维持生命所必需的能量物质。

2. 脂质

海藻中能用非极性有机溶剂（如乙醚、氯仿、石油醚、正己烷）或混合溶剂萃取的化学成分，都属于脂类化合物。海藻脂类可分为两类：一类是可被NaOH皂化的组分，如游离脂肪酸及其脂类；另一类是不被NaOH皂化的组分，包括烃类、萜类、甾酸类和色素部分。海藻的脂质含量较少（<1%），而且因海藻的种类不同，脂质含量的差异较大，如海萝的脂质含量为0.04%~0.22%、真江篱0.02%~0.83%、石花菜0.04%~0.49%、海带0.64%~2.03%、浒苔0.85%~2.31%、马尾藻0.76%~9.59%，由高至低依次为褐藻、红藻、绿藻。海藻总脂的含量还受藻体的成熟程度、营养状况以及季节等因素的变化而变化。在海藻总脂中，丙酮可溶性脂质占40%~65%，酸价为11~57，碘价为108~191。

3. 含氮成分

海藻中的氮含量是衡量海藻蛋白质含量变化的重要指标，是研究海藻含氮化合物的重要依据。海藻含氮化合物一般占干物质重的5%~15%，分为蛋白氮和非蛋白氮两部分，其中蛋白氮占70%~90%，非蛋白氮为10%~30%，包括多肽、游离氨基酸、核酸及其他低分子含氮化合物，这些成分中含有很多生理活性物质，也是构成海藻特殊风味的重要成分之一。海藻中氮含量变化十分显著，依海藻种类、部位、生长季节、地点等因素的不同而有明显的差异。

4. 无机盐

海藻能富集海水中所有的无机元素，包括金属离子和非金属离子。其中含量较多的元素有Na、K、Ca、Mg、Sr、CL、I、S、P等（称为常量元素），而含量相对较少有Cu、Fe、Mn、Cr、Zn、Ni等（称为微量元素）。海藻中的无机盐，一部分以游离的盐类形式存在，大部分则与多糖等有机物的羧基和羟基结合，以酯键形式存在。

在不同的海藻中，绿藻和褐藻的灰分含量较高，占15%~20%，而红藻所含灰分相对较少，占10%~15%。其中钙、镁、钠、钾是海藻中含量较高的元素成分。就钙和钾含量而言，褐藻＞绿藻＞红藻；对镁和铁而言，绿藻＞褐藻＞红藻；对铁而言，绿藻＞红藻＞褐藻。

藻类中的无机成分会根据生长环境的不同、季节的不同、藻体部位的不同，而产生较大的变化，而且不同元素的变化规律也不一样。研究发现，海藻对许多无机元素具有较强的富集作用。

海藻中重金属的危害也不容忽视。它们可沿食物链被生物吸收、富集，最终造成人体中重金属的积累和慢性中毒。砷（As）是一种存在于海藻中的高浓度的有毒元素，近年来备受重视。不同种属的藻类富集砷的能力不同，砷含量不同，即使同一种藻类，在不同区域、不同季节的砷含量也不同。

5. 维生素

海藻中含有丰富的维生素，如脂溶性的维生素A、维生素D前体、维生素E、维生素K，水溶性的维生素B_1、维生素B_2、维生素B_3、维生素B_6、维生素H、烟酸以及维生素C等。但不同类型海藻富含的维生素不同，红藻以维生素C、维生素B_1、维生素B_2等最为丰富，其维生素C含量一般高于1 mg/g（干藻）。我国北方几类海藻中维生素C的含量，最高达到了420 mg/g，比橘子（0.11~0.29 mg/g）与草莓（0.30~0.41 mg/g）的含量都高许多，维生素B_2的含量甚至超过绿色蔬菜。蓝绿微藻维生素除含有丰富的维生素C、维生素B_1、维生素B_2等外，尚含有大量的维生素A原（β-胡萝卜素）。海藻中的维生素极易被破坏，应引起高度的注意。

大部分北欧产海藻只有α-生育酚，含量为7~92 μg/g。但褐藻墨角藻科的海藻中存在有α-生育酚、γ-生育酚、δ-生育酚3种，而且维生素E的总量也多，但其含量的季节性变化很明显。

6. 色素

海藻是一类具有不同色泽的自养植物，必须通过光合作用维持生命，因此，含有各种不同的色素。所有海藻都含有叶绿素a，它是生产光合作用的基本色素，其他色素如叶绿素b、叶绿素c、叶绿素d和类胡萝卜素、藻胆色素等均为辅助色素。它们能吸收光能，获得激发的能量并传递给叶绿素a。这些色素显示红、黄、绿、蓝等颜色，使得各种海藻的颜色具有特征性。由藻类生产的色素有荧光色素和非荧光色素两类，从溶解性能来看，则可分为脂溶性色素（如叶绿素、类胡萝卜素）和水溶性色素（如藻胆蛋白）。海藻中的色素含量一般占干藻重量的7%~8%。

7. 其他成分

甜菜碱类物质是海藻中的主要有机碱成分，它是氨基酸或亚氨基酸的衍生物，含有完全甲基化的五价氮，以开环或成环的结构形式存在。至今在海藻中发现的甜菜碱有20余种，甜菜碱类似物包括其他季铵化物和叔硫化合物两大类。甜菜碱类物质在海藻体内的确切作用还不太清楚，可能参与海藻的各种化学物质运输、充当大分子的组分、在抗水和抗盐逆境中起到一定的作用。但是甜菜碱类物质的结构具有氨基酸和乙酰胆碱两重特性，它对人的心肌有保护作用，有的甜菜碱如鸟氨酸甜菜碱、龙虾肌碱、葫芦巴碱具有降低血浆中胆固醇的作用。

海藻中的酚类化合物是海藻体内的化学防御物质，从结构上分为卤代酚类和不含卤素的聚间苯三酚。在大部分褐藻中都存在着聚间苯三酚，相对分子质量从几百到几十万，因它的基本结构单元是苯三酚，并且具有单宁样化学性质，如能沉淀蛋白质和生物碱，又被称为间苯三酚单宁。从一些红藻与褐藻中分离出的简单酚衍生物、带有脂肪酸的酚类及不含卤素的多酚化合物，都具有较强的抗菌活性。褐藻多酚高聚物能够切割质粒pBR322的环状DNA，抑制淀粉酶、脂酶活性，对血红细胞有凝集作用。海藻中含卤素的酚类化合物主要是溴代酚类化合物，主要以硫酸酯存在。多管藻中的多酚类化合物具有很好的抗氧化作用。

萜类化合物是由戊二烯单元头尾相连而成的，在海藻中与脂类共存，用有机溶剂提取时能被提出，但加碱不被皂化。由于生长在高浓度卤离子的海洋环境中，因此卤代萜类物质含量较高。红藻中的凹顶藻属萜类含量高，种类多，被誉为"萜类的加工厂"，已从其中分离出了400多种萜类化合物，其中溴代萜类化合物具有较强的抗菌、抗肿瘤等活性。海藻中不含卤的各类萜化合物在数量上比含卤萜类要少得多，其中二萜类化合物具有抗肿瘤、抗菌、抗炎症及引诱活性。西沙群岛的两种凹顶藻*Laurencia majuscuLe*和*Laurencia kaLae*中分离出了9种倍半萜，其中大多数都具有很强的生物活性，能够显著地抑制肿瘤细胞的生长。

第二节　传统藻类食品加工

一、海带的加工技术

海带（Kelp）是海带属（*Laminaria*）海藻的总称，属褐藻门褐子纲海带目海带科。海带属的种类很多，全世界约有50种，东亚约20种。我国海带的主产区包括大连、烟台、舟山及莆田等地。

海带藻体呈褐色而有光泽。由"根"（固着器）、柄、叶三部分组成，固着器有叉状分支，用以固着在海底岩石上。成长的藻体叶片带状，无分枝，表皮上面覆盖着胶质层。叶片边缘呈波褶状，薄而软。柄部粗短，圆柱状，生长后期逐渐变为扇圆形。海带是两年生的寒带性藻类，生长于水温较低的海中，过去多在我国北方海区养殖，1957年已成功地把海带养殖移到南方。

海带具有很高的食用价值和经济价值，常食海带能增加碘的摄入，增加钙的吸收，可防治地方性甲状腺肿，显著降低胆固醇。对高血压、动脉硬化及脂肪过多症有一定的预防和辅助治疗作用。

（一）淡干海带的加工技术

1. 工艺流程

采收 → 干燥 → 窑蒸 → 卷整 → 二次窑蒸 → 展平 → 整形 → 切断 → 包装

2. 工艺要点

（1）干燥。晴天利用太阳将海带晒至根部水分含量20%~25%，尖部水分含量在15%左右，即可入窑蒸室。

（2）罨蒸。罨蒸室内铺一层草席，将海带整齐堆放于其上，然后再盖上一层草席，适当通风，保持室内湿度80%左右，罨蒸2 d。进行罨蒸的目的在于调节干燥后期的水分平衡。

（3）卷整、展平、整形。将罨蒸变软的海带从根部卷好，再次罨蒸2 d（让海带内部水分逐渐扩散到表面，使每带根部、尖部的水分趋于一致），然后展平，用两层厚木板压住，并加重石，压2~3 d，将海带压平。

（4）切断、包装。根据压平后海带的长短、大小、色泽以及折皱等指标进行分级包装。新方法是将海带置于干燥室中，藻体间保持一定的间隙，以便与空气充分接触。流动空气温度控制在20~40℃范围内，从低温到高温，再到低温，呈交替变化。空气流通速度为25~40 m/s，相对湿度为45%~50%。新方法的优点是干燥后海带呈绿色，表面硬化，复水性强，干燥效率高。

（二）盐渍海带的加工技术

1. 工艺流程

原料选择与前处理 → 漂烫 → 冷却 → 沥水 → 拌盐 → 腌渍、卤水洗涤 → 脱水 → 冷藏 → 理菜、成型 → 包装

2. 工艺要点

（1）原料选择与前处理。通常选用3~5月份收割的幼嫩海带为原料，其特征如下：叶状体厚实、新鲜，色泽为褐色或褐绿色。收割后当天加工，剔除烂叶和枯黄叶，用清洁的海水洗去附着的泥沙和杂质。

（2）漂烫。漂烫不仅起到加热杀菌和抑制酶活性的作用，而且可使褐色的叶片变成翠绿色。温度一般控制在90℃以上，时间为30~90 s。漂烫时间过长叶片易软化、褪色和变质，短则色不均匀，水温太低又导致变色困难。

（3）冷却。漂烫后的海带要迅速用12℃以下的清洁海水进行冷却，并进一步用清水冲洗干净。

（4）沥水。冷却后的海带装入带孔的塑料箱或竹筐中进行沥水，时间大约在2 h。

（5）拌盐。控水后的海带要及时拌盐，用盐量为海带重的30%~40%，搅拌15~20 min。

（6）腌渍、卤水洗涤。把拌好盐的海带整齐摆放于缸或池内，上面用石头压紧，要将海带全部浸没在水中，然后加盖避光，腌渍36~48 h，用卤水洗去多余的盐及其他杂质。

（7）脱水和保藏。可采用离心法甩干，也可将海带装入塑料编织袋中加压48 h左右，使水分含量控制在60%左右。此时的产品为半成品，并放在-10℃的冷库中保藏。

（8）理菜、成型。将脱水海带的余盐、根茎、边梢及杂质等清除干净，剔除变色的叶片，然后根据客户的要求切割成条，再打结或切成丝、段或块。

（9）包装、冷藏。根据客户的要求称重，先装入塑料袋，封口，再装入纸箱包装，并送入-10℃的冷库中保藏。保藏期为一年。

（三）调味海带的加工技术

1. 工艺流程

原料选择 → 清洗 → 切丝 → 蒸煮 → 干燥 → 调味浸泡 → 包装

2. 工艺要点

（1）原料选择、清洗、切丝。选取质量优良的淡干海带为原料，用清水浸泡30 min后洗去其表面的泥沙、黏液及杂质，沥干水分切丝，要求长10~15 cm，宽2~3 cm。

（2）蒸煮、干燥。把处理好的海带丝置于蒸锅内蒸30 min，蒸汽压为196 kPa。蒸熟后取出干燥，至水分含量为18%左右，干燥方式可据实际情况选择。

（3）调味浸泡。根据市场需求，用酱油、砂糖、料酒以及各种香辛料配制成各种不同口味的调味液进行调味。将上述干燥的海带丝投入调味液中浸泡12 h，在调味过程中要经常翻动，使其调味均匀，海带丝吸收调味液而膨胀。

（4）包装。根据实际情况，采用合适的包装材料进行包装。

（四）海带精粉的加工技术

海带精粉主要用途是作为碘的补充剂添加到饼干、面包、香肠等食品或药品中。

1. 工艺流程

原料选择 → 水洗 → 浸泡 → 脱腥 → 烘干 → 切碎 → 干燥 → 粉碎 → 过筛 → 成品

2. 工艺要点

（1）原料处理。将优质原料海带除去杂质、根部和海带的黄白边梢及其他藻类。洗净后用含2 mg/kg有效氯浓度的洁净饮用水浸泡2~3 h。以除去盐分并使其软化。

（2）脱腥。将处理后的海带在2%柠檬酸溶液中浸3~5 min。除之固有腥味。用清水漂2次，除残留酸液，并将其沥干。

（3）烘干。将沥干后的海带置于烘干机内分段烘干，即40~45℃、1 h，55~65℃、45 min，55~65℃、45 min，65~75℃、45 min，75~85℃、1.5 h。同时，保持空气流速为3 m/s。海带最终水分小于14%。

（4）粉碎。用粉碎机粉碎后过筛。如果要制造含碘药片，颗粒度要求50%以上通过80目标准筛，以达到满意的口感为度。

（5）杀菌、包装。将海带粉铺成1~2 cm的薄层，置于紫外线灯下杀菌处理2 h，室内保持干燥，以免产品吸水返潮。内层采用聚乙烯塑料袋密封，外层采用复合铝箔袋包装。

（五）绿色海带结的加工技术

1. 工艺流程

生鲜海带 → 整理 → 热烫 → 切片 → 腌制 → 手工打结 → 成品

2. 工艺要点

（1）整理。将采集的新鲜海带进行处理，去除异物，洗净沥水。

（2）热烫。将一定量的0.01%氢氧化钠溶液在锅中煮沸。此时将处理过的海带放入沸腾溶液中漂烫5~10 s，立即取出用流动清水冲洗冷却，此时鲜海带由原来的褐黄色变成墨绿色或翠绿色。

（3）切片。将海带切成4 cm×6 cm的长方片。

（4）腌制。加入海带重量20%的盐，加盐时应铺一层绿海带片加一层盐。

（5）打结。腌制4~5 h后，人工打结。

（6）包装。将海带结装入包装袋中，可根据产品特点按一定重量包装。

二、紫菜加工的加工技术

紫菜（Laver）是紫菜属（*Porphyra*）藻类的总称，属红藻门紫菜目红毛菜科。紫菜属有70余种，广泛分布于世界各地，但多集中于温带。

紫菜含有丰富的营养成分，其中蛋白质、矿物元素含量高，脂肪含量低，是一种质优价廉、营养丰富、味道鲜美的海洋绿色食品。紫菜所含脂肪酸中二十碳五烯酸（EPA）含量高达18%，二十二碳六烯酸（DHA）为1%，蛋白质含量比海带高出7.8倍，消化率为70.8%，系海藻之首。紫菜甘寒无毒，有清热解毒、抗菌、抗肿瘤、利水软坚、补肾养心、化瘀、抗放射性损伤、治疗心血管系统疾病等作用。由于其多种保健功能，在日本，紫菜具有"长寿菜""神仙菜"的美誉。

在我国作为栽培的紫菜种有2个，南方为坛紫菜，北方为条斑紫菜。条斑紫菜产于江苏、山东、辽宁等省，坛紫菜主要产于福建、浙江和广东沿海。养殖紫菜的省份有福建、浙江和江苏。紫菜的质量与收割期有密切关系，在紫菜养殖期内可以采剪8~10次，第一次采剪的叫"头水紫菜"。紫菜可加工成紫菜饼和散紫菜两种，而紫菜饼又有圆形和方形之分。

（一）淡干紫菜饼的加工技术

1. 工艺流程

原料 → 初洗 → 切碎 → 洗净 → 调和 → 制饼 → 脱水 → 烘干 → 剥离 → 分级、包装

2. 工艺要点

（1）初洗。紫菜的初洗由洗菜机完成。将从海区采收回的紫菜放入洗菜机里进行清洗，除去紫菜上所附着的泥沙。清洗时宜采用天然海水，如果用自来水洗，则会导致紫菜中氨基酸、糖等营养成分的损失，并影响紫菜叶状体的光泽和易溶度。清洗的时间长短依紫菜的老嫩而定，早期采收的紫菜比较幼嫩，一般不必洗很长时间，只要10~15 min即可；中、后期收割的紫菜较老，并附有很多硅藻，清洗的时间要延长，一般需清洗30 min左右。这样既能保证紫菜的清洁度，还有利于藻体的软化，有利于提高加工制品的品质。

（2）切碎。紫菜的切碎由切碎机完成。将初洗后的紫菜输送入紫菜切碎机切碎。

（3）洗净。切碎的紫菜直接送入洗净机，用淡水洗净附着的盐分和泥沙等杂质，水温不能过高，应控制在8~10℃之间。

（4）调和。紫菜的调和由调和机和搅拌水槽共同完成。首先由调和机调节菜水配比，经调和机调和后送入搅拌水槽进行充分搅拌，使紫菜在混合液中分布均匀，以保证制饼质量。为满足加工工艺对制品厚薄的要求，一张紫菜（30~50 g）饼需1 L水，在这

一工序中水温一般控制在8~10℃。水质采用软水为宜，因含铁、钙成分较多的硬水很难制出优质的紫菜饼。

（5）制饼。由制饼机完成，先在塑料成型框中自动置入菜帘，进入成型位置时，框即闭合，并夹紧放在底架上的菜帘，向塑料筐内注入料液，每个塑料框就是一张紫菜，制饼机通常的生产能力为2 800~3 200张/小时。

（6）脱水。通常采用离心机脱水。

（7）烘干。采用热风干燥方式，烘干温度通常在40~50℃之间，持续时间为2.5 h左右。

（8）剥菜。烘干结束后，小心将干紫菜饼从菜帘上剥离下来，切忌撕破或损坏其形状，以免影响成品的质量。

（9）分级。由于紫菜质量优劣之间价格相差多达几倍以至数十倍，所以必须十分注意加工制品的挑选与分组。干紫菜的加工厂质量与商业价值主要由颜色、光泽、香味和易溶度等指标来决定。

（10）包装。将完成挑选分级的紫菜制品用塑料袋封口包装，即获得淡干紫菜成品。

（二）调味紫菜片的加工技术

1. 工艺流程

淡干紫菜 → 烘烤 → 调味 → 二次烘烤 → 挑选分级 → 切割与包装

2. 工艺要点

（1）烘烤。将经一次干燥加工的淡干紫菜放入烘干机的金属输送带上，于130~150℃烘烤7~10 s，取出后进入下一道调味工序。

（2）调味。按一定的比例将调味液配置好（参考配方：食盐4%、白糖4%、味精1%、鱼汁75%、虾头汁10%、海带汁4%），装入贮液箱，经喷嘴注入海绵滚筒。当干紫菜片由输送带经过滚筒时，滚筒也要相对运动并将吸附在海绵中的调味液均匀压入干紫菜片中，每片（重4 g）紫菜约吸收1 g调味液。

（3）二次烘烤。二次烘烤的目的是为了延长干紫菜的保藏期，并提高紫菜的品质。可由热风干燥机完成，干燥机的温度一般设定为4个阶段，每一阶段有若干级，逐级升温。实际生产时，4个阶段的温度控制在40~80℃，烘干时间为3~4 h。经二次烘干后，干紫菜水分含量可由一次烘干时的10%下降至3%~5%。

（4）挑选分级。

（5）切割与包装。将调味紫菜片切割成2 cm×6 cm的长方形，每小袋装4~6片，一张塑料袋一般可压12小袋。由于调味紫菜片的水分含量很低，因而极易从空气中吸收水分，所以二次烘干后应立即用塑料袋包装，加入干燥剂后封口，再将小包装放入铝膜牛皮纸袋内，封口。

（三）紫菜牛肉苹果卷的加工技术

1. 工艺流程

原料准备 → 成型、裹紫菜 → 高温蒸煮 → 上衣 → 冻结 → 袋装

2. 工艺要点

（1）原料准备。包括牛肉片和苹果条的准备。牛肉片的处理与调味操作如下：冻结牛腿肉经-3~-2℃半解冻后，切成3~5 cm厚的片，经调味料浸渍后于5℃冷藏备用。苹果条的处理操作如下：苹果切成条（6 mm×6 mm×80 mm），浸渍液浸渍30 min，沥干后与小麦粉、玉米淀粉、鸡蛋清一起混合。

（2）成型、裹紫菜。先将牛肉片摊平，然后将3根苹果条成"品"字形放置在肉片上，肉片呈螺旋形将苹果条卷紧，然后再外圈卷一层紫菜。每个紫菜卷的重量为36~37 g，肉与苹果条的重量比为1：1.2。

（3）高温蒸煮。控制蒸汽压为0.03 MPa，紫菜卷的中心温度在75℃上，时间约为7 min。

（4）上衣。涂衣料制备：小麦粉35.6 kg、玉米淀粉5.93 kg、水54.6L kg，用乳化机乳化10 min，测其流下的时间，要求为45 s±3 s。

上衣：一般用上浆机上衣，要求上衣量为3~4克/个，涂衣均匀。

（5）冻结、装袋。平板速冻机速冻，冻结温度为-35℃，冻结时间为30 min，冻品中心温度在-18℃下。将冻结后的产品装袋。这种产品属于速冻调理产品。

（四）紫菜酱的加工技术

1. 工艺流程

原料选择 → 清洗 → 蒸煮 → 打浆 → 调味 → 杀菌 → 成品

2. 工艺要点

（1）原料选择与清洗。选用鲜亮、无霉变且厚薄均匀的优质紫菜为原料。也可采用烤紫菜加工中的碎屑和边角料。无论选择何种原料，都应清洗后备用。

（2）高温蒸煮。将洗净的紫菜于100℃水中蒸煮9 min，目的是使紫菜的组织软化、口感润滑，口味均匀。

（3）打浆。用打浆机打浆，使紫菜进一步细化，筛孔的孔径控制在0.60 mm左右。

（4）调味。将紫菜浆于夹层锅内进行调味，调味料参考配方：味精2%、盐3%、糖5%、醋1%、变性淀粉1%、花生油6%、脱氢乙酸0.2%、灭菌水50%。

（5）杀菌。将调味紫菜酱装罐、排气，于105℃杀菌20 min，然后冷却至室温。

三、裙带菜加工的加工技术

裙带菜（*Undaria pinnatifida*）又称和布、翅藻，属褐藻门褐子纲海带目翅藻科裙带菜属。裙带菜是一年生的一种大型食用经济海藻，也是北太平洋西部特有的暖温带性海藻。分布于我国浙江舟山、嵊泗列岛。1932年后经人工移植，大连、青岛、烟台、荣成、威海、长岛等地已有自然分布。

裙带菜味道鲜美，营养丰富。我国裙带菜资源丰富，用其汁液制成的冷饮食品，香气柔和，口感清凉，并具有良好的保健功能。

（一）盐渍裙带菜的加工技术

1. 工艺流程

采菜 → 选菜 → 沸水浸烫 → 冷却 → 拌盐 → 选拣 → 脱水 → 包装 → 成品

2. 工艺要点

（1）在海水中采菜过程中，用海水洗净泥沙，去除黄叶，剪去根茎部分，剔除老叶及附带的杂质及污物。

（2）将选好的裙带菜立即放入沸水中浸烫，水与菜比例大于5∶1，浸烫时使水保持沸腾。菜投入后迅速搅拌，使其受热均匀。嫩叶浸烫约40 s，茎约为2 min。

（3）裙带菜在沸水浸烫后，立即放入海水中冷却，起到固色作用。

（4）冷却固色后，加入菜重量一半的盐并搅拌均匀。然后放入容器中腌制，顶部压紧，浸渍36 h后，取出脱水，放入阴凉处，备用。

（5）腌好的菜呈黑绿色，菜身松爽发颤，原藻水分已经沥净，挑出枯黄叶菜和带有泥沙的菜。

（6）将裙带菜从茎中心平分劈开，下部连接，中茎直径超过1.5 cm的要剔除中茎。中茎单独包装，可作菜筋出口。

（7）将选出来的菜脱水后包装。成品置于10℃以下冷库贮藏。

（二）脱水裙带菜粒的加工技术

1. 工艺流程

盐渍裙带菜 → 漂烫 → 去杂质 → 脱盐 → 离心脱水 → 一次干燥 → 整形切割 → 二次干燥 → 选拣 → 成品

2. 工艺要点

（1）漂烫。盐渍裙带菜用沸水进行漂烫，除去杂质。

（2）脱盐、脱水。裙带菜一般以盐渍方式贮藏，所以要放在淡水中脱盐1 h，由于脱盐中会发生吸水现象，水量大大提高，因此先用离心机脱去部分表面水分。

（3）一次干燥。将脱去外表水分的裙带菜经一次热风干燥，使水分含量为50%左右，便于整形。

（4）整形切割。将裙带菜整形后切割成小块，便于干燥。

（5）二次干燥。再经一次热风干燥，使裙带菜制品干燥后的水分≤10%，含盐量≤11%，粗蛋白的含量为25.6%。藻体坚实，不易破碎。

（6）选拣。除去破碎和不合格的颗粒。

（三）调味裙带菜的加工技术

1. 工艺流程

盐渍裙带菜 → 漂烫 → 洗净 → 沥干 → 干燥 → 调味 → 二次干燥→ 冷却 → 成品

2. 工艺要点

（1）漂烫。经沸水漂烫盐渍后的裙带菜，用淡水或海水去盐、沙粒和其他杂质。

（2）脱盐。将裙带菜浸泡在淡水中45~50 min，期间换水2~3次，充分脱盐。

（3）干燥。将脱盐后的裙带菜沥干。为防止干燥过程中裙带菜收缩变硬，可在沥干后直接加入一种或多种单糖、低聚糖，加入量为裙带菜初始质量的2%~20%。加糖后应搅拌均匀，静置5 min以上。然后将裙带菜置于50~70℃环境下缓慢干燥，使其水分降至15%以下。

（4）调味。用酱油、香料及砂糖等配制成调味液，以喷雾或浸渍法，使干燥的裙带菜表面的调味液分布均匀。

（5）二次干燥。再进一步加热干燥，温度控制在70~90℃。最后产品应为色泽美观、质地柔软、适口的调味食品。

第三节　新型藻类食品加工

一、绿藻类食品的加工技术

全世界有记载的绿藻品种近6 000种，其中生长在海洋中的大型多细胞绿藻有100多种。根据我国医籍《本草纲目拾遗》记载，石莼"味甘、平、无毒"，"下水、利小便"。《随恩居饮食谱》记载，浒苔"清胆，消瘰疬瘿瘤，泄胀、化痰，治水土不服"。石莼与浒苔是我国近海潮间带中常见的两种食用绿藻。

分析表明，绿藻含藻胶、蛋白质、氨基酸、淀粉、糖类、丙烯酸、脂肪酸、维生素和多种无机盐，微量元素丰富，有的还含果胶。

绿藻不仅营养丰富，还具有降低胆固醇和抗菌等医用价值。

由于绿藻具有腥味且口感较粗糙，故不适于直接食用。经加工可以改善口感，比如制备绿藻晶饮料及以海藻多糖为主要成分的悬浊型乳白色海藻多糖饮料。因为原料污染少，有的呈绿色，所以统称为绿色海藻饮料。

（一）绿藻晶的加工技术

1. 工艺流程

原料海藻 → 浸泡复水 → 清洗 → 沥干 → 烫漂 → 冷却 → 沥干 → 捣碎 → 浸提 → 过滤 → 滤液浓缩 → 混合 → 低温真空干燥 → 过筛 → 检验 → 包装

2. 工艺要点

（1）配料。蔗糖400 g、转化糖浆40 g、糊精20 g、绿藻提取液（浓度52%）、柠檬酸14 g、明胶和香精少量。

（2）绿藻除腥、护色。把绿藻投入煮沸的1%碳酸钠溶液中1 min，捞起来迅速冷却，所得藻体色泽翠绿，且在后续制造工艺过程中不易褪色。

（3）绿藻有效成分的提取与浓缩。把处理过的绿藻冲洗干净后，放入捣碎机中捣碎，然后把绿藻泥放入清水中浸泡，经过一段时间后分离滤液，然后脱水浓缩至原来含水量的一半。

（4）转化糖浆制取。将盐、糖、柠檬酸、水按一定比例一起放入锅中可根据产品要求，自行设计原料比例，加热溶化，搅拌，温度达到115~116℃，改用文火，保持温度为94~96℃之间，勿使其沸腾，保持时间50~60 min。

（5）混合。按照配方准备好配料，然后按照顺序依次投料。蔗糖和糊精都要先粉碎然后过筛（通常过80~100目的筛），然后依次投料。用水量为原料总重量的5%~7%。

（6）干燥。低温真空干燥，真空度为0.05360~0.060 MPa，温度为60~65℃。

3. 产品特点

本产品系固体饮料，呈淡绿色粉末，用水冲溶后呈浅绿色半透明液体，酸甜适口，并带有海藻的清香。

（二）天然海洋绿藻饮料的加工技术

以绿藻为原料制取的天然绿色饮料，具有很好的营养保健作用。

1. 工艺流程

原料处理 → 破碎、酒精浸提 → 水提取、过滤 → 勾兑 → 脱气 → 装瓶 → 杀菌 → 成品

2. 工艺要点

（1）原料处理。由海水中采集的新鲜绿藻，用淡水冲净藻体表面的海水，在-30℃的低温下迅速冷冻过夜。在沸腾的碳酸钠溶液中热烫3~5 s，取出后迅速置于自来水中冲洗后冷却。

（2）破碎、酒精浸提。冷却后的藻体挤去水分，破碎后于95%乙醇中浸泡并微加热以提取其叶绿素，至藻体变白后，用滤布过滤，得透明深绿色液体，于0.08 MPa真空度下真空浓缩至约为原体积的1/8。

（3）水提取、过滤。将变白的藻体浸于50~55℃的水溶液中，并加入0.01%的磷酸，保持3 h，此时藻体将变软烂，于组织捣碎机中打碎后，挤出其汁过滤，过滤后的透明滤汁备用。

（4）勾兑。将水提取液和绿色酒精提取液，按一定比例加入40~45℃热水中，进行勾兑。其中，水提取液比例为总量的4~5%，绿色酒精提取液加量为总量的0.8%~1.0%。根据客户要求，可加入糖、柠檬酸等辅料。

（5）脱气、装瓶。勾兑的饮料液于80~90℃下真空吸入脱气设备中进行脱气3~5 min之后，趁热装罐，封口。

（6）杀菌。于115℃下杀菌12 min后，反压冷却至30~40℃即可。

（三）绿藻汤料的加工技术

1. 工艺流程

原料复水清洗→沥干→烫漂→速冷→沥干→软化→浸洗→沥干→离心脱水→切藻→
低温半干燥→浸渍→沥干→干燥灭菌→计量包装

　　　　　　　↑

调味液（提前配制）

2. 工艺要点

（1）原料预处理。新鲜原料采捞后，用淡水洗去盐分、泥沙，挑出杂藻，结团的撕开，捏去水分后置阴凉处风干10 h左右，再置阳光下晒干。这样，能较好地保持绿色，露天过夜应避免露水掺入，否则会使原料变白。

（2）调味料预处理。花椒在约120℃下烘至表面浅褐酥脆，研碎。生姜洗净，去皮，切块，捣碎成浆，制成姜汁备用。

（3）调味液的配制。新鲜鸡肉捣成浆，加精盐、白砂糖、生抽、熟花生油、花椒粉、生姜汁，共煮沸后冷却，加料酒、味精，低温保存备用。

（4）烫漂。把藻体投进煮沸的稀碱液中片刻（1%盐酸），捞起速冷。

（5）软化。将烫漂后的绿藻置稀酸液中浸渍3~4 h，洗净。

（6）干燥灭菌。先低温烘干（40~45℃），再在较高温度下灭菌（121℃，20 min）。成品水分含量控制在5.0%~7.0%。

二、褐藻类食品的加工技术

（一）海带花生腐的加工技术

1. 工艺流程

花生 → 浸泡 → 磨浆 → 过滤 → 花生浆料

鲜海带 → 洗净 → 打浆 → 脱腥、发酵 → 高温灭活浆液 → 混合 → 匀质 → 煮浆 → 冲浆 → 分装定型 → 成品

2. 工艺要点

（1）原料处理。鲜海带洗净，先切碎，再用打浆机打浆，加水量为原料的1倍。花生不去红衣，这样可保留其特有的保健作用。加入花生重量2.5倍的清水进行浸泡，浸泡时间随气温高低而有所变化，春季浸泡10~12 h，夏季6~8 h，冬季14~16 h，浸泡到花生增重至2.2~2.5倍时为止。冲洗干净，沥干。

（2）海带脱腥。由于海带腥味较重，所以在加工前必须除去腥味。采用酵母发酵法脱腥效果最佳，且处理过程简单，不带入其他杂质。

酵母发酵条件如下：酵母量为海带量的0.2%，pH中性，温度30~40℃，发酵30 min后升温到80~100℃，煮30 min灭活。

（3）花生磨浆。经过胶体胶磨2次。胶磨时注意调节细度，每次加水量为花生重量的2倍。胶磨后分别进行粗滤和精滤，2次胶磨后的花生浆料合并。

（4）混合、匀质。海带浆与花生浆的比例为1：2，混合后匀质处理。

（5）煮浆。混合浆料倒入锅后，开始火要旺，迅速煮沸，沸后要慢火再煮5~10 min。

（6）冲浆。海带花生腐的凝固剂选择D-葡萄糖酸-δ-内酯。与盐卤或石膏相比，海带花生腐出率高，质地嫩滑，富有弹性，易于成型，无蛋白质流失，保鲜期长。D-葡萄糖酸-δ-内酯的最佳投入量为每千克浆料10~10.2 g。

用适量温水溶解称好的D-葡萄糖酸-δ-内酯，然后将其放入待冲浆的容器中。将凉到90℃左右的熟浆，迅速均匀地沿容器内壁冲下去，然后加盖，静放10 min后即成色泽淡绿、质地嫩滑、略带花生香味的海带花生腐。

（二）海带豆的加工技术

1. 工艺流程

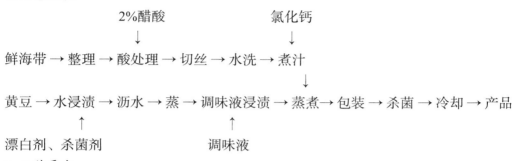

2. 工艺要点

（1）海带处理。选择优质的淡干海带为原料，原料用量：海带为10%，大豆为90%。用醋酸水溶液处理后切丝、水洗。

将海带冲洗干净，然后加水煮沸20 min左右。为防止海带过分软化，在煮水内加入0.5%的氯化钙，然后弃去煮汁，取出海带丝备用。

（2）黄豆处理。先去除染病、受虫蛀的残次豆粒，再用清水洗净，然后水浸10~12 h（在浸泡水中加入杀菌剂和漂白剂）。

漂白、杀菌剂配方（每30 kg豆）：将60 kg次硫酸钠和6 L次氯酸钠溶液投入到100 kg水中，浸泡后，沥去黄豆所含水分，并用清水漂洗1次，放在110℃的蒸柜内蒸18 min、再用调味料液浸8 h。

调味料液配方（每30 kg豆）：白糖25 kg、山梨酸钾30 g、食盐800 g、山梨酸液（70%）11.7 kg、琼脂6 g、水11.4 kg。将黄豆、调味料液、海带放入锅中加热60 min，在糖度达55波美度时出锅。趁热定量排气包装，其中汤汁为15%~20%。可用塑料复合蒸煮袋进行密封包装，然后在100℃热水中杀菌60 min，杀菌终了的水温不得低于90℃。冷却后包装。

3. 海带豆质量标准

质量标准：水分≤45%，水分活性≤0.86，盐分≤1.5%，糖度≥55波美度，pH≥6。

卫生标准：细菌总数≤5 000个/克，大肠杆菌群≤20 MPN/100克，肠道致病菌不得检出。

（三）海带松的加工技术

1. 工艺流程

原料 → 洗净 → 切丝 → 油炸 → 沥油 → 蒸煮 → 成品

2. 工艺要点

（1）预处理。将海带干用温水浸泡复水，用清水冲洗掉泥沙及杂质。

（2）切丝。将洗净的海带切成40 mm左右的长丝。

（3）油炸。油炸约1 min后，捞起沥油，备用。

（4）蒸煮。在夹层锅内加入1.5 kg熟油，再加入精盐、酱油、白糖、醋、凉开水少许，用蒸汽煮沸，再把炸过的海带丝入锅蒸煮10 min，然后加入味精、防腐剂，煮好冷却，即得成品。

配料：海带25 kg，精盐50 g，酱油1 kg，白砂糖2.5 kg，白醋、味精各100 g，生抽4 kg。

（四）海带全浆食品的加工

海带全浆加工工艺流程：

干海带（或鲜海带）→ 浸泡 → 清洗 → 浸泡并加适量醋酸 → 切碎→ 沥干 → 捣碎 → 高压蒸煮（120℃、20 min）→ 浆体（备用）

1. 海带香酥条

A. 工艺流程

海带浆、面粉、辅料 → 搅拌均匀 → 压延 → 切片 → 摊片 → 烘烤 → 油炸 → 沥油 → 冷却 → 称重包装 → 封口 → 成品

B. 工艺要点

（1）海带浆呈淡绿色至深褐色之间，气味芳香，口感顺滑。将盐、味精、碳酸氢铵、蔗糖等，以适量的水溶解并和入面团中，面团的总含水量为30%~40%。

（2）用切片机切成所需规格的形状。

（3）烘烤温度为180℃左右，时间为10~15 min，见其切口收拢即可停止烘烤。

（4）油炸时油温宜在180℃左右。

C. 产品特点

呈棕色条状，气味芳香，口感酥脆。

2. 海带营养辣酱

A. 工艺流程

海带浆、辅料、熟油 → 蒸煮锅拌匀 → 蒸煮 → 加熟芝麻 → 装罐封口 → 杀菌 → 冷却 → 成品

B. 配方

根据实际情况，可自行设计配方。经典配方中包括以下配料：海带浆、面粉、辣椒酱、生姜、白糖、芝麻、蜂蜜等。

C. 工艺要点

用清水将面粉打浆调匀；蒸煮15~30 min，注意操作时不宜过度；芝麻用热锅炒热后研磨混匀。加入适量蜂蜜，风味更佳。

D. 产品特点

色泽褐红，气味芳香，鲜辣香甜。

3. 海带膨化食品

A. 工艺流程

淀粉打浆 → 糊化 → 调和（调味料、面粉、辅料等）→ 成型 → 蒸煮 → 老化 → 切

片 → 干燥 → 膨化

B. 配方

淀粉、面粉、海带浆、调味料、白糖、食盐、味精、磷酸氢二钠、乳酸锌。

C. 工艺要点

先取淀粉加入1倍左右的热水，于70℃左右糊化至透明。然后按配方将剩余的原料加入其中，制成面团，将面团制成一定形状的面棒后，进行蒸煮至透明状且富弹性，时间一般控制在40~60 min。面团蒸熟后在2~4℃温度下存放1~2 d进行老化，使其中糊化的α–淀粉转变成β–淀粉，整体富有弹性。按产品要求切片，采用缓和热风干燥，一般6~7 h，目的是除去多余水分，以形成半透明状、断面有光泽的薄片，水分含量5%~6%。

D. 产品特点

呈淡绿色，具有海带清香，口感酥脆。

4. 颗粒状海带食品

利用喷雾干燥或冷冻干燥的方式把海带浸出液制成粉末，再添加乳糖，均匀搅拌，即得到颗粒状海带食品。

A. 加工工艺

将干净无杂质的优质海带用乙醇溶液浸泡20~25 min，然后放入3~5℃的水中浸泡20~30 h，再利用冷冻干燥或喷雾干燥的方法将浸出液制成粉末状，在此粉末中加入1~3倍的乳糖，做成直径为0.1~1 mm的颗粒状食品。

B. 加工实例

把刚从海上采来的裙带菜芽株，通过天然干燥除去大部分的水分（最终含水约20%），在95%酒精中浸30 min，取出后以1∶50的比例放入40℃恒温水中浸泡一昼夜，得到黏稠的浸出液。冷冻干燥后加入等重量的乳糖，制成平均直径为0.5 mm的粒状物。

C. 产品成分分析（每克产品的含量）

碘0.046 mg，叶绿素2.622 mg，维生素$B_1$0.003 6 mg，维生素$B_2$20.001 67 mg，维生素$B_6$0.553 mg。

（五）新型海带茶的加工技术

传统的海带茶，是在海带粉末中加入调味料、砂糖、食盐等混合而成。这种海带茶的缺点是海带香味不能迅速溢出，致使气味不够清香，盐味过重。另外，还有在粉末状海带茶中添加海带丝的，但是在泡制过程中海带丝不能上浮，且口感较硬。

日本发明一种新的工艺，克服了传统粉末状海带茶的缺点，冲泡时，海带丝能浮在水中，并且香味突出。

加工工艺：将干海带切成0.5 mm以下的海带丝，放入1~40℃的水中浸渍4~8 h。当吸水至原重量的7倍以上时，置于水温为70℃的水中1 h。然后沥干表面水分，通过冷冻干燥的方式得到干海带丝，其含水量控制在4%以内。此工艺中关键的地方在于海带丝的宽度。如果宽度大于0.5 mm时，干燥会使海带丝收缩而导致复水时不能复原，不能吸收充足的水分就会使浮力减小而下降。另外，在1~70℃之内，海带丝能保持海带特有的香气，充分吸水膨润。

将这种海带茶放入杯中，注入热水后，海带丝便浮于上面或悬浮于水中，同时产生海带特有香气。此外，海带丝易变软，很易饮用。

（六）海荷茶的加工技术

海荷茶是以海带和莲心为主要原料，以杭白菊为辅料，制成的新型功能性饮料。

1. 工艺流程

海带 → 挑选 → 泡发 → 洗净 → 打浆 → 加热水解 → 浸提 → 过滤 → 中和 → 过滤 → 海带汁（备用）

莲心、菊花 → 混配 → 粉碎 → 热水浸提 → 压滤 → 澄清 → 过滤 → 提取液（备用）

辅料 → 溶解 → 过滤 → 配料 → 装瓶 → 压盖 → 灭菌 → 成品 → 检验 → 贴标 → 入库

       ↑

  海带汁和莲心、菊花提取液

2. 工艺要点

（1）海带汁的制备。海带挑选、泡发、洗净，去除根部粗茎，再打浆备用。然后配置0.3%的磷酸溶液，备用。海带浆中加入8倍体积的磷酸溶液，煮沸2 h，过滤，用饱和碳酸钠溶液中和，再过滤，得澄清的无色至淡黄色海带汁。

（2）莲心、菊花提取液的制备。将干莲心和干菊花按1∶1的比例混合，捣碎，加入2%的柠檬酸、1.5%的D-葡萄糖酸-δ-内酯，再加入8倍的水煮沸10 min，重复操作两遍，过滤、合并滤液。滤液中加入200 mg/kg的壳聚糖（CTS）无毒絮凝剂、150 mg/kg的聚合氯化铝（PACS）增效絮凝剂，静置30 min后过滤，得淡黄色澄清提取液。

（3）调配、杀菌。按比例将海带汁和莲心、菊花提取液混合，再依次加入其他辅料及菊花香精，加水至定量，混匀，装瓶，压盖，然后进行高温灭菌（115℃、20 min）。冷却后装瓶，即得成品。

3. 配方

干海带1 kg、磷酸钠适量、莲心0.8 kg、D-葡萄糖酸-δ-内酯15g、菊花0.5kg、甜味剂适量、木糖醇16 kg、乙基麦芽酚15 mg/kg、苹果酸80 g、磷酸24 g。以上为1 000瓶饮料的配方，每瓶容量为250 mL。

4. 感官评定及卫生指标

本品颜色呈浅黄色，澄清透明，兼具柔和的菊花香味和淡淡的茶花香味，甜、酸中略带些清爽的苦、涩味，有滑口感。pH为4.5~5.0，糖度大于6.4%。成品符合卫生标准，菌落总数少于10个/毫升，大肠杆菌数少于3个/毫升，致病菌不得检出。

（七）海带活性碘饮料的加工技术

碘是人体必需的重要微量元素，缺碘将导致多种疾病。当前，普遍的补碘措施是食用加碘食盐。碘盐中的无机碘不稳定、易挥发，90%的碘在储运和烹调中升华损耗。海带中含碘量高达2 400~7 200 mg/kg，其中80%为可直接吸收利用的有机活性碘。近年来，国外许多研究者致力于以海带为代表的海藻生物碘的研究和利用，制取海带饮料。

1. 工艺流程

辅料浸提汁的制备
↓
原料处理 → 高温处理 → 浸提 → 粗滤 → 再次过滤 → 勾兑 → 脱气、灌装 → 杀菌

2. 工艺要点

（1）原料处理。挑选干燥、无霉变、藻体厚实、深棕红色的海带，以清水洗净表面泥沙等杂质，并切成5~10 cm段。

（2）高温处理。把原料放入高压蒸汽灭菌锅中，121℃高温处理30 min。起到软化组织和灭菌的作用。

（3）浸提。将原料投入其质量15~20倍的净化自来水中，于50~60℃下浸提10~15 h，每间隔1~2 h搅动一次。

（4）粗滤。捞出海带段，加入为其湿重2~3倍的净化自来水，捣碎、匀质后，加入糖、酸、香料等制成水果风味的海带果酱。

（5）再次过滤。目的是得到更加澄清的海带汁。

（6）辅料浸提汁制备。在2 kg水中加入八角60 g、桂皮60 g、甘草200 g，加热浸提10 min，过滤后冷却得到辅料浸提汁。

（7）勾兑。勾兑经典配方如下：澄清海带汁170 kg、辅料浸提汁1.7 kg、白砂糖13.6 kg、酒石酸362 g、食盐537 g、麦芽酚51 g、奶油香精49 mL。按配方混合均匀后，再经过滤得澄清透明、色如琥珀、酸甜适口、风味独特宜人的海带饮料。

（8）脱气、灌装。将过滤后的饮料泵入真空脱气罐中于65℃、负压0.065~0.7 MPa下真空脱气10 min，灌装封口。

（9）杀菌。在110℃下杀菌20 min。

（八）褐藻面条的加工技术

面条是许多人喜食的日常面制品，需求量非常大。在面条中加入裙带菜等褐藻，不仅能补充碘等营养元素，而且口感鲜美，易于接受，是缺碘地区人们补充碘的很好途径。

1. 加工工艺

将裙带菜在-18~-4℃下冻结，然后在高真空中使其冰晶升华干燥，这样处理具有3个优点：① 可避免维生素等营养成分由于受热而造成的损失；② 在干燥后也可保持其原有的风味与色泽；③ 干燥而复水快，且可恢复至原状。面条煮熟后，口感顺滑，味道鲜美，带有海藻的清香味。

2. 加工实例（添加冻干裙带菜粉的面条）

原料配方：小麦粉24.5 kg、裙带菜粉0.5 kg、食盐0.5 kg、自来水8.25 kg。

小麦粉加入冻干的裙带菜粉（微粉化至0.25 mm）拌匀。将食盐用自来水溶解。在混合搅拌机中边搅拌边倒入少量盐水，搅拌12 min制成面坯，最后用制面机制成厚1.1 mm、宽1.5 mm的面条。

（九）褐藻糕点的加工技术

1. 海藻的软化、脱臭处理

按照特定的配方，把海带、裙带菜等海藻和柠檬酸、酒石酸等有机酸混合。如果海藻以干料计算，有机酸以有效成分计算，通常有机酸的用量为干海藻的10%（质量分数）左右。混合后，海藻气味还不能立即消失，需加热处理，冷却后可使海藻软化脱臭。

2. 糕点制作

糕点中加入脱臭海藻后，按照普通糕点的制作方法即可。海藻的加入量随糕点品种而异，一般用量为20%~40%。

（十）海带软糖的加工技术

海带软糖是以褐藻胶作为主要凝胶剂的软糖，该糖具有糖体色泽均匀一致，口感柔软滑爽、不粘牙等特点，是老少皆宜的营养食品。

1. 工艺流程

海带 → 浸洗除杂 → 切丝 → 软化、脱臭 → 形成胶体 → 研磨 → 混合搅拌 → 煮糖胶 → 倒模 → 切块 → 包装 → 成品

2. 工艺要点

（1）原料。选用优质、鲜嫩海带10 kg，用清水浸泡约24 h，漂洗除去杂质和盐分。

（2）软化、脱臭。将海带切成丝后浸入2%醋酸水溶液中，浸泡3~4 h，使藻体软化并除去海带固有腥味。

（3）形成胶体。将海带丝放入0.1%磷酸盐溶液中预煮30 min，使海带充分软化后，放入适当浓度的碳酸氢钠溶液，使海带中的褐藻酸钙转变成褐藻酸钠。

（4）研磨。将黏状海带（连同溶液和海带）倒入胶体磨中，加入10%琼脂溶液10 kg，一并研磨至100目以下。

（5）煮糖胶。把糖、柠檬酸、奶粉等原料加到海带混合液，搅拌均匀。然后加水至200 kg左右，加热溶胶，并不断搅拌，以熬至108℃为宜。

（6）倒模、切块、包装。将剩余调味料如香精、色素等加入熬好的糖浆中，搅拌均匀，浇入模盘中，控制糖浆厚度1 cm左右，静置冷却。然后切块，再用糯米纸包好，外用玻璃纸包装即为成品。

3. 生产配方

海带10 kg、琼脂1 kg、脱脂奶粉2.5 kg、白砂糖200 kg、柠檬酸2.3 kg、抗坏血酸0.2 kg、香兰素0.18 kg、炼乳香精0.025 kg、单甘脂0.5 kg。

三、螺旋藻食品的加工技术

（一）螺旋藻的营养价值

螺旋藻是有35亿年生命史的稀有藻类生物，也是一种天然食品，其氨基酸组成模式十分平衡合理，而且富含人体自身不能合成的8种必需氨基酸，其营养价值是其他植物蛋白不可比拟的。

螺旋藻系浮游性原始微细小藻，属于蓝藻。其藻体一般长0.3~0.5 mm，宽6~8 μm，呈蓝色螺旋状卷曲，故得此名。研究表明：螺旋藻产品含有优质蛋白55%~70%、脂肪6%~9%、碳水化合物15%~20%、纤维素10%。此外还含有丰富的矿物质，每100 g螺旋藻干品中含铁50~100 mg、钾1 500~2 000 mg、镁200~300 mg，还含有维生素B_6和植物中罕见的维生素B_{12}、γ-亚麻酸。

螺旋藻的细胞膜结构非常薄弱，适合于人体的消化和吸收。实验证实，螺旋藻的人体消化吸收率高达94.7%，几乎没有妨碍消化吸收的不利因素。

由上面分析可见，螺旋藻的化学组成具有以下特点：

（1）蛋白质含量丰富，含有18种氨基酸和人体全部必需氨基酸，其组成达到FAO/WHO确立的理论标准。

（2）不饱和脂肪酸含量较多，其中亚麻酸和亚油酸含量最为丰富。

（3）矿物质成分中有多种常量元素（丰富的Fe、K、Mg等）和微量元素。

（4）维生素种类多（10余种），且含量高。

（5）含有植物中少见的维生素B_{12}。

（二）螺旋藻的保健价值

大量研究证明：螺旋藻含有丰富的γ-亚麻酸、β-胡萝卜素、螺旋藻多糖等，是一种较有开发应用价值的天然抗癌食品。

1. 抗癌、防癌

实验表明，螺旋藻含有多种生理活性物质，具有抑癌、抗癌功能。

螺旋藻中含有丰富的硒（Se）。实验证明Se对多种化学致癌物质诱发的癌症具有明显的抑制作用。螺旋藻中含有一种多糖（SP-1），能够增强小鼠骨髓的细胞增殖活力，促进DNA修复以及提高机体免疫力。SP-1不能损伤癌细胞DNA的复制模板，即不能直接杀伤癌细胞，但可以通过非特异性地提高机体免疫力的介导作用，间接地抑制癌细胞。藻蓝蛋白是螺旋藻中含量最高的色素。日本研究人员将其饲喂已接种肝癌细胞的小鼠，结果表明实验组的存活率明显高于对照组。螺旋藻中β-胡萝卜素的含量非常高，约为胡萝卜的10倍。β-胡萝卜素已被普遍认为是天然的抗癌剂。螺旋藻中含丰富的维生素E，具有较强的还原性，可有效地去除人体内的氧自由基。螺旋藻中含有的多不饱和脂肪酸（PUFA）为癌症的抑制剂，临床应用有效率达85%。从螺旋藻中分离出一种具有抑制癌症和杀伤癌细胞的活性物质（SPP），其对癌细胞Bca-37和HeLa细胞具有明显的抑杀效果，而对人体正常细胞几乎没有影响，是所谓"抗癌单刃剑"制剂的原料。螺旋藻无疑在探索理想的防癌、治癌药物方面有重要价值。

2. 提高机体免疫力

螺旋藻极易为人体消化吸收，消化吸收率在90%以上。若每日摄入适量的螺旋藻，能够平衡营养，增强体质。螺旋藻中的藻蓝蛋白、β-胡萝卜素、多糖等组分，具有直接调节和激活免疫反应的生理活性。

3. 防治心脑血管疾病

螺旋藻中含有丰富的亚油酸和γ-亚麻酸，具有多种生理调节活性，可作为前列腺素（PG）的前体，其衍生物具有使血管平滑肌舒张、降低血压的作用。含有的EPA与DHA本身具有减少血糖生成的作用。含有的K、Mg、Cu、Se等对防治心血管疾病也大有裨益，K可以促进Na的排出，Mg可以防止Ca在血管壁上的沉积，Cu可以防治冠心病和心肌梗塞。螺旋藻中的维生素E是一种天然的抗氧剂，可以减少低密度胆固醇的氧化，使其较少转化为胆固醇。

4. 抗老防衰

螺旋藻中的微量元素、维生素等成分，有助于改善老年人的营养失衡情况。Zn、Cu、Mn作为SOD的组分，Se作为GSHPX（谷胱甘肽过氧化物酶）的组分，二者构成了将体内LPO（脂质氧化物）转变为无害物质的酶系统。维生素E、维生素C及Se均具有明显的抑制LPO生成的作用。

此外，螺旋藻对糖尿病、贫血、肠胃溃疡及阿尔茨海默病具有明显的治疗作用。

（三）螺旋藻食品的加工工艺

螺旋藻通常被用作食品添加剂。在国外，已将螺旋藻干品掺入其他食物原料而制成巧克力、高蛋白奶酪、营养面包、精品蛋糕、馅心糖果和加餐汤料，颇受青睐。

1. 螺旋藻冰激凌

（1）配方。螺旋藻干粉 0.1%~0.5%、人造奶油0~6%、鸡蛋2%~3%、白砂糖12%~14%、含脂蛋奶粉10%~15%、稳定剂适量。

（2）加工方法。将螺旋藻于温水中浸泡数小时后，加入多种物料，按普通冰激凌的制法制造即可。

2. 螺旋藻煎饼

将少量螺旋藻细粉与面粉、鸡蛋、葱等混合做成煎饼。

3. 螺旋藻饮料

螺旋藻加入一定量的甜味剂、酸味剂及稳定剂等配成饮料。

四、海藻发酵食品的加工技术

（一）海藻发酵保健酒

发酵法主要是先按照一定的提取工艺得到海藻浸提液，再根据预计的酒精含量加入一定量的糖，之后接种酿酒酵母进行发酵的工艺过程。根据工艺特点可分为两种工艺，具体如下：第一种，海藻经过脱盐（如果采用盐渍海带为原料）、去除杂质、护色等处理后，放入清水中浸泡一定时间，然后提取浸泡液，再在浸泡液中加入定量的糖，混合均匀后接种酿酒酵母（可根据具体情况选择合适的酵母菌种），经保温发酵一段时间后，再进行澄清、陈酿等环节，即得到成品的海藻酒；第二种，按照第一种工艺的操作得到海藻提取液，然后加入淀粉酶、糖化酶、蛋白酶等进行酶解，然后根据产品要求加入大枣汁等果汁、糖，混合均匀后接种酿酒酵母进行发酵，发酵结束后，进行澄清等处理即得到成品果味海藻酒。海藻酒富含氨基酸、碘、海藻多糖等营养成分，原料经酵母发酵后更容易被身体吸收，具有重要的保健作用。此外，还可以添加其他保健成分进行联合发酵，使其具有更好的保健功能。

（二）海藻发酵保健醋

海藻发酵保健醋通常是以海藻为特色原料，按照发酵食醋的工艺过程进行发酵，而得到的一种具有保健功能发酵食品。为保证发酵质量，采用一定的方法筛选得到适合于海藻醋发酵的酵母菌和醋酸菌，也可以选购质量优良的合适菌种作为发酵剂。下面举例介绍两种海藻发酵醋的工艺。

第一种，是以大米和海带为主要原料，首先将大米粉碎，加水、加酶糊化、糖化，得到大米糖浆，然后将糖浆和海带浆按一定比例混合。按一定比例接种酵母菌进行酒精发酵，当酒精度达到要求以后，接种醋酸菌进行醋化，再经调配、澄清等工序得到海藻发酵保健酒。该保健酒不仅能预防缺碘性疾病的发生，还具有降血脂、降血压、防止动脉硬化、抗衰老、健脑益智、抗癌等多种功效。

第二种，以海带和猕猴桃为主要原料。将处理好的海带和猕猴桃按一定比例混合打浆，然后接种活化好的活性干酵母，控温发酵（通常温度为28℃左右），酒精度达到要求后，接种醋酸菌醋化，发酵完全后，经过过滤、澄清等工序得到成品。按此发酵工艺制得的海带猕猴桃复合果醋呈明亮的深黄绿色，有浓郁的果香和醋香，酸味柔和不刺激，无异味、涩味等，风味独特，营养丰富。

（三）海藻发酵酸奶

海带经清洗、浸泡、破碎、打浆等处理后，加入一定量的灭菌牛乳，充分混合后匀质处理，然后灭菌，冷却后接种乳酸菌发酵剂，在41℃左右的温度下发酵8~9小时，然后放在常温或冰箱中后熟，从而得到具有海藻特色的酸奶。该产品在适口性、香气等方面都与普通酸奶相接近。在酸度和乳酸菌数量方面要优于普通酸奶，因此说明海带对乳酸菌发酵具有促进作用。该产品在原有海带和牛乳的基础上，利用乳酸菌发酵后，使其营养价值提升，营养更利于吸收。产品中含有碘、甘露醇等成分，更具保健价值。

（四）海藻保健酱油

将海带浸泡、清洗后沥干，然后粉碎打浆，加入一定量的盐水，混合均匀后接种酱曲。拌合均匀后入池发酵。前3 d将发酵液温度控制在42~45℃之内，从第4 d起不需控温，温度持续上升至53℃左右。进行到发酵中期时倒池1次，以利于发酵均匀和溶氧。发酵周期为20 d左右，成熟发酵液为枣红色。

（五）海藻发酵饮料

为了使发酵型海藻饮料口感更佳，一般会添加其他辅料。例如海带乳饮料，其做法如下：将海带处理干净后加酸煮一段时间后，经打浆、过滤而得到滤液，将该滤液与糯米提取液、果葡糖浆、脱脂乳粉按一定比例混合后，煮沸，原、辅料充分混匀，冷却后用番茄汁调节pH，然后再经发酵、调配、匀质杀菌等环节，得到海藻发酵饮料。该产品营养丰富，具有一定的保健功能。

（六）海藻发酵酱

将海带经过高压蒸煮脱腥后和黄豆按照一定比例混匀后，采用多菌种制曲，米曲霉菌、毛霉菌和生香酵母按比例接种后拌和均匀，置于曲房内培养制曲。最终得到的曲胚菌丝饱满，具有曲香，无异味。经此多菌种制曲制成的海带豆瓣酱，营养丰富，滋味鲜美，醇香浓郁。

思考题

（1）海藻作为海洋生物中的一员，其存在对海洋环境来说有何重要意义？

（2）简述紫菜的加工工艺，并详细说明操作注意事项。

（3）简述螺旋藻食品的营养及保健价值。

第七章　仿生海洋食品加工

第一节　仿生海洋食品的特点

一、仿生海洋食品加工现状

仿生海洋食品是以海洋资源为主要原料，利用食品工程手段，加工制取的口感、风味与天然海洋食品极其相似，营养价值不逊于天然海洋食品的一种新型海洋食品。利用海产品为原料，将不同海产品按照营养成分组成的特点，将其进行复配，在按需求加入一定辅料，从而得到营养更加全面，口感更优良、风味更佳的仿生海洋食品，仿生海洋食品由于廉价的原材料价格，较低的成本，深受消费者喜爱。目前，仿生海洋食品有以下几种：仿生虾样制品、仿生鱼子制品、人造鱼翅制品、人造蟹子制品、仿生墨鱼制品和仿生海参制品等。

仿生海洋食品的生产，具有以下突出优点：

（1）原料利用的经济性，资源附加值的提高。海洋生物资源具有优质的食用蛋白，其独待宜人的海鲜风味深受人们喜爱。但随着近几年捕捞业的迅速发展，遇到对捕捞上来的是一些个头小、刺多、适口性差的小型鱼的处理问题。这些鱼虽营养价值不比大型经济鱼类低，但其外观不佳，适口性差，商品价值低。另有一些小型鱼，自身含蛋白酶非常丰富，捕捞后如不能在短时间内加工处理，其体内的蛋白酶很快激活，出现鱼体酶解，鱼体表呈溃烂状。一些大型鱼如大麻哈鱼的加工下脚料，均为碎肉块和带刺的鱼排。以上原料以往的处理方法是将其配制肥料或粗制鱼粉，虽然得到了利用，但却是低值利用。如将其破碎制成鱼糜后，重新成型制成各种仿生海洋食品，则可提高原料自身的利用价值，增加其附加值。

（2）食品营养的合理性。虽然天然食品具有其独特的优点，但它总存在着某一方面的营养缺陷，如谷类食品中富含多种氨基酸，但赖氨酸含量较低，赖氨酸为其限制氨基酸，单纯食用谷类将造成赖氨酸缺乏。海产品原料中赖氨酸含量较丰富，但色氨酸含量较低，因此色氨酸为大多数海产品的限制氨基酸。如将含赖氨酸丰富的海产品辅以含色氨酸丰富的谷类原料，制成仿生食品，则可以制取比原料营养更合理，风味更好的新食品。

（3）完美性和方便性。仿生海洋食品与天然海洋食品相比性能更为完美，食用更为方便，因为仿生海洋食品制造完全可以按照人们的意愿人为地控制。如有人喜好海洋食品的鲜味，但不喜欢其海腥味，则在加工配料中可以加入去腥剂，使仿生食品具有海鲜品特有的鲜味而不带有腥味，使之适合更多的人群。如有的人喜食螃蟹的美味，但剥壳取肉的过程颇为烦琐，且在公众场合不甚雅观。仿生蟹腿肉是以鱼糜、面粉、马铃薯、蛋、食盐、色素和酒等为主要原料，再加入用蟹壳熬制的汁液，搅拌均匀，然后压制成型后得到的具有螃蟹味道和口感的制品。该产品外观、口感、香气、滋味等均与蟹肉相似，但成本较低、便于运输和储存，因此深受消费者喜爱。

（4）廉价性和便捷性。由于仿生食品均由低值海产原料精制加工而成，其风味及口感几乎可以以假乱真，且所用原料价廉，因而其成本远远低于天然海鲜，更适合大众消费。由于食用方便快捷，适于快速的生活节奏，从而深受消费者欢迎。

二、仿生海洋食品加工原料

仿生海洋食品加工的主要原料有低值鱼虾类、海产品加工的下脚料。一般是先将这些原料制成鱼糜类原料，然后配以辅料，再通过食品加工技术制得各类仿生食品。仿生海洋食品的辅助原料主要包括淀粉、植物蛋白、植物胶、调味料、色素、海藻酸钠、魔芋粉等等。

植物蛋白（以大豆蛋白为主）是最常见的辅助原料，可以提高仿生海洋食品的蛋白质含量，还可以使仿生海洋食品具有与天然海产品相同的口感。另外，魔芋精粉中主要成分是魔芋葡甘露聚糖，是一种优良的水溶性膳食纤维，具有独特的胶凝、增稠、稳定性，加入到该食品中除可以使产品口感更好外，还具有预防肥胖、糖尿病等功效。原因是魔芋葡甘露聚糖是天然、难消化的化合物，近年来备受青睐。此外，魔芋葡甘露聚糖对色泽、香气有较好的保留作用，以其制成的仿生海洋食品味道鲜美，有光泽，咀嚼性好，弹性强。

调色是仿生海洋食品重要的环节，必须采用天然无毒的色素，最好兼具营养价值和保健功能。其中，辣椒红色素和芹菜叶柄色素就是常用的天然色素。

三、仿生海洋食品的加工技术

（一）斩拌技术

斩拌工艺是影响仿生海洋食品品质的最重要环节，与产品的质地、结构、色泽、出品率、持水性等都有着直接的关系。可以说，斩拌工艺的好坏直接决定了仿生食品的好坏。进行斩拌的目的：一是提取鱼肉、虾肉、鸡肉、猪肉等中的蛋白质，并使脂肪发生乳化作用，来增加肉馅的保水性，防止烘烤时出油，减少油腻感，提高其成品率；二是使肉馅的结构状况得到改善，从而增加其均匀度和黏稠度，提高制品的弹性；三是使食品中蛋白质分子中的肽键发生断裂，增加了极性基团，提高了食品的持水性，从而提高食品嫩度。

温度对斩拌的影响如下。适当地升高温度能够促进部分蛋白质溶出、促进原料肉的色泽形成以及使肉糜的流动性增强，从这个角度看，对于产品的质量是有益的。但是，如果温度过高，会造成3个方面的影响：一是会加速蛋白质变性，使其丧失乳化的功能；二是原料中的脂肪在高温时容易融化，脂肪微粒变小，表面积增加，蛋白质不能完全包裹住脂肪，也就是使乳化不完全，造成后续热加工出油的现象；三是使原料黏度降低，从而降低了原料的稳定性。通常，在斩拌操作时温度要在12℃以下。

斩拌时间的长短影响原料的细度，进而影响重组制品的品质。斩拌过程中，产品的凝聚性、硬度、弹性等特性会随着斩拌时间的延长而先升高后降低，一般在12℃以下，斩拌20 min，产品品质最好。如果斩拌时间过短或过长，都会使产品的弹性、凝聚性等特性降低。所以要根据产品特点来确定斩拌时间。

另外，斩拌过程中，pH也直接影响肌肉蛋白质的溶出速度和其结构状态，从而影响蛋白质的成胶性能及凝胶特性。pH主要是通过改变蛋白质所带电荷来改变其特性。所以pH也是影响产品质量的重要因素。因此，在斩拌前，应对重组制品的pH有清楚的了解。

（二）成型技术

仿生海洋食品的成功研制和生产始于日本，并迅速成为世界上仿生海洋食品最大的出口国，年出口量占世界仿生海洋食品总量的80%左右。其成型技术主要有两类：模具成型和挤压成型。

所谓模具成型，是在一定形状的模具中加入混合均匀的加工原料和各类辅料，在水和热作用下，使原料中的各种组分发生变化，相互作用，进而形成具一定质地结构和形状的食品。此种方法生产效率较低，不能实现连续化生产，产品的质地、结构较差。所以，目前在仿生海洋食品的生产中，主要采用的加工技术是挤压技术。

挤压（Extrusion Cooking）技术是一种集原料的混合、输送、熔融、挤压成型等多种加工单元于一体的非传统食品加工技术，具有高效、节能、清洁以及加工产品多样化等优势，是一种新型高效的食品加工技术，现已广泛应用于各类食品的加工。因为原料的成型是在挤压机中完成，在挤压过程中各种原辅料在机器中不断搅拌、剪切，使其混合更加均匀，从而使产品质地更加均匀，口感更完美。除此之外，挤压技术可以实现连续化生产，生产效率高，质量稳定，是加工仿生海洋食品的常用技术，也是理想技术之一。

（三）冷冻技术

1.液氮速冻技术

使用液氮作为制冷剂直接冷冻食品，已经开始向国际化发展，目前已广泛用于蔬菜和其他类型的食物。液氮速冻技术有浸渍冻结、冷空气冻结和喷淋冻结这3种方式，其中使用最广泛的是喷淋冻结。液氮喷淋冻结直接喷雾在食品上，在常压下利用物料表面直接汽化的高换热系数和汽化时极低的温度（-195.8℃），使食品达到快速深冻的状态。使用液氮喷淋法，冻结的速度较快，产生的冰晶小而均匀，以确保冷冻产品质量和降低收缩率。但该种方法由于生产成本较高，所以应用范围比较窄。

由于液氮温度低，食品中的水分子还没有发生转移就被冻结成冰晶，所以对产品的结构破坏很小，故产品品质好。解冻以后的食品却仍能够保持原有的色、香、味。

2. 平板冻结技术

平板冻结法是将物料放在低温金属冻结板之间压紧进行热交换的一种接触式冻结法。冻结装置由多数可以移动调节间距的金属平板组成部分。板内通以制冷剂（或冷却盐水）使之循环冷却温度可降至–40℃～–25℃。冻结时板间压紧间距为5～10 cm。由于平板冻结速度快，产品不易干耗和变色，所以是常用速冻方法。

3. 深冷气体冻结技术

深冷气体冻结法是将产品暴露于–60℃的低温液化气体进行冻结的技术。这种冷冻装置主要用液态氮和液态二氧化碳两种低温液化气体，产品被放置在传送带上通过深冷气体迅速冷冻。传送带上的产品用–196℃液氮喷淋，使用后废氮气排到大气中的温度为至–100～–30℃。每冻结1 kg产品，液氮的消耗为1.2～2 kg。成本约为鼓风机冻结的8倍。液态二氧化碳可代替液态氮冻结产品。

（四）仿生海洋食品蛋白质组织化工艺

1. 单向冷冻法

单向冷冻法是采用单向冷冻的方法冷冻褐藻酸盐和蛋白质的混合水溶液，使之形成蛋白质纤维，进而用于制造各种类似于肉组织纤维的食品。其工艺环节包括添加配料、单向冷冻、切片、盐处理、加热处理等过程。其冷源一般为低温盐水、液氮或干冰，或采用平板式速冻机。冷冻后单向冰晶的产生会使固形物分隔开，从而形成单向的蛋白纤维。

2. 纺丝黏结法（喷丝法）

纺丝黏结法使蛋白质纤维化是利用纺纱的原理，因此又称为喷丝法或纤维纺丝法。下面以鱼糜蛋白制备蛋白纤维为例，介绍其操作过程。首先按要求得到鱼糜，在鱼糜中加入适量的盐，然后通过带细孔的纺丝装置，使其吐出的柔软鱼蛋白丝进入到蛋白质变性剂溶液中，使其变性，进而得到有一定强度的鱼肉蛋白纤维。大豆蛋白纤维也可以利用此办法生产，区别就是先将大豆蛋白溶解在碱性溶液中，然后经过纺丝头喷入到酸和盐溶液的凝聚池中，使之凝固，得到酸性大豆蛋白纤维，然后经过去盐、固定、中和、脱水等环节，即得到了质地柔软的大豆蛋白纤维束。

3. 压延切丝法

压延切丝法的主要原料是鱼糜，经过加工压延形成薄片状，并且在蛋白质凝固液中经过凝胶化，然后切成纤维状。此种方法应用较广泛，人造蟹肉、沿海一带制作鱼制品等都用此法。该法操作简单，容易实现。

4. 挤压膨化法

挤压膨化法是利用变性或没变性的原料蛋白质在高温、高压以及剪切力的作用下，使蛋白质发生定向排列从而形成一定的组织结构，最后温度、压力突降使蛋白质产生膨化，从而获得组织化蛋白。主要利用的设备是挤出机，或称喷爆机。该方法早期应用于植物蛋白挤压膨化，近年开始了动物性蛋白组织化的研究，日本研究出了禽类蛋白或以禽类蛋白为主原料制造纤维状食品的方法及水产原料的挤压组织化工艺和方法。以植物蛋白和鱼肉混合物为原料，然后得到组织化鱼肉食品。后来，为了改善口感，在原料量中添加了甘油、山梨醇等物质，这样就可得到有柔软感的纤维制品。

第二节　仿生海洋食品的加工

一、仿生蟹腿肉的加工

仿生蟹腿肉食品是日本食品专家研制出的一种新型美味仿生海鲜食品。它是以海杂鱼肉、面粉、鸡蛋、盐、豆粉、土豆泥、酒和色素为主要原料，加上螃蟹壳熬制的浓汁，搅拌均匀后，再用成型机压制成柔软的蟹肉样。其色、形、味与真螃蟹肉几乎一样，而成本却远低于螃蟹肉，而且易于贮存和运输，在日本乃至世界各地非常畅销。

（一）加工工艺

目前市场上的仿生蟹腿肉主要有两种，即卷形蟹腿肉和棒状蟹腿肉。两种工艺得到的产品只是在最终形态上有所区别。

卷形蟹腿肉加工工艺流程：

杂鱼（或罐头下脚料）→ 鱼糜 → 解决 → 斩拌、配科 → 涂片 → 蒸煮 → 火烤 → 冷却 → 轧条纹 → 起片成卷 → 涂色 → 薄膜包装 → 切段 → 蒸煮 → 冷却 → 脱薄膜 → 切小段 → 称重 → 真空包装 → 冷冻 → 成品

棒状蟹腿肉加工工艺流程：

鱼糜解冻（或切削）→ 斩拌、配料、搅拌 → 充填成型 → 涂色 → 蒸煮 → 切段 → 冷却 → 称重 → 真空包装 → 整形 → 冷冻 → 成品

其工艺流程主要包括鱼糜制造和制品成型工艺两大部分。

1. 鱼糜的制造

原料通常选择价格低廉的鱼类。鱼糜制造中，原料鱼的新鲜度非常重要，会影响产品的味道、弹性和储藏期。由于机械损伤的鱼在存储过程中容易受到微生物的侵染而腐败，所以，新鲜度不高或机械损伤的鱼均不能用于生产鱼糜。

鱼糜制造的工艺流程如下：

原料选择 → 鱼体处理 → 鱼体洗净 → 鱼肉采取机 → 漂洗 → 滚筒脱水机 → 压榨脱水机 → 绞肉机 → 添加物搅拌机 → 填充机 → 速冻机 → 冷冻鱼糜及贮藏

（1）原料的选择：由于新鲜度达不到要求，严重影响产品的口感、味道等特性，所以新鲜度对于鱼糜加工来说非常重要。原料选择时要注意以下3点：① 鱼的TVB-N含量＜30 mg/100 g；② 要求气味正常，无异味；③ 通过实验确定所用鱼的种类。

（2）原料的处理：① 将原料鱼用清水冲洗以去除杂质和黏液，然后去头及内脏；

② 再经充分水洗；③ 要迅速处理原料鱼，否则时间延长，会使鱼的新鲜度下降；④ 整个处理期间，原料都要覆盖冰，冲洗用水温度要求在10℃以下；⑤ 原料处理过程时，严禁混入杂质。

（3）采肉：多用橡胶滚筒式鱼肉采取机。采肉时，要注意控制采肉机挤压时的挤压度。采肉过度会使鱼皮、鱼骨等混入鱼肉中；采肉过轻，则会影响出肉率（通常在78%~85%之间）。采好的肉要加冷水（低于10℃）稀释，使其成为能流动的状态，便于用泵送入清洗装置。

（4）漂洗：鱼脂肪、血液和水溶性蛋白等物质将通过漂洗而除去，以免影响产品的色泽、弹性、贮藏性等性能。漂洗用水大约为鱼重量的8倍。水温控制在10℃以下，由于温度过高，会使蛋白质分解或变性，鱼肉的弹性和质量就会受到影响。为彻底洗净，水中通常还要加入0.3%碳酸氢钠。漂洗过程中要不断搅拌，并且洗后要换水一次（换水时应停止搅拌，稍沉淀后，待脂肪稳定地浮于表层后，将上层水放掉，重新加满清水）。通常经过漂洗，鱼肉的TVB-N应在15 mg/100 g以下。

（5）脱水：鱼肉脱水的目的主要是去除鱼肉中多余水分的同时除去溶于水中的血液和水溶性蛋白。脱水通常采用两步法，即先用滚筒滤筛式脱水机（非强制式脱水），再用榨式脱水机（强制式脱水）脱水。脱水后鱼肉的水分含量在80%~83%之间，pH为7左右。自采肉到漂洗脱水，鱼肉得率为60%~65%。

（6）粗绞肉：将处理过的鱼肉放入带有直径为2 mm筛孔的绞肉机中绞碎，其目的主要是为了与添加剂充分混匀，也为了使后续鱼糜制品品质更好。

（7）鱼糜冷冻：如果不能及时用掉制备好的鱼糜，必须及时冷冻贮存。为了保证鱼糜的质量和化冻后的复水性、弹性和黏结性，冷冻前鱼糜需添加0.2%复合磷酸盐（其中三聚磷酸纳0.1%、焦磷酸钠0.1%）、砂糖4%、山梨酸4%，用搅拌机搅拌6~10 min，使之混匀。然后放入保鲜袋中，放在-30℃下冻结3 h，冻结完毕后放入-25℃以下的冷库中储存。

为了保持鱼糜制品的弹性和黏结性，鱼糜使用时温度应保持10℃以下。

2. 制品成型工艺

目前的成型工艺有两种，其成品的风味基本相同，主要是形态与质感略有区别。它们的主要差别如下：一种工艺是将鱼糜先经涂片、蒸熟及火烤后轧条纹再卷成卷状，成品展开后可将鱼肉顺着条纹撕成一丝丝的肉丝；另一种工艺是将鱼糜直接填充成圆柱形，再蒸热。不过后一种的产品在成型前的配料中加入了预先制好的人工蟹肉纤维（也是鱼糜制品），因此，其口感与天然蟹肉的口感相似。

（二）工艺要点

1. 卷形蟹腿肉工艺要点

（1）鱼糜解冻：① 自然空气解冻，即将冷冻鱼糜置于自然室温下，使其缓缓解冻，解冻后的最终鱼糜温度为-3~-2℃较为适宜。解冻要控制得当，不能过度，否则容易使鱼糜升温。② 微波解冻机解冻，其特点是解冻速度快，表、里温度均匀，容易控制。③ 平板快速解冻机解冻，其工作原理与平板快速冻结机类似，只是平板中流动的是温水。

有些工厂采用切削机直接将冷冻鱼糜切成2 mm的薄片，直接送入斩拌机斩拌后配料。这种方法可以保证鱼糜在较低的温度下完成加工，从而保证了产品质量。

（2）斩拌与配料：斩拌使用绞刀式斩拌机，是通过绞刀的高速旋转斩拌切碎鱼油，并将各种原辅料充分混匀。

（3）配料的基本配方：鱼糜180 kg、土豆淀粉（漂白）10 kg、玉米淀粉（漂白）6 kg、食盐4.2 kg、砂糖8.4 kg、白味增2.4 kg、蛋白粉1.8 kg（或折合添加鲜蛋清）1.8 kg、水123 kg、味酥（Lǎn）900 mL、蟹肉味精1.32 kg、蟹露1 kg、山梨酸适量。

（4）涂片：此工序通过涂膜机进行，操作过程中为防止鱼糜温度升高，将冰水加到贮料斗的夹层内。将鱼糜泵入充填器内，通过充填器就形成薄片，涂贴在不锈钢传送带上。薄片的厚度为2.5 mm、宽590 mm。

（5）蒸煮：将制得的涂片送入蒸锅内，采用蒸汽加热，温度控制在90℃，时间为30 s。以此来完成涂片的定型。

（6）火烤：涂片随着传送带送入烤炉内的烘烤盘上，火烤40 s。为防止涂片与烘烤盘粘连，事先喷淋少量清水。

（7）冷却：涂片随传送带经过烤炉后，开始自然冷却，时间为2.25 min，冷却后涂片的温度为35~40℃。冷却可使涂片富有弹性。

（8）轧条纹：此工序主要是为了模仿蟹腿肉的肌肉纹理。主要是依靠带条纹轧辊的挤压作用来完成。涂片上挤轧条纹的深度和宽度均为1 mm，条纹间距为1 mm，经过这样处理的涂片与真实蟹腿肉极为相似。

（9）起片：主要是利用不锈钢刀具贴在传送带上不动，在传动带移动时将涂片铲下。

（10）成卷：此工序用成卷机来完成，卷层为4层。从一个边缘卷起的称为单卷，卷的直径为20 mm；也有的为双卷，即从两端的边缘同时向中心卷起。

（11）涂色：用食用色素调配成与煮熟的蟹腿相似的颜色，将颜色均匀涂布在蟹肉卷的表面。也有将颜色涂在包装膜上，包装时色素直接附着在蟹肉卷表面。

（12）涂色液的配方：将食用红色素800 g、食用棕色素50 g、鱼糜10 kg、水9.5 kg混匀。

（13）薄膜包装：一般采用厚度为0.02 mm的带状聚乙烯薄膜，采用自动包装机完成此操作。

（14）切段：将包好膜的蟹肉卷切割成需要的规格（通常为50 cm），整齐摆放于蒸煮容器内，等待蒸煮。

（15）蒸煮：采用连续式蒸煮锅，蒸煮条件为98℃、18 min。

（16）淋水冷却：采用淋水法冷却，水温为18~19℃，时间为3 min，冷却后的温度为33~38℃。

（17）强制冷却：通常选用连续式冷却柜进行强制冷却，冷却柜内的温度分为4段。

第1段（入口处）为0℃，第2段为-4℃，第3段为-16℃，第4段（出口处）为-18℃。制品通过连续式冷却柜出来所需的时间为7 min，冷却后的温度为21~26℃。

（18）脱薄膜：制品冷却后，薄膜需要脱去。

（19）切小段：切段通过切段机完成，调整好刀距，控制小段的长度为40 mm。

（20）真空包装：包装材料用聚氯乙烯袋，厚度为0.04~0.06 mm。每袋净重可按不同要求规定。

（21）整形：封口机加热封口后，里面的产品容易变形而影响感官，此时可以用整形机整形，使其平整、美观。

（22）冷冻：控制好形状后，放到平板速冻机内速冻2 h，温度控制在-40℃下。

（23）外包装：为了方便运输及储存，按照产品特点及要求进行外包装。

（24）运输和贮存：本产品属于冷冻食品，因此运输与贮存的温度条件要求在-15℃以下。

2. 棒状蟹腿肉工艺要点

（1）鱼糜解冻：同前。

（2）斩拌配料配方：冷冻鱼糜160 kg、人造蟹肉纤维300 kg、海蟹肉40 kg、土豆淀粉（漂白）12 kg、小麦淀粉（漂白）4 kg、玉米淀粉（漂白）8 kg、味精1.32 kg、蟹味香料液（蟹露）500 mL、食盐4.2 kg、砂糖8.4 kg、味酥（Lǎn）900 mL、蛋白粉1.8 kg、山梨酸适量。

先将除海蟹肉和人造蟹肉纤维以外的所有辅料进行混合斩拌，操作同前。最后加入上述两种辅料时，只手工搅拌，不用斩拌机斩拌，以免破坏纤维，影响美观和口感。

（3）人造蟹肉纤维的制法：采用一级鳕鱼糜，解冻的最佳温度-30℃，不可过高。

（4）基本配料配方：一级鳕鱼糜220 kg、蟹露3.39 kg、土豆淀粉（漂白）16 kg、大豆蛋白2 kg、玉米淀粉（漂白）27 kg、食盐10.04 kg、复合磷酸盐1 kg、砂糖20.24 kg、味精1.89 kg。

（5）斩拌：同前述。

（6）预冷：斩拌配合结束后，要装盘预冷，预冷温度为15~17℃，时间为12~16 h。

（7）杀菌：杀菌温度为92℃，35 min。

（8）冷却：浸水冷却，冷却水温度为18℃，时间1~2 h，最佳制品温度达到18℃。冷藏备用，或直接用于切丝。储藏期限一般为6 d，为了保证产品质量，通常情况下当天使用。

（9）切丝：此熟鱼糜呈熟蛋清状，可用切丝机切成长度约为5 cm的丝。作为放在鱼糜中，来模仿蟹腿肉中的纤维状肉。

（10）填充成型：把鱼糜送入充填机贮肉槽内，为防止鱼糜温度升高而影响产品质量，应在贮肉槽夹层中加入冰水以降温。鱼糜被泵入充填器，通过它形成半圆柱形制品，直径约2 cm。通过不锈钢传送带将成型后的制品转到下一道工序。

（11）涂色：一般有两种涂色方法。一是在充填器出口端，安装三通管，通入色素和鱼糜，当制品挤出充填器出口端时，色素就附着在制品表面。二是制品成型后，用毛刷沾色素刷在制品的表面。色素的配料及制法同前述。

（12）蒸煮：将涂好色的制品放入蒸煮箱内，分两步进行，首先用95℃水预热6 min，再用100℃经4.5 min蒸熟，蒸熟后使制品自然冷却到60℃以下。

（13）切段：根据需要，通常切成12 cm或者是2 cm的段。

（14）冷却：用强制冷却的方法，冷却温度为-25℃，时间为3 min。制品冷却的最佳温度为19℃。

（15）定量包装：按不同要求（净重）包装，包装材料为聚氯乙烯，厚度为0.04~0.06 mm。

（16）真空封口：将制品整齐排放于袋内，采用真空封口机封口，真空度为0.08~0.10 MPa。

（17）整形：经真空封口后，将制品放入整形机中整形，达到外观整齐、美观的目的。

（18）冷冻、外包装、运输与贮存等同前述。

（三）产品质量标准

肉质洁白，口感细腻，具有与天然蟹肉相似的特有口感与味道，无其他异味。

二、仿生鱼翅食品的加工

鱼翅是海味八珍之一。它是人们喜庆筵席上有名的美味佳肴，根据科学分析，干鱼翅的含水量为3.7%，蛋白质63.5%（其中缺乏色氨酸和异亮氨酸），脂肪0.3%（不及蛋黄中的含量），钙0.146%（不及牛肉中的含量），铁0.015%（不及菠菜中的含量），磷0.19%（不及鱼类中的含量）。从以上分析来看，其营养价值与鸡蛋相似。如单从其基本营养素方面看，其营养价值并不高。最近研究成果认为，鱼翅的特殊保健作用来自于其所含的一种抗血管生成因子，它能使癌细胞周围的血管网络无法建立，由此就可以抑制肿瘤的生长及蔓延。

鱼翅不仅仅因为其稀有而成为价格昂贵的高级消费品，还因为它具有食疗价值，这一研究成果使得本来就价格昂贵、来源奇缺的鱼翅更是一跃成为稀世之珍品，成为非一般消费者所能享用之物。近年来，随着生活水平的提高，需求量越来越大。天然鱼翅由鲨鱼的胸、腹、尾等处的鳍切细成丝干制而成。要大量生产真品鱼翅，就要捕杀大量的鲨鱼。保护海洋资源，拒绝食用鱼翅，因此鱼翅的仿真食品越来越受欢迎。最近，日本一家食品公司用鱼肉和从海藻中提取出来的物质为主要原料，再加上面粉、鸡蛋白、食用色素及人体必需的其他营养成分制成仿鱼翅食品，虽其药理价值不及真品鱼翅，但其基本营养价值都优于天然鱼翅，口感宜人且味美价廉，烹制方便，保护环境，深受广大消费者欢迎。

（一）加工工艺

动物骨皮 → 明胶制取 → 溶于酸性溶液 → 混合配料 → 入贮罐 → 喷丝 → 喷雾固化 → 干燥

      ↑   ↑

虾、蟹壳 → 壳聚糖制取   还原糖、氨基酸等

1. 仿生鱼翅基本配方

明胶以100份计，以下配料量为所占百分比。

壳聚糖0.03~3.0，以0.1~0.5最佳；还原糖0.3~30，以1~10最佳。其他营养成分根据需要加入，其中明胶和壳聚糖、还原糖等首先于pH 1~6.5下溶解，最适pH为3~6。

2. 明胶的制取

所用明胶由动物骨皮制得的产品，如由牛骨、牛皮、猪皮等原料制取，其制法为先用适当浓缩的石灰水浸泡动物皮，脱去其粗糙的毛和带异味的蛋白、脂肪与杂质，然后用酸化水如硫酸、盐酸等进行水解。水解时要进行加热处理以利于明胶的溶出。制出胶液后，过滤、干燥即成。

3. 壳聚糖的制取

优质壳聚糖的制取以虾、蟹及昆虫甲壳为原料，用3%~4%的NaOH溶液煮沸2 min即可制得。

4. 原料的溶解

上述原料可以各自单独溶解后再配料，也可混合一起，调pH后一同溶解，但溶解时温度要保持在40℃以上。

可供选用的酸有盐酸、硝酸、硫酸等无机酸，醋酸、柠檬酸、乳酸等有机酸。从食品生产的卫生、安全角度考虑，以有机酸的稀溶液为好。

5. 成型

可用仿生鱼翅成丝设备，所得成品呈无色透明体，用温水浸泡后，其品质与真品鱼翅几乎一样。

（二）加工实例

实例一：先用600份水溶解15份葡萄糖，接着加入3份壳聚糖、2份醋酸，以使壳聚糖溶解。接着将此溶液真空脱气，保持负压状态搅拌1~3 min。继续减压并升温至60℃保持1 h，即得原料液。

将上述溶液自内径为2.0 mm的喷管中以5~10 mg/s的流量喷出。在开始喷射的1 s内，丝状体在落下的过程中与喷入的碱石灰粉末相接触，从传送带出来的半成品风干后即为成品。

碱溶液的pH应调至8~13之间。如低于8，所得制品的耐热性变差；高于13，则制品的颜色不佳。

由碱石灰固定后所得的丝状体，应用水洗除去多余的碱，于室温下热风干燥，干燥时间视具体情况而定，一般在0.5~12 h之间。

将固定化后的丝状体浸于0.1%~3.0%的醋酸溶液中洗至透明。

该丝状体风干后，浸于0.2%的酸化的水溶液中，于室温下风干10 h后，于120℃加热硬质化，再于0.5%的醋酸溶液中洗涤，干燥后，即为仿生鱼翅产品。

所得产品为无色透明状、长20~200 mm、中央厚度（直径）为0.2~0.8 mm的丝状物，其口感及形状与天然品十分相似。这种仿生鱼翅食品在3%的盐水中煮60 min，其口感与天然鱼翅一致。

实例二：将20 g壳聚糖加980 mL水制成悬浊液混合后，徐徐加入醋酸6.8 g，溶解后以80目的金属网过滤以除去不溶物，此时溶液的pH为5.4。接着加入10 g还原糖，充分脱气，然后通入成型器中，于60~70℃下干燥得厚度为1~2 mm的板状壳聚糖片。取该板状物0.5~1 m²拆开，于0.5 moL/L NaOH溶液中浸泡30 min。以流动水洗净，离心脱水，再于60~70℃下干燥，即得人造鱼翅14 g。

实例三：用与实例二同样的比例制取1 000 g 1%的葡萄糖溶液、1 000 g混合液，于加热条件下充分脱气，其余同实例二，最终得产品25 g。

实例四：将壳聚糖40 g加水1 800 mL制成悬浊液，徐徐加入13.6 g醋酸，溶解后以孔径为0.18 mm的筛除不溶杂质，添加20 g还原糖。以下脱气、干燥制膜、切断、离心脱水等工序同实例二，最终得含水量为50%的湿润人造鱼翅56 g。

三、仿生虾样食品的加工

虾的肉质细腻、脂肪含量较低、味道鲜美可口、口感特别，是人们非常喜爱的海产品。天然虾肉组织是由直径为几微米至几百微米的肌肉纤维紧密结合成的，在食用时其破断力分强和弱两种，由于它们的不同作用产生虾肉独特的口感。

近来，美国学者开发出了一种人造虾仁，其外观、质地、口感及口味均与天然虾仁相似。这种人造虾仁以鱼肉或小虾为主要原料，加入浓缩大豆蛋白、面粉、马铃薯淀粉、食盐、调味香料等辅料，混合均匀后放入成型机中挤压成型，然后在外部喷洒一层钙液、色素作为"外衣"，即成人造虾仁。由于人造虾仁成本较虾仁低，营养丰富，又鲜嫩可口，所以很受消费者青睐。

（一）加工工艺

原料鱼预处理 → 采肉 → 漂洗 → 脱水 → 蛋白质纤维化 → 调味 → 调色 → 成型 → 加热 →包装

（二）工艺要点

要得到与天然虾肉的外观、口感等相差无几的仿生虾肉，关键工序在于蛋白质纤维化和调味等环节。

1. 原料鱼的预处理

制造人造虾肉的原料种类较多，大鱼小鱼均可，但要保证新鲜。选择好原料鱼后，将其冲洗干净，去掉鳞、内脏等不宜食用的部分，然后切去头和尾部，再用流水冲洗干净，沥水备用。

2. 采肉、漂洗、脱水

通常使用采肉机进行采肉。一般制造人造虾肉选择第一次采的鱼肉，因为其色泽洁白，与虾肉颜色接近，最终使得产品颜色美观。

将采取的鱼肉放入漂洗槽中，加入5~7倍的水搅拌后静置5~10 min，去掉上层清液，再反复用水漂洗3~6次。最后一次漂洗时，可加入0.05%~0.1%的食盐，使鱼肉脱水。

漂洗好的鱼肉要尽可能地脱水，一般可用2 000~2 800 r/min的离心机脱水，脱水时间根据原料种类而定，一般为5~20 min。

3. 蛋白质纤维化

使蛋白质纤维化的过程也称蛋白质的组织化，它是采用物理化学方法使蛋白质变成纤维状。近年来，蛋白质纤维化的研究者很多。在仿生虾肉制造中主要涉及以下几种方法：单向冷冻法、添加纤维素法和喷丝法等。

A. 单向冷冻法

该法是将蛋白质与褐藻酸盐的混合水溶液单向冷冻，使之形成蛋白质纤维，用于制造各种类似肉组织纤维的食品，具体工序如下：

（1）配料：在漂洗后的碎鱼肉中加入1%的褐藻酸钠，使蛋白含量在3%~20%，可溶性固形物的含量小于10%，配制成蛋白质和褐藻酸钠的混合物。

（2）单向冷冻：把上述混合物放到冷冻盘内，一般使用的冷冻介质是低温盐水、冰、液氮等。也可采用平板冻结机。冷冻后由于冰晶的产生，使固形物分开，形成单向的蛋白质纤维。然后置于–100 ~ –1℃下保存，以免冰晶增大和纤维结构受破坏。

（3）切片：沿与纤维平行的方向，将冻结块切成2.0~2.3 mm的薄片。

（4）盐处理：将薄片放入0℃左右的$CaCL_2$溶液中，使褐藻酸钠变为褐藻酸钙凝胶，使纤维相互间产生粘连作用。

（5）加热处理：经100~120℃、20~30 min处理，使蛋白质失去水溶性，并以纤维形式固定。然后用清水洗去盐类物质，再用0.2%的三聚磷酸钠溶液浸泡10 min左右，以改善纤维组织。从而增强制品的保水性，使纤维组织多汁而有弹性，得到与虾肉相似的口感。

B. 纤维添加法

以前的仿生虾肉是通过在鱼肉糜中加入食盐、调味料、淀粉而制得。该类型产品只有虾的味道，而没有虾的特征口感。要使仿生虾肉产品具有虾肉细腻的纤维口感，可以通过在鱼糜中添加品质改良剂（如聚磷酸盐）后，擂溃成鱼糜糊，再加入可食性纤维的产品，然后再按照常规仿生虾肉的制法，得到既有虾的味道又有虾的口感的仿生虾肉制品。

可食性纤维是以多糖类物质、动物蛋白质、植物蛋白质为原料经加工而制成的，外观呈乱线状，具有立体化网目结构。此种结构的主干是直径小于1 mm的微细纤维，再加上一系列的分支而构成的。

如采用多糖类物质（甘露聚糖、海藻酸等）为原料加工可食性纤维，其效果以甘露聚糖较为理想。加工方法以甘露聚糖为例，是将甘露聚糖加水溶解，制成2%~10%的水溶液，然后加入胶体化促进剂（单独或与碳酸钠、重碳酸钠、氢氧化钠、氢氧化钙混合使用，混合使用较为理想），使溶液胶体化，同时调pH至8以上，加热到60℃以上。为了达到提高纤维化和对鱼糜的结合性的目的，通常还要在上述碱性溶液中加入一定量的淀粉和鱼肉糜。将配置好的胶体溶液放入研磨粉碎机中挤压，形成捏合状态，再放到清水中充分搅拌。此时碱性物质溶出，就得到了具有立体网目状的可食性纤维。也可以以其他多糖类物质为原料，来制备可食性纤维，其方法与上面所述基本相同。

以动物蛋白质为原料制取可食性纤维的方法如下：将猪肉、牛肉、鸡肉等和乌鱼肉、鳕鱼肉等肉类按照一定的比例混合后，可以用蒸煮的方式得到热变性蛋白，也可以采取干燥的方式得到脱水蛋白。两种蛋白质均具有韧性较强的组织化纤维。将上述蛋白质制成捏合状态，可以采用捣碎的方法，或利用研磨粉碎机挤压揉搓。最后将捏合状态的变性蛋白质置于水中充分搅拌，溶出可溶性成分，即得到可食性纤维。

植物性蛋白可用大豆蛋白、谷朊等。以大豆蛋白为原料时，在大豆蛋白中加入糖类（如海藻酸类）、凝集剂（如氯化钙），经挤压成纤维状或片状，待凝固后，再用上述水平研磨粉碎机挤压揉捏，然后在水中充分搅开，即可得到可食性纤维。

鱼糜糊的制作方法如下：在鱼肉中加入适量的水，然后采用人工或机器进行擂溃，使其成为酱状，然后再加入调味料（如味精等）、淀粉及品质改良剂（如聚合磷酸盐），再次经过蒸煮形成具有胶状性质的制品。为了使产品突出虾的滋味和香气，还可以在上述制品中加入虾汁或虾肉糜。

将上述鱼糜糊和制得的可食性纤维按照5∶1的比例混合，搅拌均匀后捏和、成型、蒸煮，可得到仿生虾肉。要想模仿天然虾仁的口感及外观，可以按照前述仿生蟹腿肉的方法整形、涂色。

C. 喷丝法

利用纺丝的原理使蛋白质纤维化。

（1）鱼肉蛋白的溶解：原料鱼绞碎后，加入1~1.5倍的水，用NaOH调pH至10~13，加热升温到95℃，使水溶性鱼肉蛋白溶解。

（2）过滤：降温至40~45℃，过滤除去皮骨和不溶物，抽气减压脱去液体中的空气。要求其固形物含量在90%左右，调整黏度为10~30 Pa·s。

（3）喷丝：滤液经过纺丝头喷入pH为0.7~0.9的食品级盐酸溶液中，酸液中含盐10%，即得到pH 4~4.2的蛋白纤维。

（4）漂洗：用清水漂洗蛋白纤维，使含盐量降至2%~5%。

（5）加热处理：在50~70℃水中加热处理10~15 min，使蛋白纤维固定。

（6）中和：将蛋白纤维投入NaH_2PO_4缓冲液中浸泡5~10 min，晾干，形成质地柔软、吸水性良好的纤维束。

4. 调味

常用两种方法：一种是加入天然虾水煮后的汁液或碎肉，使其具有天然虾肉的香气和滋味；第二种方法添加人工配置而成的虾味素。

5. 调色

调色的方法类似于调味环节，既可以添加天然产品的有色浓缩汁，也可以人工添加食用色素。

6. 成型

成型在加工人造虾肉中也是一个很重要的工序。将加工处理好的成品，用模具挤压成型，然后经加热，制成与天然虾肉外形相似的人造虾肉。

（三）以大豆蛋白为主要原料制造人造虾状食品新工艺

人造虾状食品主要以大豆为原料，而制品的口感酷似真虾。制品的好坏，关键在于特殊处理的大豆蛋白的好坏，因它是以特殊处理的大豆蛋白来模拟虾肉的口感。

将脱脂大豆用含水的有机醇类洗净后干燥，制成水溶性氮指数（NST）在25以下的浓缩大豆蛋白，再与鱼肉糜、调味料、香料混合，然后成型、蒸煮，制出口感与天然品相似的人造虾状食品。

脱脂大豆用含水有机醇洗净，是为了清除大豆中所含的糖、色素及异味成分，使制成的浓缩大豆蛋白具有适合制作虾状食品的色泽和风味。而采用其他方法制成的分离大豆蛋白、浓缩大豆蛋白等，色泽和风味都较差，直接与鱼糜混合易形成疙瘩，特别是分离大豆蛋白中易混有空气，不能使制品产生虾状口感。洗净所用的含水有机醇，可采用甲醇、乙醇、异丙醇等，但从食品安全性角度考虑，以乙醇为佳。有机醇的浓度范围为50%~80%，超出这一范围会降低对脱脂大豆的处理效果。处理后的浓缩大豆蛋白，其NST应在25以下，然后干燥成100目的颗粒。

加工时，制品原料按浓缩大豆蛋白30%~60%（按固体换算）、鱼肉糜40%~70%的比例调配，并适当加入调味料、香料、油脂及着色剂等，加以擂溃、成型、蒸煮，即成外观与口感都与天然品相似的制品。

（四）仿生虾样食品制造实例

实例一：

称取2.5 kg甘露聚糖溶于100 L牛奶中。取5 kg与10 kg淀粉、15 kg鱼糜混合制成黏稠酱状，然后边搅拌边用配制的20%的碳酸钠水溶液将pH调整至10.2，再蒸煮40 min即得到胶状物。采用水平研磨粉碎机挤压，呈捏和状倒出，充分搅拌即得到具有立体化网目结构的乱丝状可食性纤维，其含水量为67%，总重约65 kg。

取冷冻鱼糜100 kg，加入调味料1 kg、冰水3.5 kg、淀粉6 kg、食盐2.5 kg、品质改良剂0.1 kg、虾肉糜10 kg混合擂溃，制成鱼糜制品原料糊。

取160 kg鱼糜原料糊，平均分为8份，每份中分别加入可食性纤维1 kg、2 kg、10 kg、14 kg、20 kg、30 kg、40 kg、60 kg，充分捏和后，制成厚度为7 mm的薄片状，然后在90℃下蒸煮30 min，制成虾形，即得不同口感的仿虾肉制品。

实例二：

取干燥的乌鱼干20 kg，切成5 mm宽的细条，然后加水充分膨润后再分成两 等份。将其一份用前述的水平研磨粉碎机挤压，呈捏和状态挤出，然后放入充足的水中充分搅拌，使可溶性成分溶出。另一份先用干乌鱼伸展机粗碎，然后用石臼捶捣，用充足的水揉捏，除去可溶性成分。将上述两法得到的物料充分加以榨挤，即可得到40 kg含有67%的有立体化网目结构的可食性纤维。用这种可食性纤维50 kg，和50 kg与实例一相同的鱼肉糜制品原料糊捏和，加工成厚约1 cm的薄片状，然后于95℃下蒸煮40 min，最后切断成制品。

实例三：

将10 kg大豆蛋白干燥粉末及50 g褐藻酸钠，用50 L水溶解成黏稠的流体，然后加入1 L 20%的CaCL$_2$溶液充分混合，使溶液成为胶体状。用前述的水平研磨粉碎机挤压，呈捏和状态时挤出，然后用充足的水加以搓洗，最后挤去多余的水分，所得的可食性纤维的水分含量为65%，质量为2.5 kg。将这种可食性纤维100 kg，用与实例一相同的50 kg鱼肉糜制品原料糊捏和，加工成1 cm厚的薄片状，于约95℃的温度煮30 min，最后切断即可。

实例四：

低变性脱脂大豆片（NST为90）10 kg、60%乙醇60 kg，于50℃下搅拌洗净1 h，离心去液，进一步减压干燥后粉碎，制成100目以下的浓缩大豆蛋白（NST为11）。取此蛋白2 kg、SA级冷冻鱼糜10 kg、盐300 g、水2 kg、甘氨酸200 g、谷氨酸钠100 g、虾味素100 g，共同混合擂溃15 min。然后用成型机挤出切成直径1.5 cm、长4.5 cm的圆条，蒸熟30 min后即得口感与虾相似的制品。

实例五：

取实例一的浓缩大豆蛋白1.5 kg，加SA级冷冻鱼糜10 kg、盐230 g、虾味素320 g、虾油110 g、虾粉末200 g、水1.5 kg，擂溃10 min，用成型机挤出，切成3 cm×1 cm×5 cm的椭圆柱，蒸30 min即可得与虾相似的制品。

四、仿生墨鱼食品的加工

墨鱼也是传统的珍品，近年来许多食品专家利用低值鱼制造的鱼糜和鱼蛋白为原料，制出了口感、风味与天然制品相似的各种仿生墨鱼制品。

（一）利用牛乳蛋白生产的仿生墨鱼肉

牛乳蛋白是一种营养价值非常高的蛋白质，含18种氨基酸，且人体必需氨基酸含量非常丰富，因而称之为完全蛋白或优质蛋白。因此以牛乳蛋白与鱼糜配合制成的仿墨鱼肉不仅口感风味与墨鱼相似，而且因其均为优质蛋白质原料，营养价值也不逊于真正的墨鱼。

1. 以蛋白液仿制墨鱼肉

A. 工艺流程

脱脂乳 → 乳清蛋白浓缩液 → 混合 → 加盐 → 注模 → 热凝 → 切片 → 浸味 → 熏制 → 包装

↑

鸡蛋液→鸡蛋蛋白液

B. 加工工艺

（1）将脱脂乳分离除去酪蛋白后的乳清，经膜过滤，浓缩成乳清蛋白浓缩液。

（2）由蛋液分离除去蛋黄而制得的蛋白液，调整其固形物含量为10%。

（3）将乳清蛋白浓缩液与蛋白液按它们所含固形物之比为4∶1的数量混合，且总固形物含量为10%，添加食盐均匀混合后，灌入聚偏二氯乙烯管（折幅40 mm）中，于85℃下加热30 min使之凝固。

（4）用自来水冷却凝固物，30 min后，切成2 mm的薄片，放入由食盐、砂糖、调味料组成的调味液中浸一夜。

（5）调味后，于25℃下干燥2 h，然后于70℃下干燥4 h。

C. 产品特点

具有墨鱼的口感，风味良好。

2. 以蛋白粉仿制墨鱼肉

A. 加工工艺

配料为乳蛋白粉125 g、蛋白粉21 g、食盐25 g、调味料8 g、七味辣椒粉5 g、砂糖100 g、水845 g。

将乳清蛋白粉、蛋白粉、水组成的混合液，与食盐、化学调味料、七味粉、砂糖均匀混合，灌入聚偏二氯乙烯管（折幅40 mm）中，每管装量为100 g。于85℃下加热60 min，使之凝固即可。

B. 产品特点

具墨鱼肉口感，风味良好。

（二）仿生墨鱼干的加工

仿生墨鱼干加工的关键在于使制品具有墨鱼干特有的口感，即蛋白的纤维性。所选用的原料为活性面筋，它具有韧性的面筋蛋白的大分子结构，通过压延拉伸，可使其纤维化。

1. 加工工艺

配料：活性面筋1 kg、食盐250 g、墨鱼精少许、酸性亚硫酸钠0.8 g、马铃薯淀粉3 kg、水及其他调味料适量。

向活性面筋中加入5 L水，搅拌均匀，添加亚硫酸钠、食盐，混合。添加马铃薯淀粉，再混合。将混合物压延、拉伸，立即放入水中揉和，使其纤维化，接着在蒸汽中拉伸。

在75~85℃条件下加热10 min，然后用水洗净，得纤维状复合食品约10 kg。

用轧辊轧成片状，制成网目状墨鱼干，然后加入墨鱼精、料酒、酱油、砂糖、食盐及其他调味料，制得水分为25%的仿生墨鱼干4 kg。

2. 产品特点

口感风味均与真品极为相似。

（三）仿生墨鱼珍味食品的加工

仿生墨鱼珍味食品均以优质的大豆蛋白为原料。大豆蛋白其氨基酸质量逊于鱼肉蛋白，但在所有植物蛋白中，其质量却是最好的。而且大豆中含有异黄酮类物质，具有抗癌活性。大豆中还含有降低人体血液胆固醇的特殊生理活性物质。因此以大豆蛋白为主要原料制取的仿墨鱼食品，不仅营养、口味好，而且还具有独特的医疗保健作用。

1. 大豆蛋白粉仿墨鱼珍味食品

A. 加工工艺

配料：大豆分离蛋白粉6 kg，豆油157 kg，马铃薯淀粉2 kg，水102 kg（其中2 kg为挤压时用），碳酸钙200 g，盐320 g，料酒、鱼肉汁3.2 kg，糖649 g，化学调味料160 g。

将大豆分离蛋白粉、马铃薯淀粉充分混合，通过投料器投入双螺旋挤压机中，同时注入大豆油和水。螺杆转速为100 r/min，套筒温度为150℃，压力为2.45 MPa，模口孔径7 mm，挤压后得到膨化物10 kg。

取10 kg膨化物，加水100 kg和硫酸钙200 g，加热至85℃，搅拌并保温30 min，然后用离心机脱水，得32 kg含水量为75%的纤维状蛋白。

在纤维状蛋白中加料酒、鱼肉汁、盐、糖、化学调味料调味，然后放入热风干燥机中，80℃干燥4 h，得水分含量为25%的仿墨鱼珍味食品。

B. 产品特点

制品风味、口感俱佳。

2. 可手撕的仿墨鱼珍味食品

A. 加工工艺

配料：大豆蛋白粉11.72 kg、水5.52 kg、精制菜籽油690 g、氯化钙400 g、化学调味料624 g、砂糖15.6 kg、墨鱼油156 g、玉米淀粉2.07 kg。

在大豆蛋白粉中添加玉米淀粉，混合后通过投料器投入双螺旋挤压机中，同时加入水和菜籽油。挤压机的螺杆转数为120 r/min。套筒温度为135℃，压力2.94 MPa，4个出料孔的出口直径4 mm，通过挤压得到膨化物20 kg。

取20 kg膨化物，加300 L热水，加热至70℃，搅拌40 min，然后过滤、脱水、水洗。经反复两次脱水后，得78 kg含水82%的纤维状蛋白。

纤维状蛋白中添加糖、盐、辣椒粉、墨鱼油，混合后用压辊将其压成3 mm的薄片，干燥后即成，水分含量25%~30%

B. 产品特点

这种珍味食品可用手撕裂食用，与真品极为相似。

五、仿生海蜇食品的加工

海蜇是一种风味、口感独特的海产品，作为凉拌用海鲜深受人们的喜爱。仿海蜇食品是以褐藻酸钠为主要原料经过系统加工处理而成的一种仿生食品，具有天然海蜇特有的脆嫩口感及色泽，比天然海蜇价格便宜，食用方便，调味容易，而且可以按人们的营养需要对其进行营养强化，是一种很值得发展的佐餐食品。

（一）仿生海蜇的加工

仿生海蜇的主要原料为褐藻酸钠，也称为海藻酸钠，是褐藻的细胞成分褐藻酸的钠盐，其主要成分为β-D-甘露糖醛酸钠和α-L-古罗糖醛酸钠，两种糖醛酸通过1，4键连接而存在于褐藻中。利用这一性质用Na_2CO_3或$NaOH$消化褐藻原料，使不溶性的褐藻酸（或其盐类）转化为可溶性的褐藻酸钠而提取出来。褐藻酸钠与钙离子反应，形成不溶于水的褐藻酸钙。这种不溶于水、在水中具有致密网状结构的钙盐，就是人造海蜇食品的主要成分。通过调节褐藻酸钠和钙离子的浓度和置换时间，就可以得到口感软硬程度不同的仿生海蜇食品。

（二）仿生海蜇丝的加工

1. 工艺流程

海藻酸钠 → 混合 → 溶解 → 浸泡 → 清洗 → 沥干 → 杀菌 → 成品

固化

2. 原料配方

（1）滴液配方：海藻酸钠0.7%~1%、苯甲酸钠0.2%、白砂糖4%~5%。

（2）固化液配方：氯化钙10%、明矾2%~3%，加软化净化水至100%。

3. 加工工艺

（1）混料。海藻酸钠与白砂糖按比例混合，然后加软化净化水溶解，这样可加快海藻酸钠的溶解速度，不易结块，可以提高成品的柔和度。

（2）溶解。海藻酸钠溶解的适宜温度为50~60℃，勿高于80℃，因温度过高可使海藻酸钠部分降解。在溶解过程中，要充分搅拌，至无凝块后，再静置2~3 h，使物料充分溶解，再去滴制，这样可保证滴制的质量。

（3）用水要求。溶解海藻酸钠的水，必须是软化水。因为硬水中的钙、镁离子将与海藻酸钠结合，提前生成不溶性的海藻酸钙与海藻酸镁，使下一步钙化过程不能正常进行。

（4）加明矾。固化液的配方中，明矾的作用是增加人造海蜇丝的脆度，并不影响海藻酸钠与氯化钙的作用。

（5）固化。将配制的固化液注入固化槽中，然后启动槽内搅拌器，使固化液成环流流动。关闭滴料槽上的滴出管，把配制好的滴液倒入滴料槽中，到一定高度后，打开出料口，让滴液呈条状流下，并进入固化液中，这时可以看到海蜇丝逐渐固化成型，形成晶莹透亮、连续不断的条状。随着工艺过程的进行，固化液浓度逐渐降低，因此要定时补充氯化钙，以保证其浓度在适当范围之内。

（6）浸泡。制成的人造海蜇丝要用水进行3~4 h、甚至更长时间的浸泡，以泡出海蜇丝内多余的氯化钙溶液，以免出现涩味。

（7）清洗。浸泡后的清洗要采用软化净化水，这样既可以进一步去涩，又可保证人造海蜇丝的安全卫生。

（8）杀菌。制得的海蜇丝经高温（121℃、20~30 min）杀菌，进一步保证其安全卫生。

（三）仿生海蜇片的加工

1. 加工工艺

制造人造海蜇片需要两种基本原料：以大豆为原料的分离蛋白质和以褐藻（如海带）为原料制取的褐藻胶（即褐藻酸钠）。将大豆蛋白与褐藻胶按干重1:3的比例，加水混合（加水量相当于大豆蛋白与褐藻胶总量的5~20倍），搅溃，直到凝固，凝固后水洗，尽量除去残存未凝部分。接着进行5 min短时蒸煮处理，最后脱水干燥即成。食用时将干品放入水中，短时间吸水后，即具有类似天然海蜇口感。

2. 原料配方

配方1：大豆蛋白粉25 g、褐藻胶75 g、水1 L、4%氯化钙溶液18 g、褐藻胶60 g。

配方2：100目的脱脂大豆粉25 g、褐藻胶75 g、水1 L、4%氯化钙溶液适量。

3. 产品特点

用上述配方与方法制取的人造海蜇片具有以下特点：① 具有天然海蜇皮的口感；② 原料便宜易得，生产方法简便；③ 生产过程不必像天然海蜇那样进行特制处理（如盐腌、脱水）；④ 能防止发酵变质，质量稳定，可以长期保存；⑤ 可以随时供应市场，以补天然海蜇皮的供应不足。

六、其他仿生海洋食品的加工

（一）仿生鱼子食品的加工

鱼子如鲑鱼与鳟鱼之卵，由于资源紧缺，数量稀少，加之该品含有丰富的卵磷脂、脑磷脂、维生素等营养成分，对皮肤、眼睛干燥者有益，是一种很好的滋补、明目、保健佳品，因而非常珍贵。以多种海藻胶类多糖为主要原料模拟其口感，添加各种营养调味因子如磷脂、胡萝卜素等，制成的口感类似天然鱼子，强化后营养也不低于天然鱼子的多种仿生鱼子食品，价格低廉，并可保证供应充足，深受消费者欢迎。

1. 加工工艺

（1）水溶胶的配制。选择果胶、卡拉胶、糊精、琼脂、明胶中的一种或几种为主要原料，加水溶解，在常温下配制成溶胶。

（2）调味。在水溶胶中加入鱼卵提取物、食盐、味精、香料等，使之具有类似子子的风味。

（3）油料的配制。以色拉油为主要原料，添加维生素A、β-胡萝卜素进行调色。

（4）成型。根据水溶胶在低温下形成凝胶这一原理，设计一种双层套管，内管注入油料，两管中间加入溶胶，通过不断地连续开闭，内管中的油不断滴下形成油滴，外层的水溶胶附着在油滴周围形成颗粒落下，油的滴出量为水溶胶的10%左右。

（5）凝胶化。由水溶胶包着的油滴颗粒，经冷却成凝胶。冷却介质可用冷空气，最好采用低温冷却液，如盐水、稀释乙醇、油、水等均可作为冷却介质。用水作冷却介质时，要添加疏水剂，才有利于水溶胶形成球状颗粒，疏水剂可用蔗糖、糖脂、卵磷脂等；如用油作冷却介质时，就不需加其他疏水剂。液体冷却介质的温度为1~5℃。

（6）水洗、脱水。凝胶颗粒用冷却水清洗，沥去水分。

（7）包膜。可选用明胶、酪蛋白、褐藻酸钠、果胶、卡拉胶等。选择一种或几种为原料，一般以果胶与褐藻酸钠为好，用水溶解成包膜溶胶。用浸渍或喷雾的方法，将包膜溶胶附着在球状凝胶的表面。包膜处理应始终在低温条件下进行，并将球状颗粒迅速投入钙盐凝固剂溶液中，形成球状凝胶。

（8）水洗、干燥。包膜结束后的球状凝胶经水洗、脱水和轻度干燥，必要时可用油涂覆其表面，所得制品酷似鲑、鳟鱼子。

2. 加工实例

实例一：

（1）原料配方：

甲液：卡拉胶20 g、食盐50 g、明胶25 g、鱼卵提取物50g（溶于1 L水中）。

乙液：色拉油100 mL，维生素A 2 g。

（2）液-液包容。以内径2.5 mm玻璃管为外管，0.5 mm的为内管，内管与乙液相连，外管与甲液相连。通过脉冲式开闭机构，在套管的出口端形成液体状颗粒，乙液被甲液覆盖，滴下速度由脉冲开闭机构调节。

（3）丙液制备。取水8 L，加入糖脂16 g、红花油24 g，混合后冷却至3~5℃，该液即为丙液，加入内径为10 cm的圆管内。

（4）成型。由套管形成的液体状颗粒落入丙液中，并使之凝胶化，硬化后形成颗粒。

（5）包膜。将凝胶粒放置10 min，收集后放入0℃左右的5%盐水中，缓缓搅拌，洗涤。用金属网捞起沥水，用冷却至3℃左右的3%褐藻酸钠溶液撒布于球粒表面，然后将球粒分散落入3%的氯化钙溶液中，使球状凝胶的表面形成包膜。

（6）干燥。收集已成包膜的球状凝胶，经水洗、脱水，用60℃热风吹10 min，使表面干燥，再用色拉油向制品表面喷雾，获得人造鱼子1.6 kg。

实例二：

（1）原料配方。角叉菜胶1.2 kg、葡萄糖10 kg、β-胡萝卜素0.1 kg、大豆色拉油10 L、水87.8 L。

（2）调制溶胶体。将角叉菜胶、葡萄糖、氯化钙加至87.8 L水中，边搅拌边加热至75℃，得溶胶体。

（3）凝胶化。将溶胶体于15℃下放置30 min，冷却后即得凝胶。

（4）匀质。将得到的凝胶体放在搅拌机内，使凝胶微细化，得细粒溶胶体。

（5）调制乳化液。在另一搅拌机内投入89.9 kg上述细粒溶胶体，边搅拌边投入β-胡萝卜素，溶解后加入大豆色拉油，得到乳化液。

（6）形成颗粒。将乳化液通过内径为5 mm的喷嘴，形成直径为6 mm的液滴，以每分钟100滴的速度滴入浓度为0.8%的褐藻酸钠水溶液中，液滴在溶液中沉降，乳化液被褐藻酸钠包裹住，连续不断形成颗粒体。颗粒体在溶液中浸渍2 min，使之吸水膨胀，变成直径为8 mm的颗粒体后，从溶液中取出。

（7）加热收缩。将颗粒体撒到75℃。热水中，停留60 min，在最初的10 min内，分离出油层和水层，结束时，颗粒体收缩至直径6 mm。

（8）调味浸渍。将氯化钙0.1%、沙丁鱼汁5%、栀子黄色素2%溶解，制成调味调色液。自清水中取出颗粒体，放在调味液中浸渍10 min，即得类似于咸鲑鱼子的仿鱼子食品。

（二）仿生蟹子食品的加工

天然的蟹子在食用时有其独持的粒状及滑润的口感。作为仿生制品要具有这种特点，通常以禽、蛋、鱼卵、海藻胶等为原料，经精细加工制成细粒胶状物质，再以禽类的蛋白、蛋黄、鱼卵为黏合剂，通过加热凝固作用，把细粒状胶体质粒连成一体，可制出很像天然蟹子的人造食品。

1. 加工工艺

首先是加工制造凝胶强度达24.5~176 kPa的细粒状胶块。凝结后达到这一强度范围的胶体原料和处理方法有以下几种：

（1）禽类蛋白、鱼卵混合的加热凝固物，或者是禽类蛋黄、鱼卵的加热凝固物。

（2）禽类蛋白、鱼卵与禽类卵黄混合的加热凝固物。

（3）海藻酸钠等多糖类物质与起调整强度作用的淀粉、植物蛋白、鱼肉糜等混合，经盐析制成的胶状物。

（4）鱼肉糜加入淀粉、食盐搅溃后加热凝固的鱼糜制品。

上述原料加入一种或多种偏磷酸、焦磷酸、多磷酸等聚合磷酸的钠或钾盐，制品的效果更佳。如再加入少量的调味料、食用色素及10%左右的天然肉糜，制品即与蟹子的味道相似。

胶体的细粒化处理，可先将胶体切成适当的大小，然后用食品切断机切细或用金属网搅打，制成直径为0.1~1.2 mm的不定形细粒。

将得到的细粒状胶体加入禽蛋白、禽蛋黄、鱼卵等作为黏合剂，再利用70℃以上的高温，发生凝集作用，将胶体粒均匀地包裹起来，并粘连成一体。黏着剂的加入量为20%~70%，过少则胶体不能粘连成一体，过多又会使制品过硬，达不到预期效果。使用蛋白、蛋黄和鱼卵，因其黏性较低，而且使用后对胶粒的包裹厚薄不匀，所以通常选用干燥的蛋白与蛋黄的粉末，同时尽量加大胶粒表面的粗糙度（如用金属网挤擦得到的胶粒），以达到对胶粒的包裹粘连均匀一致。

2. 加工实例

实例一：

鲜鸡蛋白1 kg，加入多聚磷酸钠与焦磷酸钠等量配制的6%溶液70 g、调味料7 g、食盐9 g，搅拌混合，然后对混合物进行减压脱气，移入15 cm×12 cm×5 cm的塑料容器中，于85~90℃下蒸煮25 min，即得到凝胶强度为33.3 kPa的胶体，将其粗切，用食品切断器切削90 min，得0.4~0.9 mm的细粒1 kg。于1 kg细粒胶体中，加入鲜蛋黄250 g、蛋黄粉20 g、食用色素5 g、蟹味香精1 g，轻轻混合，在90℃下蒸煮25 min，即得口感与天然蟹子相似的仿生蟹子食品。

实例二：

与实例一方法相同。于1 kg细粒状胶状物中加入蟹肉糜100 g、鲨鱼卵360 g、蟹味香精1 g、色素2 g，分别注入5.5 cm×9.5 cm×2.5 cm的塑料容器中，封口后用100℃蒸汽加热，即得口感与实例一近似的制品。

实例三：

6%的褐藻酸钠1 kg，加入50 g淀粉，使呈黏稠状液体，再加鱼糜100 g及天然蟹肉糜50 g，凝结后，通过内径1 cm的圆孔挤入氯化钙水溶液中，使其胶体化，然后加热蒸煮即得凝胶强度为176 kPa的胶体。用食品切断器将胶体切成0.2~0.4 mm的细粒状，用充足的水洗净。在1 kg细粒胶体中，加入蛋黄600 g、蛋黄粉100 g、蟹味香精2 g、色素1 g，于95℃下凝固20 min，即得与天然蟹子有类似口感的制品。

3. 制造仿生蟹子可供使用的胶体原料

按以下方法所制得的胶体原料均可用作制仿生蟹子的原料：

（1）全鸡蛋充分搅拌后真空脱气，90℃蒸15 min所得的胶体，其凝胶强度为7.73 N/cm^2。

（2）蛋黄真空脱气后，90℃蒸15 min所得的凝胶强度为1.35 N/cm^{2}的胶体。

（3）100 g蛋黄，加入1.5%磷酸盐（多磷酸钠与焦磷酸纳等量配制）水溶液20 g，真空脱气，90℃、15 min处理所得的凝胶强度为14.6 N/cm^{2}的胶体。

（4）100 g蛋黄、0.3 g磷酸盐、0.8 g食盐及20 mL温水搅匀，真空脱气后，90℃处理15 min所得的凝胶强度为17.6 N/cm^{2}的胶体。

（三）仿生海胆风味食品的加工

海胆黄为海产珍味食品，自古以来就深受人们的喜爱。用粒状植物蛋白、食用油脂及鱼肉糜为原料，可配制加工而成外观、食感都与海胆黄相似的仿生食品。

1. 加工工艺

所采用的粒状植物蛋白，是用大豆或小麦通过常规方法制作的。粒度为10~60目为好。粒度过大，则制品粗糙，外观及口感与天然海胆相差较大。粒度过细、口感不好。

食用油脂用豆油、菜籽油、椰子油等，也可以用猪油等动物油。食用油脂一般在蛋白着色、调香、调味后加入，也可在调味的同时加入，一同混匀，用量为蛋白量的20%~100%，最佳用量为30%~60%。

加入的鱼糜必须经水稀释，否则制品类似鱼糕而非类似海胆，口感差。加水量为鱼糜量的150%~250%，并加少量的盐，充分捣溃。鱼肉糜的用量为蛋白量的50%~200%。

将上述混合物于90~100℃下蒸20 min即成。

2. 加工实例

实例一：

将脱脂大豆按常规方法用挤压成型机制成10~30目的颗粒，取100份，放入搅拌机中，然后加入色素、调味料及海胆黄液共计100份搅拌，最后加入30份椰子油拌合。

取阿拉斯加鳕鱼C级鱼糜100份、水250份、盐3份，擂溃20 min，取150份，加入上述的大豆蛋白中，进一步充分搅拌。

上述混合物于95℃下蒸20 min，即得到与天然海胆黄口感类似的仿生海胆黄。

实例二：

将脱脂大豆和小麦粉按2∶1的比例混合，用挤压成型机制成30~60目颗粒。取100份，用辣椒水包裹着色，然后加入120份海胆黄调味香料水，用捏合机加以搅拌。将豆油与猪油按9∶1的比例混合，取混合油50份，进一步充分混合。

取阿拉斯加鳕鱼C级鱼糜100份，加2.5份食盐和200份水，擂溃30 min，取100份加入要求调味的植物蛋白中，并进一步混匀。

将此混合物用连续成型机制成厚2 mm、宽2 mm的条状，于98℃下处理15 min，即得到风味、口感与外观都与天然海胆类似的仿生食品。

（四）仿生扇贝的加工

以魔芋精粉为主要原料，加水溶胀，同时按比例加入扇贝提取物和淀粉，搅拌均匀后静置2 h左右，将制好的糊液用压力挤入成型模具内，然后加热处理（温度为90℃的热水），再按冷却、漂洗、切段、包装、杀菌、冷却等工艺环节，即可得成品。

（五）海鲜汇的加工

1. 工艺流程

原料处理 → 斩拌 → 腌制 → 混合搅拌 → 成型 → 单冻 → 脱模、裹糠 → 金属探测 → 包装

2. 工艺要点

（1）原料处理。南美白对虾虾粒制作：将冷冻的南美白对虾解冻后，进行冲洗、整理（包括去壳、肠腺等不宜食用的部分），再冲洗干净，沥干水分后切成小颗粒。

北太鱿鱼粒制作：将鲜度高、色泽良好的冷冻北太鱿鱼片半解冻，去除杂质和污物后，切成小颗粒。

鳕鱼肉处理：将深海鳕鱼肉去除刺骨残留和杂质，用斩拌机斩拌成鱼糜，操作时间控制在5 min以内。

猪肉肥膘处理：选用冻肥膘，于4~10℃保温库中自然半解冻，然后在挑选台上仔细挑选，触摸感知，去除猪毛、筋膜、猪血、肉骨头等异物。用斩拌机斩拌肥膘5 min，使其成糜状。

鸡脯原料处理：于4~10℃保温库中自然半解冻，然后在挑选台上仔细挑选，触摸感知，去除鸡毛、鸡血、骨头、筋膜等异物。用斩拌机斩拌5 min，使其成糜状。

章鱼触腕处理：于4~10℃保温库中自然半解冻，再切除一些颜色不好的部分。用斩拌机斩拌5 min，使其成糜状。

（2）混合一次斩拌。取鳕鱼糜7.2 kg，加入章鱼触腕糜4.3 kg、鸡脯肉糜4.3 kg，猪肥膘糜1.8 kg，放入斩拌机中混合斩拌2 min。

（3）混合二次斩拌。将碎冰8.0 kg、味精0.95 kg及白砂糖0.22 kg，放到上次斩拌好的混合物中，再加入一定添加量的食用盐、大豆浓缩蛋白、食用玉米淀粉，然后继续斩拌3 min。

（4）腌制。于4~10℃保温库，取北太鱿鱼颗粒8.2 kg、南美白对虾虾粒6.8 kg、港式蒜香腌料0.47 kg充分混合后腌制30 min。

（5）混合搅拌。混合斩拌后的糜制品与腌制品按1：1混合，在槽型混合机中混合5 min。

（6）成型和单冻。将混合后的制品用模具加工成各种规格、特定形状的成品，然后在速冻机中速冻。

（7）脱模和裹糠。扭曲模板使产品脱出，先将产品裹浆后，再裹层面包糠。

（8）金属探测。利用金属探测仪检测，剔除含金属异物的产品，再在隧道式冷冻机中冷冻。

（9）包装。按一定规格包装经检验合格的产品，然后置于−18℃条件下冻藏。

思考题

（1）开发海洋仿生食品有何意义？海洋仿生食品有何突出的优点？

（2）常用于海洋仿生食品加工的技术有哪些？分别叙述其技术特点。

（3）简述仿生蟹腿肉的加工技术，并分析其加工要点。

（4）简述仿生海蜇食品的加工技术特点。仿生海蜇食品与海蜇食品的区别是什么？

第八章　海洋食品加工新技术

海洋中不仅有经济价值很高的各种鱼、虾、贝类海洋动物，而且有丰富的海洋植物，其中经济藻类就有100多种，许多具有食用及药用价值。虽然在我国，海洋生物的食用已有上千年的历史，但是随着地球生态环境的日益恶化，食物资源量的逐渐减少，因此，开发海洋食品具有广阔的前景。

传统海洋食品加工是以减少原料中的营养素损失，提高自然资源有效利用为主要目的的食物资源保藏法，尽可能采用各种非常态处理与条件（如降低水分，添加盐分、保鲜剂、防腐剂，气调包装，冷却保鲜，冻结保藏，高温、高压杀菌等）对原料进行初级加工，生产的传统水产保藏制品有干制品、腌制品、冷冻品和罐头制品等；而以丰富人类物质生活为主要目的，尽可能采用各种现代技术与设备（真空冷冻干燥技术、超高压技术、微波技术、超临界萃取技术、微胶囊技术、超高温瞬时杀菌技术、栅栏技术、超微粉碎技术、再组织化技术等）对原料进行深度加工，开发与生产品种繁多、色香味俱全的精深产品逐步成为现代海洋食品加工业的主导。目前，海洋食品加工技术相对落后，海产品仍以生鲜流通消费为主，加工品种与数量在水产品总量中所占比例仍很小。本章就超临界萃取技术、真空冷冻干燥技术、超高压技术、微波技术、微胶囊技术、栅栏技术、超微粉碎技术，在海洋食品加工上的应用作一概述。

第一节　超临界萃取技术

超临界萃取技术（Super Critical Fluid Extraction，简称SCFE）是一种高效的分离技术。与减压蒸馏、水蒸气蒸馏和溶剂萃取等传统的萃取方法相比，其工艺简单、选择性好、产品纯度高，更重要的是产品不残留对人类及动物有害、污染环境的成分，符合当今寻找和开发节能环保的"绿色化学技术"的潮流。从1869年爱尔兰物理学家Thomas Andrews在《论物质气态与液态的连续性》一文中提出物质的临界点、临界温度及临界压强的相关概念以来，人们对相变的研究已有近150年的历史，不过对超临界技术的研究和应用只有几十年。20世纪40年代国外就有学者开展了针对超临界流体的相关研究工作；70年代初德国首先将超临界萃取技术应用到工业生产中，并取得显著的经济效益和社会效益；80年代以来发达国家在超临界萃取技术方面的研究不断深入，取得了很大的进展。以日本为例，1984年到1991年3月统计显示，日本公布有关超临界流体萃取的公开特许专利共438件，基本趋势是逐年递增。超临界萃取技术正逐渐渗透到有关材料、生物技术、环境污染控制等高新技术领域，是一种共性技术，并被认为是一种"绿色、可持续发展技术"，其理论及应用研究越来越受到重视，在化工、医药、石油、食品、香料、香精、化妆品、环保、生物工程等行业均得到了不同程度的发展和应用。

一、超临界萃取技术概述

（一）超临界流体特性简介

气液平衡相图中物质气液平衡线在一定的温度或压强下是呈水平变化的，但当系统达到一定的温度或压强时，气液平衡线将消失，即气相和液相的界面消失。此时的特殊温度和压强分别被称为临界温度和临界压强，此时的状态被称为超临界状态，处于超临界状态下的流体被称为超临界流体。

超临界流体是独立于气、液、固3种聚集态但又介于气液之间的一种特殊聚集态，其基础理论研究尚处于发展阶段。超临界流体作为一种特殊聚集态有以下特殊的性质：密度与液体相接近；但是黏度仍接近气体；扩散系数大约是气体的0.01，比液体大数百倍，处于气体与液体之间。根据其特性表明：超临界流体兼具了气体和液体的共同特点，例如，既具有液体溶解度大的特点又具有气体易于扩散和运动的特性，具有很大的传质速率。

（二）超临界流体兼具气体和液体的优点

超临界流体的密度更接近于液体，故具有液体溶解能力强的特点；而黏度和气体接近，故其扩散系数介于气体和液体之间，但远远大于一般的液体，较液体来说，有更强的传质能力。由于超临界流体的表面张力为零，所以比较容易进入被萃取物内部。超临界流体具有兼具液体和气体的优点，即溶解和传质特性，所以能与萃取物很快地达到传质平衡，实现物质的有效提取。

只要轻微改变超临界流体的温度和压力，就可以使物质物理化学性质如密度、介电常数、扩散系数、黏度、溶解度发生巨大变化，导致溶剂和溶质的分离。

二、超临界流体萃取技术分离原理及流程

（一）超临界流体萃取分离原理

超临界流体萃取分离过程是利用压力和温度对超临界流体溶解能力的影响而进行的。流体在超临界状态下，与待分离的物质接触，使其有选择性地依次把极性大小、沸点高低和相对分子质量大小不同的成分萃取出来。然后再借助减压、升温的方法使超临界流体变成普通气体，被萃取物质由于溶解度变小而被析出，从而达到分离提纯的目的。由于要考虑溶解度、选择性、临界点数据及化学反应的可能性等很多因素，所以适合于用作超临界萃取溶剂的流体不是很多。目前，超临界流体有CO_2、C_6H_6、CH_4、

C_2H_6、C_3H_8、C_2H_5O 等含碳、低相对分子质量化合物以及 H_2O 和 NH_3 等，CO_2 和 H_2O 是工业上使用最多的超临界流体。水的临界温度和临界压力较高，操作和经济上不如 CO_2 有竞争力。超临界 CO_2 具有以下优点：临界温度31.06℃，在室温范围内，临界压力适当，易于实现工业化生产，通常在35~40℃的条件下进行提取，能够防止热敏性物质的变质和挥发性物质的逸散；在 CO_2 气体笼罩下进行，萃取过程中不发生化学反应；提取过程中，不与空气中的氧接触，因此，还原性萃取物不会因氧化或化学变化而变质；CO_2 不具备可燃性，所以反应相对安全；CO_2 是较容易提纯与分离的气体，因此萃取物几乎无溶剂残留，减少了对人体及动物的危害，减少了对环境及萃取物的污染；萃取和分离合二为一，当饱和溶解物流经分离器时，由于压力下降，CO_2 变为气态，很容易与萃取物分离，故能耗较少；CO_2 无味、无臭、无毒，价格便宜，纯度高，容易取得，且能够循环使用，操作成本较低；还兼具杀菌和保鲜的功能；可以通过改变压力和调节温度来改变溶解性能，对于萃取成分有选择性；由于黏度小，扩散系数大，所以可以节省萃取时间，萃取效率较高。鉴于上述众多优点，超临界 CO_2 得到广泛研究与应用。

（二）超临界萃取技术工艺流程

压力和温度的微小变化都可以引起密度的很大变化，并相应地表现为溶解度的变化，因此可以用压力、温度的变化来实现萃取和分离的过程。以超临界 CO_2 萃取为例，CO_2 气体经换热器换热和加压泵加压达到工艺过程所需要的温度和压力（一般均高于临界温度和临界压力），使其成为超临界 CO_2 流体，流体进入萃取釜与物料充分接触进行选择性萃取所需要的组分，经节流阀降压至 CO_2 的临界压力以下，同时进入分离釜，被萃取的溶质从变为气态的 CO_2 中解析出来成为产品，解析后的 CO_2 再循环使用。超临界流体萃取的工艺流程一般是由萃取和分离两大部分组成。在特定的温度和压力下，使原料同超临界流体充分接触，达到平衡后，再通过温度和压力的变化，使萃取物同溶剂分离，超临界流体溶剂可以重复循环使用。

三、超临界萃取方法的分类

根据分离方法不同，超临界流体萃取有等温变压萃取、等压变温萃取、吸附萃取和惰性气体法几种典型流程，其中应用最为广泛的是等温变压萃取流程。

（一）等温变压萃取流程

等温变压萃取流程是温度不变，控制压力的一种系统。超临界萃取首先是调节压力，使待萃取的溶质在超临界流体中达到溶解度最大，然后溶液通过减压阀降压，使溶质在超临界流体中的溶解度降到最低，从而在分离器析出，达到分离的目的。溶剂可经再压缩进入萃取器循环使用。由于温度不变，故操作简单，适合于热敏性、易氧化、沸点高的物质的萃取。缺点是压力高，耗能高，投资较大。

（二）等压变温萃取流程

等压变温萃取流程是压力不变，控制温度的一种系统。将含有大量被萃取溶质的超临界流体经热交换器加热后温度升高，使之变为气态，从而使溶质的溶解度降低而析出，实现对溶质的分离。优点是压缩耗能相对较少，但不适合热敏性物质的萃取。

（三）吸附萃取流程

吸附萃取流程是在超临界萃取装置的分离釜中加入特定的吸附剂，利用吸附剂选择性吸附溶质的特性，从而将溶质与萃取剂分离开来。优点是该工艺使流体始终处于恒定的超临界状态，不用控制流体的相态，所以能耗低。缺点是吸附剂的选择较为麻烦。

（四）惰性气体流程

超临界流体中加入惰性气体，如CO_2中加入氮气或氩气可降低其溶解能力，达到分离溶质的目的。此过程为恒温、恒压，能耗低，容易控制，但涉及混合气体的分离回收，是比较困难的问题。

因此在应用时，应考虑各种流程的特性和优缺点，综合分析，使用最理想的萃取分离流程。

在以上分离方法中，吸附法虽然不需要进行温度、压力的改变，可以节省能源，但是在实际应用中，根据吸附剂的特性，只能吸附已知的溶质。所以一般只用在天然产物的除杂方面。对于等压变温流程来说，由于温度变化对CO_2流体的溶解度影响较小，所以在一定温度范围内，提取效率较低，实用价值较小。所以，在实际应用中，还是以等温变压法最为常用。

四、超临界萃取系统的分类

按照萃取物料可分为固体物料的超临界流体萃取系统和液体物料的超临界流体萃取系统。其中固体物料的超临界流体萃取系统又可分为间歇式萃取系统、半连续式萃取系统和连续式萃取系统。下面详细介绍一下上述4种分离系统。

（一）间歇式萃取系统

间歇式萃取系统即萃取过程分批来进行。实际应用中，萃取对象一般是固体物料，多采用容器型萃取器进行间歇式萃取。间歇式萃取系统通常由1只萃取釜、1只或2只分离釜组成，有时还有1只精馏柱。

（二）半连续式萃取系统

半连续式萃取系统是指采用多个萃取釜串联的萃取流程。由于在超临界流体萃取过程中，物料装卸比较费时，所以为了节约时间，有的系统采用2个或3个萃取釜串联起来。

（三）连续式萃取系统

连续进料是固体物料连续萃取的关键问题，当前所采用的连续进料方式是采用气锁式进料和螺旋挤出方式。德国HAGAG公司的咖啡超临界流体脱咖啡因系统就是采用的气锁式进料方式。

（四）液体物料的超临界流体萃取系统

液体物料的萃取一般采用的是连续逆流萃取系统，该系统主要由一个能实现连续逆流萃取的萃取塔（柱）组成。在萃取塔里为保证液体物料与流体的充分接触，加大传质，通常采用填料柱和塔板柱。

五、萃取过程的影响因素及局限性

（一）萃取过程的影响因素

超临界流体萃取过程的影响因素很多，主要包括压力、温度、溶剂比、物料粒度、CO_2流量、萃取时间等。压力是最常用的控制因素，即当温度恒定时，压力越大，超临界流体对溶质的溶解度增加，反之，溶解度降低。

不同因素的具体影响情况如下所述。首先是温度，操作中当压力一定时，提高温度可以提高萃取的速度。主要原因有两个：一是物质的蒸汽压随温度的升高而增大，扩散能力增强；二是温度升高，溶质的传递速度增加。物料的粒度大小也影响萃取速度，粒度过大，超临界流体与物料的接触面积小，从而降低萃取速度。如果粒度过小，物料颗粒会紧密相连，形成紧密的固体层，从而影响传质速度。溶剂比大的话，溶剂流量大，提取速度也快，相反如果溶剂比小的话，单位量的流体负荷较大，萃取时间就会延长。在萃取得率一定时，CO_2流量越大，其萃取速度越快，不过CO_2流量过大，增加了回收量，故应该综合考虑，选择合适的CO_2流量。萃取时间也会影响萃取速度，当CO_2流量确定时，随着时间的延长，萃取量会增加。在萃取的整个过程中，随着时间的延长萃取速度呈先低后高，然后再低的趋势。先低的原因是流体与溶质接触还不完全。后面再降低，是因为待萃取成分减少，传质动力下降所导致。

（二）超临界萃取的局限性

超临界萃取虽然有前面所述的许多优点，但也有很多局限性而限制其更广泛的应用。超临界萃取所需要的设备基本上属于耐高压的设备和装置，投资建设的费用大，安全要求高，操作较复杂，另外，需要大量的流体物质，运行成本也大。

超临界萃取过程中，处理的原料大多是固体，以目前的技术实现连续化生产还比较困难，因而生产效率不容易提高。另外，关于超临界流体热力学、高压下的物性变化等理论研究还不够深入，实际应用仍缺乏理论的支持。

六、超临界萃取的应用

随着现代预防医学和流行病学研究的深入，一些富含功能性脂肪酸，如α-亚麻酸、γ-亚麻酸、EPA、DHA等PUFA，动植物油脂的重要生理功能日益引起人们的关注，与之相应的提取方法也被广泛研究，超临界流体萃取技术在动植物油脂提取、功能性油脂富集纯化和油脂精炼方面都有着一定的贡献，其中超临界萃取技术以其优良的特性与效率备受关注。

鱼油中含有多种生理活性组分，比如EPA和DHA等常见功能性成分。传统提取鱼油中EPA和DHA的方法通常采用有机溶剂萃取等，由于方法的局限性，会产生溶剂残留、破坏目标物质等问题，所以应用起来并不尽如人意。由于超临界CO_2流体技术萃取方法具有适合热敏性物质的优点，所以该方法非常适合于EPA和DHA等这样的热敏性物质。

很多研究者对超临界CO_2在塔设备中的流体力学和传质性能进行了研究，对塔式萃取器的设计具有一定的指导意义。在内回流的填料塔中用超临界CO_2进行了连续浓缩鱼油EPA和DHA的研究，在填料塔压12.5 MPa、塔温40~85℃、CO_2流量5 L/min、鱼油进料流量0.8 mL/min等最优组合工艺参数操作时，可得到塔底的EPA+DHA浓度为83%，回收率达到84%。刘伟民等设计了超临界CO_2在内径14 mm、填料高1.8 m的填料塔中连续萃取浓缩鱼油有效组分的流程；韩玉谦等人进行了利用这一技术提取甲鱼油的研究，表明利用一定条件的超临界CO_2萃取率（98.1%）明显高于乙酸乙酯提取。此外，赵亚平等采用银离子络合法与超临界CO_2相结合方法，在15 MPa、45℃、CO_2流量为6 L/min条件下将经过$AgNO_3$预浓缩的鱼油精馏，得到纯度90%以上EPA和DHA及99%DHA单体。

第二节　真空冷冻干燥技术

真空冷冻干燥又称升华干燥。将含水物料冷冻到冰点以下，使水转变为冰，然后在较高真空下将冰转变为蒸汽而除去的干燥方法。可以把待干燥物料事先在冷冻装置内冷冻，再进行干燥。但也可直接在干燥室内经迅速抽成真空而冷冻。升华生成的水蒸气借冷凝器除去。升华过程中所需的汽化热量，一般用热辐射供给。

一、真空冷冻干燥技术概述

冷冻干燥是利用冰晶升华的原理，在高度真空的环境下，将已冻结了的食品物料的水分不经过冰的融化直接从冰固体升华为气体，物料的水分是在固态下转化为气态而将食品干制，故冷冻干燥又称为冷冻升华干燥。

含水的生物样品，经过冷冻固定，在低温高真空的条件下使样品中的水分由冰直接升华达到干燥的目的，干燥时不受表面张力的作用，因此样品不变形。

真空冷冻干燥技术是将湿物料或溶液在较低的温度（−50~−10℃）下冻结成固态，然后在真空（1.3~13 Pa）下使其中的水分不经液态直接升华为气态，最终使物料脱水的干燥技术。该项技术非常适合用在容易受高温、氧气等因素影响而失活的天然活性成分等物质的脱水中。虽然真空冷冻干燥技术在我国推广得非常迅速，但相对应的基础理论研究相对滞后、薄弱，专业技术人员也不多。另外，由于真空冷冻干燥与气流干燥、喷雾干燥等其他干燥技术相比，能耗较高。所以，当前对于真空干燥技术领域来说，加强基础理论的研究是降低操作成本、节省能耗的有效途径。

二、真空冷冻干燥技术的原理

由物理学可知，水有三相。根据压力减小、沸点下降的原理，只要压力在三相点压力之下，物料中的水分则可从固相不经过液相而直接升华为水蒸气。根据这个原理，就可以先将食品的湿原料冻结至冰点之下，使原料中的水分变为固态冰，然后在适当的真空环境下，将冰直接转化为水蒸气而除去，再用真空系统中的水蒸气凝结器将水蒸气冷凝，从而使物料得到干燥。这种利用真空冷冻获得干燥物料的方法，是水的物态变化和移动的过程，这个过程发生在低温低压下，因此，冷冻干燥的基本原理是在低温低压下传热传质的机理。

与发达国家相比，我国的真空冷冻干燥领域中，设备已经趋于完善，所欠缺的就是基础理论的研究及运用，从而阻碍了该技术的进一步发展和应用。因此，研究的重点正向这方面转移。焦点集中在真空冷冻干燥的物性参数及其影响因素、过程参数、过程机理和模型、过程优化控制等的研究。

真空冷冻干燥技术的基本参数包括物性参数和过程参数，它们是实现真空冷冻干燥过程的基础。这些数据的缺乏会使干燥过程难以充分发挥系统效率。物性参数指物料的导热系数、传递系数等。这方面的研究内容包括物性参数数据的测定及测定方法，以及环境条件压强、温度、相对湿度和物料颗粒取向等对物性参数的影响。过程参数包括冷冻、供热和物料形态等有关参数。对冷冻过程的研究关键在于找到最优冷冻曲线。供热过程的研究则集中在两方面：一是对原料载体的改良；二是加热方式（传热方式和供热热源）的选择。原料的颗粒形态和料层厚度等物料形态也是影响干燥效率的重要内容之一。

从热量传递和质量传递入手研究真空冷冻干燥的机理，并建立相应的数学模型，有助于找出过程的影响因素，预测时间、温度及蒸汽压强的分布状况。研究主要限于匀质液相，并提出了一些数学模型，如冰前沿均匀退却模型、升华模型、吸附–升华模型等。这些模型虽然对真空冷冻干燥的过程做了不同程度的描述，但在实际应用中仍然存在许多限制条件。过程优化控制是建立在上述数学模型的基础上的。

三、真空冷冻干燥技术的生产工艺

因为生物制品和食品的冻干工艺相对复杂，为确保制品的质量和节约能耗，生产时应严格控制预冻温度、升华吸热、真空度等，使冻干过程各阶段按照预先制订的工艺路线工作。

冷冻干燥不同于普通的加热干燥之处在于，物料中的水分基本上是在0℃以下的固体表面升华而进行干燥，物质本身则不变形，所以物料干燥后的产品体积不变、疏松多孔。因为，冰在升华时需要热量，必须对物料进行适当加热，并使加热板与物料升华表面形成一定温度梯度，以利于传热的顺利进行。

真空冷冻干燥过程包括冻结、升华和再干燥3个阶段。

（一）冻结

先将欲冻干物料用适当的冷却设备冷却至2℃左右，然后置于冷至约–40℃（13.33 Pa）冻干箱内。关闭干燥箱，迅速通入制冷剂（如氨），使物料冷冻，并保持较长时间，以克服溶液的过冷现象，使制品完全冻结，即可进行升华。在真空冷冻干燥过程中，要求先对被干燥的物料进行预冻，然后在真空状态下，使水分直接由固态变为气态而使物料得到干燥。整个过程中，物料必须保持在冻结状态，否则就不能得到性状良好的产品。在物料预冻阶段，要严格控制预冻温度（通常比物料的共融点低几度）。如果预冻温度不够低，则物料可能没有完全冻结，在抽真空升华时会膨胀起泡；若预冻温度太低，不仅会增加不必要的能量消耗，而且对于某些生物制品，会降低其冻干后的药品成活率。

（二）升华

被干燥物料的升华过程是在高度真空下进行的，在抽真空过程中，必须保持箱内物品的冰冻状态，以防溢出容器。待箱内压力降至一定程度后，再打开罗茨真空泵（或真空扩散泵），压力降到1.33Pa，-60℃以下时，冰即开始升华，升华的水蒸气在冷凝器内结成冰晶。为保证冰的升华顺利进行，应该通过给搁板加热的方式，给冰的升华提供所需热量。

（三）再干燥

在升华阶段内，冰大量升华，为保证升华顺利进行，物料温度不能超过最低共融点，以防止产品中产生僵块或产品外观上的缺损，在此阶段内搁板温度波动范围通常控制在±10℃之间。物料在再干燥阶段所除去的水分为结合水分，此时固体表面的水蒸气压呈不同程度的降低，干燥速度明显下降。在保证产品质量的前提下，此时，为了利于物料表面水分的蒸发，应该适当提高搁板温度，一般是将搁板加热至30~35℃，实际操作应按制品的冻干曲线（事先经多次实验绘制的温度、时间、真空度曲线）进行，直至制品温度与搁板温度重合，达到干燥为止。

四、真空冷冻干燥技术的技术特点

真空冷冻干燥的食品与其他干燥方法比较有许多的优点：

（1）最大限度地保存食品的色、香、味，如蔬菜的天然色素保持不变，各种芳香物质的损失可减少到最低限度。由于冷冻干燥的食品形态保持不变，所以对于蛋白质含量高的食品来说要比普通冷冻保存要好。

（2）对热敏性物质特别适合，可以使热敏性的物料干燥后保留热敏成分；能对食品中的各级营养成分最大限度地保存，比如对维生素C，能保存90%以上。

（3）在真空和低温下操作，微生物的生长和酶作用受到抑制。

（4）脱水彻底，干制品重量轻，体积小，贮藏时占地面积小，运输方便。经冷冻干燥的蔬菜经压块，重量减轻显著。因为压块使体积也显著减轻，故也大大减少了包装的费用。

（5）复水快，食用方便。由于被干燥物料含有的水分是在冻结状态下直接蒸发的，所以在干燥时不会出现溶质在食品中迁移的情况，也不会出现在物料表层有硬膜的情况，不会出现由于水分的迁移导致的食品细胞或纤维产生压力，也不会出现因干燥而使产品变性的问题。所以食品中很多小孔，吸水更加容易，从而能恢复到干燥前的状态。

（6）因在真空下操作，氧气极少，因此，一些易氧化的物质（如油脂类）得到保护。

（7）冷冻干燥法能排出95%~99%以上的水分，产品能长期保存而不变质。

第三节　食品超高压技术

食品超高压技术（ULtra-high Pressure Processing，简称UHP）是当前备受各国重视、广泛研究的一项食品高新技术，它可简称为高压技术（High Pressure Processing，简称HPP）或高静压技术（High Hydrostatic Pressure Processing，简称HHP）。

一、食品超高压技术概述

所谓"加压食品"是将食品密封于弹性容器或无菌泵系统中，以水或其他流体作为传递压力的媒介物，在高压下（100 MPa以上，常用400~600 MPa）和常温或较低温度下（一般指在100℃以下）作用一段时间，以达到加工保藏的目的，而食品味道、风味和营养价值不受或很少受影响的一种加工方法。

关于高压在食品保藏中的应用研究最早是由Bert Hite在1899年提出的，他首次发现450 MPa的高压能延长牛奶的保存期，随后又做了大量相关研究工作，证实了高压对多种食品具有灭菌效果。从1895年到1965年，共有29种微生物被选作超高压杀菌的对象菌。直到20世纪80年代中后期，高压处理技术在食品中的应用才开始引人注目。1986年，日本京都大学林力丸教授率先发表了用高压处理食品的研究报告，引起日本食品工业界、学术界的高度重视。1990年4月，明治屋公司首创采用高压代替加热杀菌，由此生产的果酱（High Pressure Jam）投放市场，制品无需热杀菌即可达到一定的保质期，且由于其具有鲜果的色泽、风味和口感而倍受消费者青睐。

二、食品超高压技术原理

（一）高压杀菌釜与高压杀菌

在加热杀菌中，有时将高压杀菌釜杀菌食品称为高压杀菌食品，实为误称。因为加热介质的较高温度与其体系较高压力密不可分，在加热杀菌中，只要体系压力在常规范围内，其杀菌机制实为"热致"而非"压致"。高压杀菌食品是先将食品原料充填到塑料等柔软的耐压容器内，密封后再投入到高压装置中加压处理，在常温或较低温度下达到杀菌效果。

（二）食品加压处理的可行性

食品物系是多成分的分散系，以水或油作为分散介质，水或油在物系中是连通的，故称为连续相。根据帕斯卡原理，压力在这些连续相内部的传递是均衡的、瞬时的。水等液体既是分散介质，同样也是压力的传递介质。

由于食品高压处理所采用的是以水为压力传递介质，所以说此项技术是可行的。在常温状态下，如果给水加压达到1 000 MPa时，其状态便成为固态。那么此时的水在食品中就不能均匀传递压力。所以，此时的压力就是高压处理食品的上限。

（三）蛋白质压力变性的原因

迄今为止还没有关于高压对蛋白质一级结构影响的报道。二级结构是由肽链内和肽链间的氢键维持，一般高压有利于这一结构的稳定。三级结构是由于二级结构间相互作用而包接在一起形成球形，高压对三级结构有较大的影响。一些三级结构的球状蛋白体结合在一起形成四级结构，这一结构靠非共价键间的相互作用来维持，对压力非常敏感。故高压处理主要是破坏蛋白质的四级结构和三级结构。蛋白质在高压下的变性，直接原因是压力增加导致水被压缩而体积变小。

（1）由于高压对液体的压缩作用，从而影响微生物原有的生理活动机能，甚至使原有功能破坏或发生不可逆变化。水在高压下体积只被压缩14%，随之而发生的热量交换也很少。蛋白质、淀粉原来的构造破坏、发生变性，酶失去机能，细菌也被杀死。食品中氨基酸、维生素、香气成分在高压下不发生变化。

（2）高压可以引起细胞形状、细胞膜、细胞壁的结构和功能都发生了变化。当压力增加到405 MPa时，酿酒酵母的细胞核结构和细胞质中的细胞器基本上已经变形。在506 MPa下细胞核不能够再被识别。当压力达到405 MPa时，核内物质从细胞中丢失；而当压力超过405 MPa时；核内物质几乎完全丢失。

三、影响超高压效果的因素

高压处理的杀菌效果与细菌的种类有关，并受操作压力、受压时间、受压温度、物料pH及其性状等因素影响。一般地，处于指数生长期的细菌比处于静止期细胞对压力反应更为敏感。革兰阳性（G^+）的细菌比革兰阴性（G^-）的细菌对压力更具抗性，孢子对压力的抵抗力则更强，可以在高达1 000 MPa的压力下生存，病毒对压力也有较强的抵抗力。有人提出革兰阴性细菌因其细胞膜结构更为复杂而更容易受环境包括压力变化的影响而发生结构变化。Patterson等综合了许多微生物对压力反应的种间差异的实验结果指出，一种鱼及鱼产品中的常见细菌*Vibrio parahaemoLyticus*，呈革兰阴性，对压力非常敏感，只需200 MPa的压力处理20 min，就可以使细菌的数目下降10^6；其他革兰氏阴性细菌如*Yersina enterocoLitica*、 *CampyLobacter jejuni*和*SaLmoneLLa typhimurium*则需要300 MPa以上的压力处理20 min，才能取得相当的灭菌效果。至于革兰氏阳性细菌*Listeria monocytogenes*和*StaphyLococcus aureus*则需要更高的压力才能达到相当（细菌数目下降10^6）的灭菌效果。此外，压力越高，杀菌效果越好；在相同压力下，延长受压时间并不一定能提高灭菌效果。研究证明，灭活曲线（Inactivation Curve）随压力的升高呈对效下降，受压时的温度也可能改变曲线的形状。Ludwig等报道当大肠杆菌在40℃或50℃时受压250 MPa 20 min，灭活曲线呈一次性线性关系（First Order），但当温度低于30℃时，该曲线的形状就变成对数曲线。这种结果在多数细菌中亦有发现，这可能是因为大肠杆菌的细胞膜成分在30℃附近因为液体变换而导致结构变化。孢子对压力的反应与细菌不一样，SaLe等研究表明，*BaciLLus* spp.的孢子在101~303 MPa下的死亡率高于更高压力下的死亡率。这可能是因为在此压力下可以诱导孢子萌发，而萌发的孢子对环境包括压力更为敏感。受压时的温度对灭菌效果具有明显的影响。1989年7月，日本农林水产省成立食品产业超高压利用技术研究部门。日冷株式会社商品开发部高桥（1991）指出至今常温域（室温）及高温域（约70℃为止）的高压杀菌研究为数不多，但低温域的研究很少见，所以高桥以13种微生物为研究对象，其中枯草芽孢杆菌（*BaciLLus subtiLis*）、梭状芽孢杆菌（*CLostridium sporgenes*）等芽孢形成菌是使用芽孢，而米曲霉（*AspergiLLus oryzae*）、*Rhizopus javanicus*则采用其孢子，在100~400 MPa、pH7.0、20℃或−20℃下处理30 min，发现大部分微生物在200~300 MPa都死灭，但是耐热性高的枯草芽孢杆菌、梭状芽孢杆菌芽孢在20℃及−20℃都未死灭。除这些芽孢外，大致上在−20℃下杀菌效果都比20℃高，特别是微生物在200 MPa、20℃下都死灭1~2个数量级，而在−20℃却几乎全部死灭，但也有几乎没有差异的例子。此外，CarLez等研究了*Citrobacter freundii*在不同温度和压力下的反应，发现在280 MPa、20℃取得的灭菌效果与230 MPa/40℃或150 MPa/50℃的灭菌效果相近。由于超高压是基于对食品主成分水的压缩效果，利用了帕斯卡定律。对于干燥食品、粉末状食品或颗粒状食品，不是以水等液体为连续相的食品而言，不能采用超高压处理技术。由于高压下食物的体积会缩小，故只能用软材料包装。对于产芽孢的细菌，特别是低酸性食品中的肉毒杆菌，需在70℃以上加压到600 MPa或加压到1 000 MPa以上才能杀死。

四、超高压技术的局限与应用前景

超高压技术在应用上仍有许多课题尚待研究，例如热变性与压力变性的拮抗现象，即压力引起的变性有因加热而削减效果的现象，在常压44℃下有些蛋白质已变性80%，但相同温度下提高压力至152~303 MPa时，变性的比例反而减少。在冰点下对食品品质的影响或被加压物质固体化后的压力传达性等问题，pH及其他共存物质影响以及容易操作的加压装置等都有待继续研究。该项技术的理论基础还不够完善，为了使超高压技术更好地发挥作用，就必须深入细致地研究其作用机理。

由于超高压技术在应用时不引入外界杂质、对食品的营养成分及外观破坏小等优点，故在食品加工、杀菌、保鲜及改善风味方面有着其独特的作用。随着人们对绿色食品的要求越来越强烈，超高压食品必将获得市场和消费者更多的青睐。近年来，超高压技术在鱼制品、肉制品加工、杀菌、保鲜上应用已经取得了很大的进步。特别在不适用加热法的鱼丸、鱼糕、鱼调味品等鱼糜制品的制造中，超高压技术不仅能杀菌保鲜、延长货架期，又能保持生鲜原味。

我国沿海地区的鱼类及其他海产品的资源非常丰富，迫切地需要绿色、新颖的加工技术，以获得更适合市民口味、更安全卫生的食品。超高压技术具有这方面的特性，将能满足这一需要，给水产加工工业注入新的活力。预期不久的将来，应用超高压技术加工的绿色海洋制品，将会进入市民的菜篮子。

第四节　微波技术

随着科技的不断进步，紫外线、远红外线、微波等电磁波在食品加工中的应用日益广泛。其中微波技术在食品工业中的应用虽然起步较晚，但近年来发展很快。在我国，微波技术在食品加工或辅助加工中已经开始兴起。微波是频率在300 MHz到300 kMHz、波长1 mm~1 m的高频电磁波。微波能技术作为应用科学主要产生于20世纪40年代，并在之后的20年间，取得了重大的进步，逐步应用于食品、医学等领域中。我国从20世纪70年代开始进行微波技术的研发，目前该技术在冶金、化工、食品加工等领域已被广泛应用。

一、微波的工作原理

微波主要作用于物料中的极性分子，使其由于电场方向的交替变化而以高速改变方向产生摆振，在这种高速摆振状态下，造成分子间的急剧摩擦、碰撞，从而产生大量的热量，这也就是微波加热的原理。

与此同时，在微波的作用下，食物中的有害菌、害虫等同样受到无极性热运动和极性转动两方面的作用而改变其排列组合状态及运动规律，使蛋白质变性而失活，细胞中核糖核酸（RNA）和脱氧核糖核酸（DNA）的若干氢键松弛、断裂或重组，干扰或破坏生物体正常的代谢、遗传和增殖，抑制有害菌体或害虫的生长，达到灭菌、杀虫、保鲜的效果。

二、微波的特性

（一）选择性加热

微波能作用于食品中的水、碳水化合物、蛋白质、脂肪等成分。微波在与物质相接触时产生能量转移。每种物质有其自己的损耗因数，损耗因数的不同，使微波具有选择性加热的特点。即不同的物质，在同样磁场中加热时，所吸收的热量是不同的。对于食品来说，含水量对微波加热的效果影响很大。因为水的介电常数大，而蛋白质、碳水化合物等的介电常数相对较小，即后者对微波的吸收能力比水小得多。水分含量低的食品热容小，更容易受热均匀。由于热扩散速度决定于热传递，食品中的水分和温度对热传递的速度也有影响。

（二）穿透性

由于微波较红外线、远红外线等波长更长，所以，微波具有更好的穿透性能。

半衰深度是表示微波穿透深度性的指标，受材料性质、温度及状态的影响。由于其加热方式独特，所以在食品工业中的应用更有其优越性。其优点主要有加热效率高、加热快速、加热过程具有自动平衡性能、能够较好地保存食品营养成分及风味。但也有对不同营养成分加热不均匀、能耗大等不足。

三、微波在食品加工中的应用

（一）微波技术在食品干燥中的应用

1. 微波热风干燥

微波的加热特性和干燥原理与其他干燥技术不同，尤其适用于低水分含量（<20 g/100 g）物料的干燥。此时水分迁移率低，但微波能将物料内的水分驱出。若食品过湿，微波加热时会导致食品局部过热，而使热敏性物质受到破坏，所以干燥此类食品时最好与热风干燥方法联合使用。若采用微波热风干燥技术可以大大缩短加热时间，可以将此项技术应用于鱼、虾、贝类等海洋食品干制品的加工。

2. 微波真空干燥技术

微波真空干燥技术是把微波干燥和真空干燥两项技术结合起来，充分发挥微波干燥和真空干燥各自优点的一项综合干燥技术。其原理是在低温下加快水分的散失速度，这种干燥方式尤其适合热敏性高的物质，如鱼油、海洋食品的功能性成分等。此外，微波真空干燥还可加工生产牡蛎蛋白粉、鱼干等。

3. 微波冷冻干燥技术

冷冻干燥时需要外部提供冰块升华所需的热量，升华的速率则取决于热源所能提供的能量多少。微波可克服常规干燥热传导率低的缺点，从物料内部开始升温，并且由于蒸发作用使冰块内层温度高于外层，对升华的排湿通道无阻碍作用。微波还可以选择性地针对冰块加热，而干燥部分却很少吸收微波能，从而增加了干燥速率，干燥时间比常规干燥缩短50%以上。由于物料内部冰块迅速升华，物料呈多孔性结构，更易复水和压缩。微波冷冻干燥适合于处理那些具有较低的热降解温度或高附加值的物料。

（二）微波技术在食品杀菌中的应用

微波杀菌是基于食品中微生物受到微波热效应和非热效应的共同作用，在很短的时间内达到杀菌效果，不影响产品的色、香、味、形，显示出较常规杀菌的优越性。

1. 连续微波杀菌工艺

近年来，连续微波杀菌在食品杀菌领域已经成为了研究热点。主要集中于根据食品的介电常数、含水量等因素确定其杀菌时间、功率密度等工艺参数，也有一些研究者进行了食品物料的介电机理和在微波场中升温杀菌理论模型等方面的研究。连续微波杀菌可用于食品的巴氏杀菌。目前已进行应用和研究的对象包括液态食品如鱼露、虾油等等。

2. 脉冲微波杀菌技术

传统微波杀菌主要是利用微波的热效应杀菌，而使用脉冲微波杀菌主要是利用其非热效应杀菌。脉冲微波杀菌技术能在较低的温度、较小的温度变化范围对食品进行杀菌，对于热敏性物料来说具有其他方法不可比拟的优势。因此，对脉冲微波杀菌技术进行研究，在食品加工中充分利用其非热效应具有十分广阔的应用前景。

3. 多次快速加热和冷却的微波杀菌工艺

多次快速加热和冷却的微波杀菌工艺适合于对温度敏感的液体食品杀菌。其目的是快速改变微生物生活环境的温度，并且多次进行微波辐照杀菌，从而避免物料较长时间连续性地处于高温状态，为保持物料的色、香、味及营养成分提供有利条件。

4. 微波加热与常规热力杀菌相结合的杀菌工艺

微波加热与常规热力杀菌相结合，利用了不同杀菌方式的优点，不仅缩短杀菌时间，又可以避免成分复杂、水分含量不均匀的食品在微波杀菌时的受热不均匀等问题。

（三）微波技术在食品膨化中的应用

其原理是微波能量到达物料深层转换成热能，使食品内部的水分迅速蒸发而迫使食品膨化，从而使食品体积增大，并使之成为具有网状结构的状态，成为典型的膨化食品。

微波膨化加工时间短，节能省时，营养成分保存率高，且膨化、杀菌、干燥同时完成。因此，微波应用于膨化食品生产能克服传统油炸膨化含油量高、能耗大等缺点，在食品工业生产中具有十分广阔的应用前景。

（四）微波技术在食品分离提取中的应用

微波萃取技术在国外发展很快，已在许多方面得到应用，并申请了专利。微波分离技术可应用于动植物天然成分的提取和食品添加剂制备工艺的提取步骤。在微波的作用下用水提取天然色素，比传统方法提取率高、节省时间、能耗小。

（五）微波技术在微量元素测定中的应用

现代分析仪器的发展创造了快速准确的微量元素测定仪器，需要相应的高效样品预处理技术与之相匹配。作为微量元素测定，微波消解是一种很好的预处理技术。水是典型的极性分子，以水作为反应体系，通常可以促进微波作用下的化学反应。具有密闭性操作的微波消解与常规消解相比有以下优点：① 快速溶样，比常规方法快4~100倍；② 显著地节省能源，提高消解样品的效率；③ 大大减少所用的样品和试剂量；④ 由于密闭操作，减少了交叉污染及挥发性物质的损失；⑤ 实现样品的消解自动化，提高工作效率和结果的重现性；⑥ 由于独特的消解条件，可用硝酸取代价格昂贵、易爆的高氯酸，降低成本。

Koirtyhnne用微波消解－化学法测定食品中的As/Mn，结果As的回收率为90%~115%，CV 1.7%~4.2%，Mn的回收率为94.0%~98.8%，CV1.0%。达到了分析的要求。李小丽等采用微波消解技术消化奶粉，氢化物原子吸收法测定As含量，其检出限为0.1 mg/kg。

第五节　微胶囊技术

微胶囊技术，也称微胶囊造粒技术，该技术在食品工业中的应用始于20世纪80年代中期，是一种发展迅速、工艺先进的食品加工新技术。在食品工业中完善传统加工技术、更新工艺、改善劳动强度、保证产品质量等方面发挥着重要的作用，是一种应用合成或天然的高分子材料，将热敏性物质、功能性成分等成分（包括固体、液体和气体）包埋起来，形成具有密封或半透膜形式的微型胶囊技术。应用领域不仅包括食品工业，还包括医药、化工、农牧业、轻工以及生物技术等领域。

微胶囊技术能够很好地保护被包裹的物料，使一些敏感的物质不被破坏，能在一定程度上保持色、香、味、性能等不变或少变。其在海产品加工中的应用也比较广泛，主要表现在保健食品加工、水产养殖、水产食品防腐、改善水产食品风味等方面。

一、微胶囊技术的原理

微胶囊是指一种能包埋和保护某些物质的具有聚合物壁壳的半透性或密封的微型容器或包装物，呈现多种形状，如球型、粒状、絮状、块状，其粒子的直径大小一般在 $5\sim200~\mu m$。通常把包在胶囊内的物料称为芯材，而外面的壁囊称为壁材。芯材可以是单核或多核，壁材可以是单层结构，也可以是多层结构。在一定的条件下，用壁材包埋心材，就形成微胶囊。微胶囊技术是指利用成膜材料将固体、液体或气体囊于其中，形成直径几微米至上千微米的微小容器的技术。

二、食品微胶囊化的作用及特点

微胶囊技术应用于食品工业可以起到以下作用：
（1）改变物料的状态、质量和体积，提高其贮藏稳定性、溶解性和流动性。
（2）大大提高了敏感性成分对光、热、氧等环境因素的抵抗能力。
（3）使相互反应的不同组分隔离开，并共存于同一物质中。
（4）控制芯材释放的时间和速度。
（5）降低或掩盖不良味道、色泽。
（6）保护了挥发性组分，避免过多流失，起到缓释的作用。
（7）延缓食品的腐败变质。
（8）降低食品添加剂的毒性。

在食品工业中，微胶囊化可以改变物质的色泽、形状、质量、体积、溶解性、反应性、耐热性和贮藏性等，这些特性使微胶囊技术在食品工业中发挥着重要的作用。

三、食品微胶囊化的方法及分类

根据微胶囊技术的特点，微胶囊化的方法大致可分为物理法、化学法和物理化学法等三大类，20余种。能用于食品工业的微胶囊方法一般需符合以下条件：① 能连续化，以批量规模化生产；② 相对于食品价值来讲，成本低廉；③ 有相应成套设备可引用，设备简单；④ 生产中不产生大量污染物。在食品工业中应用较成熟的方法有喷雾干燥法、喷雾冻凝法、空气悬浮法、分子包埋法、凝聚法、物理吸附法、挤压法等。

研究者也在不断尝试新的微胶囊制备方法，其中对于超声波法的研究应用比较多。

樊振江等以环糊精为壁材，用超声波法制备花椒精油微胶囊，超声功率为200 W、包埋温度为35℃、包埋时间为30 min，在此条件下包埋，微胶囊的包埋率为80.1%，方法简单可行。董华强等在以明胶–阿拉伯胶壁材的复合凝聚法制备番茄红素微胶囊的过程中采用25 kHz声频、150 W声强、间歇式发声20次/分的超声波进行处理，明显提高了番茄红素微胶囊化的包埋率，减小了微胶囊颗粒的平均粒径，提高了微胶囊颗粒大小分布的均一性。刘红霞等提出了一种新颖、灵活的制备微胶囊方法——乳滴模板法。胶体粒子在乳滴表面自组装形成有序的球面胶体壳，交联固定乳滴表面的胶体粒子，可以制备新型的"胶体体"（Colloidosome）微胶囊，即以胶体粒子为壳的微胶囊。乳滴模板法制备微胶囊过程简单灵活，只要选择合适的水油两相和胶体粒子进行乳化就能得到胶体体微胶囊，并且通过所选胶体粒子的种类、数量、粒径大小就可以调控胶囊的尺寸、渗透性、机械强度等。乳滴模板法制备微胶囊的优点是方法简单，胶囊的尺寸、渗透性、机械强度容易调控。这种新型的微胶囊在功能食品、药物载体、生物医药，尤其是细胞移植等领域具有潜在的应用前景。

四、食品微胶囊的壁材

微胶囊化工艺成功的关键是寻找到合适的壁材，壁材在很大程度上决定着产品的理化性质。理想的壁材必须具备如下特性：① 不能与芯材及食品中的成分发生化学反应；② 具有一定的强度和力学性能；③ 具备适当的溶解性、流动性、乳化性、渗透性和稳定性等。另外，比较重要的一点是壁材必须无毒无害，符合国家食品添加剂卫生标准。目前常用的壁材主要有植物胶类（如阿拉伯胶、黄原胶、卡拉胶等）、淀粉及其衍生物类（如羧甲基淀粉、低聚糖）、糊精类（如麦芽糊精、环糊精等）、糖类（如蔗糖、麦芽糖、纤维素等）、蛋白质类和脂类。实际应用中，一般采用几种壁材混合使用，从而起到很好的效果。

目前关于壁材的开发和研究也很多。Stephan Drusch研究了甜菜胶在亲脂性食品组分利用喷雾干燥法制备微胶囊中的应用。还有采用脱脂乳粉为壁材，通过喷雾干燥法制备色拉油，将色拉油中的不饱和脂肪酸等敏感成分包埋起来，延长了保质期。另外，也有研究者利用蛋白酶和纤维素酶水解豆渣所得可溶性产物作为油脂微胶囊壁材，此种材料价格低廉，还对身体健康有益，是一种非常好的壁材。

五、微胶囊技术在海洋食品中的应用

（一）粉末油脂

食用油脂在常温下呈液态或固态，液态为油，固态为脂。传统的食用油脂，其中的易氧化成分容易被破坏，产生酸败等质量问题。如果将微胶囊技术应用在生产粉末油脂中，可以克服以上弊端，大大延长了食用油脂的保质期。

1. 粉末油脂的优点

粉末油脂在国际市场上称为植脂末或奶精粉，具有以下优点：① 油脂被壁材所包埋，避免热、氧等环境因素的破坏，具有很高的抗氧化性，不容易产生酸败等问题，可大大延长贮存期；② 粉末油脂流动性好，可单独使用，也可以与其他物料混合使用，使用方便；③ 由于所用壁材为水溶性，所以易于分散在水中，乳化状态稳定，使用范围更广泛；④ 在微胶囊制备过程中，可以将油脂、生物活性物质、微生物、功能性成分等按要求配合，使产品能更好地发挥作用；⑤ 营养成分以微胶囊形式存在，促进了吸收，使其发挥更大的作用。

2. 粉末油脂生产工艺技术

A. 鱼油微胶囊

鱼油中富含EPA、DHA等长链 ω–3系列PUFA。EPA和DHA能参与脂肪代谢、降低血脂浓度、降低血液黏度、抑制血小板凝集、延缓血栓形成，对防治心血管疾病和提高机体免疫功能有积极的作用。

由于鱼油中的EPA、DHA易受氧、光、热、金属元素及自由基的影响发生氧化、酸败、聚合、双键共轭化等化学反应，使鱼油产生一种特殊的刺激性臭味和苦味，不仅影响品质和风味，还使鱼油失去营养价值和医用价值，无益反有害。采用微胶囊技术可以将敏感成分有效地保护起来，有效避免上述问题。

常见的鱼油微胶囊有以下几种：① 肠溶性鱼油微胶囊；② 以酪蛋白酸盐为乳化剂制备的鱼油微胶囊；③ 美国专利6638557提供的一种用高载量鱼油微胶囊，产品呈粉末状，可含有50%左右的鱼油，具有良好的稳定性。

B. 凝聚法制备的粉末油脂

在微胶囊化技术中，颗粒小于100 μm的微胶囊一般采用喷雾干燥法制备。而凝聚法常用于制备100~400 μm颗粒粒度的微胶囊，这种粒度比较适合于添加到食品当中。美国专利6592916就是利用凝聚法制备微胶囊的技术，该方法是以盐析蛋白质和食用盐通过盐析形成胶囊壁，并采用转谷氨酰胺酶作为交联剂，使分散的胶囊壁连接起来。这种胶囊膨胀率低、流动性好、含水量低，所以很容易干燥，粉末得率高。

（二）抗氧化剂

不饱和脂肪酸易于氧化变质，在食品工业中常用油溶性天然维生素E作为抗氧化剂，其氧化产物可以与抗坏血酸反应重新生成维生素E。其氧化产物由于在油相中，很难与水相中的抗坏血酸盐反应，这就限制了维生素E的应用。最近研究用脂质体包埋抗氧化剂如维生素E。形成了稳定的微胶囊，维生素E被包裹在脂质体壁内，而抗坏血酸盐被亲水相捕获。当此微胶囊加入到水相中时，聚集在水和油的界面处，因此，抗氧化剂就集中在氧化反应发生的地方，也避免了与其他食品组分的反应。

（三）微胶囊技术在海产动物饲料中的应用

微胶囊技术也被应用于海水养殖业的饲料加工中，主要也是保护了饲料中的敏感营养成分（主要包括不稳定维生素、无机盐、蛋白质、PUFA、酶制剂等）不被环境因素破坏，避免产品营养价值降低，也可以防止营养素之间发生化学拮抗。微胶囊化使饲料添加剂及饲料在水中的溶失率减到最小，而在动物消化道中能按预先设计崩解，使消化吸收同步。研究表明，微胶囊化产品能显著提高水产动物的饲养效果、降低生产成本、提高成活率。

（四）微胶囊技术在鱼糜制品上的应用

将鱼肉搅碎，经加盐擂溃，成为黏稠的鱼浆，再经过调味混匀，做成一定形状后，进行水煮、油炸、焙烤、烘干等加热或者干燥处理而制成的具有一定弹性的水产食品，即为鱼糜制品，主要有鱼丸、虾饼、鱼香肠等。

微胶囊化鱼糜制品后，不仅可以增加其凝胶特性，而且起到保护防腐的作用。还可以包裹一些辅料或者添加剂（包括植物蛋白、蛋清、明胶等），减少产品风味及营养物质的破坏。

（五）微胶囊在改善海产品风味上的应用

1. 新型裹粉开发

为了达到产品美观、易保存等目的，某些海产品表面会涂一层裹粉。而传统的裹粉中会含有香料成分，油炸时会使香料损失，也会污染烹饪用油。利用微胶囊的保护性能，可以将香料制成微胶囊，从而使香料的稳定性提高，避免受到破坏。另外，在食用时也能散发出香味。将这种微胶囊化的裹粉涂抹海产品上，不仅强化了感官性状，而且由于其稳定性高，所以在海产品长期贮藏不会散味，保持其原有的特性。

2. 人造鱼子酱生产

传统天然鱼子酱是以鲟鱼卵为原料，经过复杂而精细的加工而成，加工成本很高。加之鲟鱼资源的缺乏，使得生产天然鱼子酱越来越困难。因此，模仿天然鱼子酱口感和营养的人工鱼子酱就应运而生。比如日本的研究者就开发出一种利用蛋白质、油脂、乳化剂、果胶、蛋白酶等物质生产的人工鱼子酱。如果能将人工鱼子酱中的优质和一些不稳定的添加剂通过微胶囊技术包裹起来，那么无论从人工鱼子酱的营养价值还是香气、外观等感官特性都将与天然鱼子酱更为相似。

3. 海藻油除异味

海藻油也富含PUFA，易氧化，虽然新鲜时无鱼腥味，但氧化产物会导致它发出令人不愉快的气味。微胶囊化对海藻油的氧化气味具有明显的掩盖效果，从而避免食用者的反感。

（六）微胶囊在海产品加工助剂上的应用

利用微胶囊技术生产海产品加工助剂是海产品保鲜的一项新技术，它是利用天然抗氧化剂的氧化作用，防止或消除外界因素对海产品的不良影响，同时利用载体对抗氧化剂的增强效果，使其抑氧化效果更加持久，并在海产品表面形成保护薄膜，防止被二次污染的可能，从而保持海产品的新鲜度。但是这些助剂很多都不稳定，容易受到热、光、氧气等环境因素的影响而变质，从而大大降低了这些助剂的适用性和存储性。用微胶囊技术将这些海产品加工助剂制成微胶囊后，控制其释放，可以在很大程度上解决上述问题。比如通过微胶囊制备技术中的凝聚法对茶多酚进行微胶囊化，不仅能增加茶多酚的用途，而且还能使胶囊内的茶多酚缓慢释放，延长海产品抗氧化时间和产品贮存期。

六、微胶囊技术在海产品中的应用前景

随着我国经济迅速发展和生活水平的不断提高，人们对海产加工食品的要求也越来越高，不仅要求营养、美味，还要方便、保健，因而加强现代高新技术在海产品深加工中的应用研究，以促进海产食品的升级换代。提高海产食品的技术含量是当务之急。而微胶囊技术正是海产品加工工业中引入的众多新技术之一，它的引入对该行业的发展产生了一定的推动作用。目前影响微胶囊化技术在该行业中推广的障碍主要是成本较高，认识度不够，其次是所选用的壁材很多不在食品添加剂的范围，还必须开发出得到食品安全机构认可的性能优良的食品壁材。微胶囊的有些应用还因为废水回收或处理等相关问题而受到限制。但随着人们认识的不断加深，经济水平的不断提高，新材料新设备的不断开发，微胶囊化技术将会在海产品加工工业中发挥更大的作用。

第六节　栅栏技术

栅栏技术是由德国的Leistner在长期研究的基础上率先提出。食品要达到可贮性和卫生安全性，这就要求在其加工中根据不同的产品采用不同的防腐技术，以阻止残留的腐败菌和致病菌的生长繁殖。

一、栅栏技术的概述

食品的可贮性可以由多个栅栏因子的相互作用得以保证。栅栏因子的交互作用保障了食品的可贮性，我们把这些食品称为栅栏技术食品（HurdLe TechnoLogy Food，HTF）。发达国家和发展中国家都存在栅栏技术食品，但大都是根据经验来应用的，而并不懂其原理，现在则可以通过更好地开发先进监控设备使其应用不断增加。

已知的防腐方法根据其防腐原理归结为高温处理（H）、低温冷藏或冻结（t）、降低水分活度（α_w）、酸化（pH）、降低氧化还原值和添加防腐剂等几种，即可归结为少数几个因子。我们把存在于肉制品中的这些起控制作用的因子，称作栅栏因子（Hurdle Factor）。栅栏因子共同防腐作用的内在统一，称作栅栏技术（Hurdle Technology；Leistner，1994）。

实际应用过程中，应该将不同的栅栏因子科学地组合起来，协同发挥作用，从不同的角度抑制或杀死引起食品腐败的微生物，形成对微生物的多靶攻击，从而改善食品质量，保证食品的卫生安全性。

研究表明，肉制品中各栅栏因子之间具有协同作用（即魔方原理；Leistner，1985）。当肉制品中有两个或两个以上的栅栏因子协同作用时，其作用效果强于这些因

子单独作用的叠加。其原因在于不同栅栏因子进攻微生物细胞的不同部位，如细胞壁、DNA、酶系统等，改变细胞内的pH、α_w、氧化还原电位，使微生物体内的动平衡被破坏，即多靶保藏效应（Leistner，1979）。但是对于某一个单独的栅栏因子来说，其作用强度的轻微增加即可对肉制品的货架稳定性产生显著的影响（即天平原理）。

二、栅栏技术的原理

国内外至今研究已确定的栅栏因子有温度（高温或低温）、pH（高酸度或低酸度）、α_w（高水分活度或低水分活度）、氧化还原电位（高氧化还原电位或低氧化还原电位）、气调（二氧化碳、氧气、氮气等）、包装（真空包装、活性包装、无菌包装、涂膜包装）、压力（超高压或低压）、辐照（紫外、微波、放射性辐照等）、物理加工法（阻抗热处理、高压电场脉冲、射频能量、振动磁场、荧光灭活、超声处理等）、微结构（乳化法等）、竞争性菌群（乳酸菌等有益菌固态发酵法等）、防腐剂（有机酸、亚硝酸盐、硝酸盐、乳酸盐、醋酸盐、山梨酸盐、抗坏血酸盐、异抗坏血酸盐等）。

近几年来人们对栅栏效应的认识正在逐步扩大，栅栏技术的应用也逐年增加。栅栏技术已是现代食品工业最具重要意义的保鲜技术之一。

三、栅栏因子及其在海产品加工中的应用

（一）栅栏因子

栅栏技术的应用即在海产品加工贮藏过程中通过控制多个关键点，来达到品质和贮藏指标，而多个控制点又称之为栅栏因子。栅栏技术的应用需要正确选择栅栏因子。常见的栅栏因子包括水分活度、氧化还原电势、杀菌温度、防腐剂、贮藏条件等。栅栏技术单凭每个栅栏因子的优化并不能达到最佳的保鲜效果，不同栅栏因子的协同作用往往也会优于多个栅栏因子的单纯叠加，这就是栅栏效应。

（二）几种常见栅栏因子在海产品加工中的应用

栅栏因子选择是基于海产品的基本营养组分组成和特定腐败菌而定的，主要是一些好氧性细菌导致其腐败变质，如假单胞菌、无色杆菌、黄杆菌和芽孢杆菌，故海产品在加工贮藏过程中主要筛选α_w、防腐剂、包装、杀菌方式、贮藏温度等。栅栏技术在海产品加工贮藏中的应用在国内外已经有相关研究，而且效果显著。常规的栅栏技术的应用可以得到长期贮藏的即食海产品和海鲜调味料等。Kanatt等通过控制即食性虾米的水分活度为0.85 ± 0.02，包装并辐照2.5 kGy剂量的γ射线，处理得到的虾米在质构和感官方面没有显著性差异，在25℃±3℃贮藏温度下可存放2个月（对照组15 d）。李云捷等研究表明当柠檬酸添加量为0.20%、复合防腐剂（山梨酸钾、NisapLin质量比为1:1）添加量为0.10%、在45℃干燥4 h、杀菌前的低温处理时间36 h、采用二次杀菌方式（95℃、40 min，中间在冰水混合物中冷却10 min）时，半干鱼片制品在室温（20℃）条件下可保藏5个月。

（三）海产品中新型栅栏因子的应用

1. 抗菌包装技术

现在，食品包装的发展趋势是研究抗菌包装。抗菌包装即是在包装材料中添加抗菌

剂，抗菌剂存储及运输过程中会通过渗透作用缓慢释放到食品中。由于食品包装中的抗菌剂浓度远远大于被包裹食品，所以以浓度差为动力向食品中缓慢迁移。这样，食品中所含的抗菌剂就不会超过最高使用量，使得保鲜效果更为持久。吕飞等对比肉桂油–海藻酸钠涂膜或薄膜、Nisin海藻酸钠涂膜或薄膜以及肉桂油+Nisin海藻酸钠涂膜或薄膜对黑鱼的保鲜效果，结果表明：涂膜处理和薄膜处理均能不同程度地维持黑鱼品质，涂膜处理尤其是含有肉桂油的涂膜处理能显著抑制微生物生长，并能维持较低挥发性盐基氮值，抑制脂肪氧化。

最新研究表明：将控释技术应用于包装体系的新型抗菌包装材料的制备不仅可以达到抑制微生物生长和抗氧化的效果，而且保鲜效果更持久。控释技术是借鉴给药系统的控释和缓释，将抗菌剂包裹在控释包装材料内缓慢释放，制备含有抗菌剂的微胶囊，再添加到具有成模性的基质材料中，最终得到控释抗菌包装袋。这种抗菌包装袋可以防止受环境和食品本身性质改变而导致的抗菌剂失活，抗菌剂缓慢地迁移释放到食品中，其防腐效果可以持久保持。Jipa等研究表明以山梨酸为抗菌剂的单层和多层控释抗菌膜，其膨胀率、水蒸气透湿性和水溶性随山梨酸浓度的增加而增加，而随着细菌纤维素粉浓度的增加而降低。通过对大肠杆菌K12–MG1655的抗性研究表明，此控释抗菌膜在抗菌方面颇有前景。Metin等通过以醋酸纤维素作为基材制备山梨酸钾的单层和多层控释包装膜，结果表明随着醋酸纤维素浓度降低，山梨酸钾的释放速率降低，干燥温度提高，可作为食品包装材料并控制和延长山梨酸钾的释放。

新型抗菌包装材料的抗菌剂主要选择天然抗菌剂，如姜黄素、Nisin和植物精油（EssentiaL OiL）等，植物精油是一种具有高效抗菌性的天然防腐剂，主要成分是酚及酚的衍生物和黄酮类物质。Tunc等使用香荆芥酚为抗菌剂，以甲基纤维素制备纳米复合包装材料，通过检测其对大肠杆菌和金黄色酿脓葡萄球菌的抗性研究发现具有抑菌性，并且膜矩阵中蒙脱土浓度和贮藏温度均会影响香荆芥酚的释放速率。Gómez–Estaca等结合高压处理（300 MPa、20℃、15 min）与含有抗菌剂（牛至精油/迷迭香精油/壳聚糖）的功能性可食用膜对冷熏沙丁鱼包装，结果表明含有植物精油的可食用膜包装使鱼肌肉具有很强的抗氧化性，其中以明胶–壳聚糖制备控释材料的可食用膜包装的抗菌性更显著，结果表明高压结合活性包装具有抗氧化和抑菌功效。

2. 冷杀菌工艺

食品的色泽、风味和质构方面均因热敏性营养成分损失而受到不同程度的影响。近年来食品杀菌更倾向于使用尽量保持食品固有性状不发生改变的冷杀菌技术。冷杀菌主要通过物理方式（生物杀菌除外）达到杀死微生物的目的，如静水压、磁力摆动和γ射线照射等，主要包括超高压杀菌、辐照杀菌、磁力杀菌、脉冲强光杀菌和二氧化钛等杀菌技术。李学鹏等综述了不同冷杀菌技术的优劣并阐述该技术在水产品中的应用进展。

冷杀菌工艺由于本身操作技术要求高，对食品的形态和外观都有限制，故目前在食品工业中的应用不普遍，如超高压主要是在果汁等液体食品中使用，辐照杀菌对食品安全性存在安全隐患。国内外很多冷杀菌技术在海产品中的应用还处于研究阶段。Aubourg

等发现在冷冻前使用150 MPa的静水压处理大西洋鲭鱼，能够抑制脂肪氧化，并且提高冷冻鱼肉的质量，对色泽没有影响，微波熟制后对鱼片进行感官分析，其风味和口感与新鲜鱼片类似。Juan等研究了超高压对金枪鱼货架期的影响，结果表明经310 MPa的处理，金枪鱼在4℃和−20℃条件下分别可保存23 d和93 d以上。张晓艳等使用1 kGy低剂量辐照常温（25℃）贮藏的淡腌大黄鱼，结果表明低剂量辐照处理可延长淡腌大黄鱼的货架期，相对于对照组的9 d和11 d，实验组的货架期可分别延长至16 d和20 d。辐照处理后淡腌大黄鱼的菌落总数显著减少，在贮藏期间实验组数量始终比对照组少，辐照处理可显著减缓淡腌大黄鱼挥发性盐基氮的增加，对脂肪氧化的影响较小。

基于冷杀菌操作强度大，对操作人员技术要求比较高，目前相关研究学者将栅栏技术的理念运用到冷杀菌工艺中，提出联合冷杀菌技术的概念。联合冷杀菌技术，即将两种冷杀菌技术有机结合起来，同时又降低了每种杀菌工艺的强度，进而达到高效的杀菌效果，如抗菌包装和静水压的结合、辐照和真空包装的结合等。Martin等对虹鳟鱼片高剂量辐照处理并结合真空包装检测货架期，结果表明随着剂量增加贮藏期有明显延长，在3.5℃条件下贮藏保质期分别是28 d、42 d、70 d、98 d。Jofré等使用400 MPa处理熟制汉堡包，检测得到沙门氏菌数从10^4 CFU/g降低到<10 CFU/g，并且可以在6℃条件下保持3个月。而结合抗菌包装（Nisin）和静水压才能够控制病原菌的生长。

第七节　超微粉碎技术

超微粉碎技术在食品中的应用是一种新的尝试。美国、日本市售的果味凉茶、冻干水果粉、超低温速冻龟鳖粉等，都是应用超微粉碎技术加工而成的。超微粉碎食品可作为食品原料添加到糕点、糖果、果冻、果酱、冰淇淋、酸奶等多种食品中，增加食品的营养，增进食品的色、香、味，改善食品的品质，丰富食品的品种。

一、超微粉碎技术的概述

超微粉碎是指利用机械或流体动力的方法克服固体内部凝聚力使之破碎，从而将3 mm以上的物料颗粒粉碎至10~25 μm的操作技术，是20世纪70年代以后，为适应现代高新技术的发展而产生的一种物料加工高新技术。超微粉碎的最终产品是超微细粉末，具有良好的溶解性、分散性、吸附性、化学反应活性等，因此超微粉碎已广泛应用于食品、化工、医药、化妆品、农药、染料、涂料、电子及航空航天等许多领域上。粉碎是用机械力的方法来克服固体物料内部凝聚力而使之破碎的单元操作。习惯上将大块物料分裂成小块物料的操作称为破碎，将小块物料分裂成细粉的操作称为磨碎或研磨，两者又统称为粉碎。物料颗粒的大小称为粒度，它是粉碎程度的代表性尺寸。

根据被粉碎物料和成品粒度的大小，粉碎可分为4种：① 粗粉碎：原粒度在

40~1 500 mm范围内，成品颗粒粒度为5~50 mm；② 中粉碎：原料粒度10~100 mm，成品粒度5~10 mm；③ 微粉碎（细粉碎）：原料粒度5~10 mm，成品粒度100 μm以下；④ 超微粉碎（超细粉碎）：原料粒度5~10 mm，成品粒度在10 μm以下。

二、超微粉碎技术的加工设备

按其作用原理可分为气流式和机械式两大类。

气流式粉碎设备是利用转子线速度所产生的超高速气流，将产品加到超高速气流中，转子上设置许多交错排列的、能产生变速涡流的小室，能形成高频振动，使产品的运动方向和速度瞬间产生剧烈变化，促使产品颗粒间急促撞击、摩擦，从而达到粉碎的目的。与普通机械式超微粉碎相比，气流粉碎可将产品粉碎得很细，粒度更均匀。由于气体在喷嘴处膨胀可降温，粉碎过程不产生热量，所以粉碎温度变化很小。这一特性对于低熔点和热敏性物料的超微粉碎特别重要。但是其能耗很大，对设备要求很高。

机械式又分为球磨机、冲击式微粉碎机、胶体磨和超声波粉碎机等几类。其中超声波粉碎机的粉碎效果较突出，不仅颗粒小（4 μm以下）而且分布均匀，具有很大的应用潜力。高频超声波是由超声波发生器和换能器产生的。利用超声波粉碎物料主要是应用了其空穴效应（或空化效应），超声波在物料中传播时会产生疏密区，会造成很多小的真空区域，空腔随振动的高频压力变化而膨胀、爆炸，从而震碎物料微粒。另外，超声波传播是产生剧烈的振动，使得颗粒运动速度急剧增加而发生碰撞，以至固体颗粒粉碎，使颗粒变得非常微小，达到超微粉碎的目的。

三、超微粉碎的粉碎过程及原理

研究表明：被粉碎物料受到粉碎力作用后，首先要产生相应的变形或应变，并以变形能的形式积蓄于物料内部。当局部积蓄的变形能超过某临界值时，在脆弱的断裂线上就会发生裂解。从这一角度分析，粉碎至少需要两方面的能量：一是物料受到粉碎后积蓄的变形能，这部分能量与颗粒的体积有关；二是裂解发生后出现新表面所需的表面能，这部分能量与新出现的表面积大小有关。到达临界状态（未裂解）的变形能随颗粒体积的减小而增大，这是因为颗粒越小，颗粒表面或内部存在缺陷可能性就越小，受力时颗粒内部应力分布比较均匀，这就使得小颗粒所需的临界应力比大颗粒所需的大，因而消耗的变形能也较大。这就是粉碎操作为什么随着粒度减小变得愈困难的原因。在粒度相同的情况下，由于物料的力学性质不同所需的临界变形能也不同。物料受到应力作用时，在弹性极限力以下则发生弹性形变；当作用的力在弹性极限力以上则发生永久变形，直至应力达到屈服应力。在屈服应力以上，物料开始流动，经历塑变区域直至达到破坏应力而断裂。对于任何一个颗粒来说，都存在着一个临界粉碎能量。但粉碎条件纯粹是偶然的，许多颗粒受到的冲击力不足以使其粉碎，而是在一些特别有力的猛然冲击下才粉碎的。因此，最有效的粉碎机只利用不到1%的能量去粉碎颗粒和产生表面。大部分粉碎为变形粉碎，即通过施力，使颗粒变形，当变形量超过颗粒所能承受的极限时，颗粒就破碎。在上述常用的粉碎方法中，根据变形区域的大小（与材料特性和所用的粉碎方法——力的大小、作用面积及施力速度等有关），可分为整体变形破碎、局部变形破碎和不变形破碎3种。

此外，由于变形需要消耗能量，变形越大，消耗能量越多，因此，理想的情况是只在要破坏的地方产生变形或应变。其实，物料的粉碎可以使用非变形或在很小的范围内变形或应变的方法来粉碎，降低能耗。

区别于普通粉碎，超微粉碎加工设备具有以下特性：① 设备回流装置，能将分选后的颗粒自动返回涡流腔中再进行粉碎；② 有蒸发除水和冷热风干燥功能；③ 对热敏性、芳香性的物料具有保鲜作用；④ 对于多纤维性、弹性、黏性物料也可处理到理想程度；⑤ 设备运行中产生的超声波有一定的灭菌作用。在食品加工中的超微粉碎设备一般为胶磨机和气流粉碎机。胶磨机是一种传统方法，较为普遍使用。在粉碎工序中，95%~99%的机械能将转化成热量，故物料的升温不可避免，热敏食品易因此而变质、熔解、粘着，同时机器的粉碎能力也会降低。为此，在粉碎前或粉碎中应使用适当的冷却方法，如在粉碎进行中加以冷冻、冷风、热风、除湿、灭菌、微波脱毒、分级等过程，使物料达到加工要求。气流粉碎机是目前较为先进的超微粉碎设备，它在物料加工中升温低，尤其适用于热敏性食品，但能耗大。

四、超微粉碎技术在海产品中的应用

目前，用于超微粉碎的海产品有很多，如螺旋藻、海带、珍珠、龟、鲨鱼软骨等超微粉，与传统加工得到的产品相比，优点比较突出。例如，珍珠粉的传统加工是经过球磨使颗粒度达几百目；如果利用气流粉碎机，在-67℃左右的低温和严格的净化气流条件下瞬时粉碎珍珠，可以得到平均粒径为10 μm以下的超微珍珠粉。此超微珍珠粉，充分保留了珍珠的有效成分，钙含量达到42%以上，比经传统加工的珍珠粉品质有很大提高。

"药食同源""食疗重于药疗"的思想已普遍为人们接受。对于功能性食品的生产，超微粉碎技术主要在其基料（如膳食纤维、脂肪替代品等）的制备中起作用。超微粉体不仅可以提高生物利用率，可以减少其添加量，微粒在人体内具有缓释作用。

作为一种新型的食品加工技术，超微粉碎可使传统调味料（主要是香辛料）细碎成粒度均一、分散性好的优良超微颗粒。原料颗粒的粒度小，其溶解性、流动性以及吸收率都会增加。颗粒减小其表面就会增大，这样香气能够有缓释的作用。根据其良好的特性，这些香料的超微颗粒适用于生产速溶和方便食品，与以传统方法生产的调味料相比，可以减少其在食品中的添加量。

五、超微粉碎技术的优点

（一）效率高

超微粉碎技术由于采用了超高速粉碎的方法，粉碎的速度快，瞬间即可完成，因而能最大限度地减少生物活性成分的损失，提高产品质量。

（二）营养成分易保留

在超微粉碎中冷浆粉碎方法的应用，可以使得物料在粉碎时温度保持较低状态，保护了热敏性物料的破坏，提高了产品质量。

（三）粒径细，分布均匀

由于采用超高速气流粉碎，原料上力的分布是很均匀的。加上装置上采用了分级设置，可以控制颗粒的粒度，使得超细粉的粒径分布均匀，同时很大程度上增加了微粉的比表面、吸附性、溶解性等。

（四）节省原料，提高利用率

与常规粉碎方法相比，超微粉碎的产品能直接用于生产，不需要再处理，不仅减少了浪费，还可以节约劳动力，降低成本。

（五）减少污染

超微粉碎是在封闭系统下进行粉碎的，既避免了微粉污染周围环境，又可防止空气中的灰尘污染产品。使得微生物和灰尘含量大大降低，非常适用于在保健品和食品中应用此技术。

（六）提高发酵、酶解过程的化学反应速度

由于经过超微粉碎后的原料，具有极大的比表面，在生物、化学等反应过程中，反应物接触的面积大大增加了，因而可以提高反应速度，在生产中节约时间，提高效率。

（七）利于机体对食品营养成分的吸收

大量研究证明：经超微粉碎的食品，由于具有众多优势，所以更容易被机体吸收利用。由于颗粒小，溶解性好，在胃液的作用下吸水溶胀，在进入小肠的过程中有效成分根据简单扩散的原理不断地通过细胞壁及细胞膜释放出来，由小肠吸收。如果颗粒过大，颗粒内部的有效成分要经过机体中的酶等作用，才能释放出来而被人体吸收。然而由于释放比较慢，机体细胞膜内外的有效成分浓度差就会比较低，延长了机体吸收时间。人体的代谢机制决定了营养物质的停留时间是有限的，就会造成营养成分还没被完全吸收而排出体外的情况发生，从而降低了生物利用率。由于超微粉碎食品的颗粒微小，使得在体内的利用速度比较快，可以充分被机体所利用。

思考题

（1）简述超临界萃取技术的原理。与传统的提取技术相比，超临界萃取技术有何优势？

（2）简述真空冷冻干燥技术的操作过程及优点。

（3）简述超高压技术的技术特点及工作原理。

（4）举例说明微波技术在食品工业中的应用。

（5）简述微胶囊技术的技术特点，并阐述该项技术在食品工业中的应用及前景。

（6）简述栅栏因子技术的技术原理及在海产品加工中的应用。

（7）简述超微粉碎技术在海产品加工中的应用，并说明其优势在哪里。

第九章　海洋功能性食品

功能性食品是指具有特定营养保健功能的食品，即适宜于特定人群食用，具有调节机体功能，不以治疗为目的的食品。功能性食品有时也称为保健食品。在学术与科研上，叫"功能性食品"更科学些。它的范围包括：增强人体体质的食品、预防疾病的食品、恢复健康的食品、调节身体节律的食品和延缓衰老的食品等。

根据消费对象的不同，功能性食品可分为日常功能性食品和特种功能性食品。功能性食品看起来与药品有些相似，但其实质是不同的。功能性食品与药品的区别，主要体现在以下几个方面：第一，药品是以治病为目的的，而功能性食品则不以治疗为目的，不能取代药物对病人的治疗作用；第二，功能性食品要达到现代毒理学上无毒或基本无毒的水平，在正常摄入范围内不能带来任何毒副作用。作为药品而言，是允许有一定毒副作用的；第三，功能性食品不需处方，可以按照机体的需求自由摄取。

海洋功能性食品，是指以海洋生物资源作为食品原料的功能性食品，具有一般食品的共性，能调节人体的机能，适于特定人群食用，但不以治疗疾病为目的。海洋食品资源非常丰富，含有多种多样的生物活性成分，是很多陆地食品资源所无法比拟的，体现在保健功能上，同样也是丰富多样，特色鲜明。

第一节　海洋功能性食品概述

海洋功能性食品的开发给海产品的加工和综合利用提供了一个全新的思路。由于每年因变质浪费的海产品占10%左右，还有约30%的低值海产品被加工成动物饲料，这些没有直接食用价值的资源中，含有具很多特殊功能的生理活性物质。如果利用现代化手段将具有生理调节功能的物质提取出来，制备成海洋功能性食品，将会产生巨大的社会效益和经济效益。

一、海洋功能性食品的主要生理功能

海洋生物含有种类繁多的生物活性物质，以其作为保健食品的功能性成分，将会产

生独特的功能，更加丰富了功能性食品的种类。

（一）健脑益智功能

海产食品中，含有提高智力、智商的活性物质，如碘元素、锌元素、蛋白质、DHA，均是健脑益智的必需物质。研究证实，健脑的主要物质是DHA。因此，鱼油健脑产品风靡世界。

（二）预防肿瘤功能

据报道：在所有诱发癌症的众多因素中，饮食因素约占35%。海洋资源中，很多海洋植物、海洋动物含有抗癌作用的成分，比如海洋植物中的海带、鼠尾藻、萱藻、羊栖菜、裙带菜、紫菜等，海洋动物中的鱼类、贝类、腔肠动物、棘皮动物等。以这些海洋资源为原料，是开发抗癌功能性食品的很好选择。

（三）预防心脑血管疾病的功能

很多海洋活性成分能够很好地预防心脑血管疾病，比如鱼油、海藻、萜类等。例如鱼油中含有大量的PUFA，能降低血液黏度，增强血液流动性，提高高密度脂蛋白的含量，降低低密度脂蛋白、三酰甘油及胆固醇的含量。因此能够有效地保护心脑血管的正常生理功能，从而起到预防和辅助治疗心脑血管疾病的功能。另外，海藻中的活性成分——海藻多糖，也具有降低血液黏度和胆固醇的功效，也可以开发为保健品，从而减少心脑血管的发生。

（四）调节血压功能

聚氨基多糖类具有降血压的功能，海洋中的海藻类、水母类、虾蟹类等生物体内均含量丰富。很多沿海地区的人们都已熟知，常吃海蜇、海带等食品具有降压的作用。另外，海藻中的甘露醇、褐藻氨酸等物质也具有显著的降压功能。

（五）调节血糖功能

有些海藻及贝类具有调节血糖的功能。动物及临床试验表明，以褐藻多糖为代表的海藻多糖可提高糖尿病人对胰岛素的敏感性，降低空腹血糖，改善糖耐量，还具有通便、减轻浮肿、减轻饥饿感与抑制肥胖等功能。文蛤肉能明显降低四氧嘧啶诱发的高血糖小鼠的血糖水平，对正常小鼠、试验组较对照组有极显著差异，对诱发高血糖小鼠，试验组较对照组也有显著差异。

（六）抑菌、抗病毒功能

经研究证实，海藻中有近半数种类具有抗菌活性，其中褐藻门28%、红藻门14%、绿藻门为10%。一般认为凡含丙烯酸、萜烯类、溴酚类或某些含硫化合物的海藻类均有抗菌功能。比如文蛤、泥蚶等提取物对葡萄球菌有较强的抑制作用。从蛤仔及鲍鱼中分离的"鲍灵"成分，对金黄色葡萄球菌，沙门氏菌及酿脓链球菌均有抑制作用。柳珊瑚提取物对金黄色葡萄球菌、枯草杆菌和大肠杆菌均有抑制作用。红藻中的石花菜提取的琼脂，角叉菜提取的卡拉胶中的半乳糖硫酸酯，对B型流感病毒、腮腺炎病毒均有抑制作用。

（七）免疫调节功能

海洋中的贝类、藻类及棘皮动物类，均含有调节免疫功能的活性物质。如牡蛎提取物能明显增强小鼠的免疫功能，提高外周血液的白细胞数、T细胞的百分比，增强自然杀伤（NK）细胞的活性，对T细胞增殖与B细胞增殖（LPS）有显著增强作用，还能促进细胞产生抗体、解除环磷酰胺引起的免疫抑制等。蛤提取物同样对受环磷酰胺抑制小鼠的免疫力有提高作用。海带中提取的褐藻糖胶，可增强T细胞、B细胞、巨噬细胞（Mφ）和NK细胞的功能。羊栖菜多糖（SFPS）能对抗S-180小鼠红细胞免疫功能的降低。刺参酸性黏多糖及玉足海参的提取物也有较强的促进免疫功能的活性。

（八）抗衰老功能

实验证明，海藻提取物能增进动物在应激状态下的耐力，能显著提高衰老期小鼠存活率，还能增强SOD活性，具有明显的抗衰老作用。鱼油中的PUFA是体内有效的自由基清除剂，能缓解人体超氧化物歧化酶（SOD）、过氧化氢酶（CAT）、谷胱甘肽（GSH）降低，过氧化脂质（LPO）升高导致的症状，具有双向调节功能。此外，羊栖菜、海地瓜、海马、海仙人掌、真鲷及短鲷等海洋生物均具有抗衰老功能。来自于鱼精蛋白中的核酸类物质是已被公认的抗衰老保健佳品。

（九）抗疲劳功能

研究表明，从深海鲛鲨肝中提取的角鲨烯具有良好的抗疲劳作用，它能有效促进无氧代谢，加速血液中乳酸的分解。牛磺酸等也有较强的抗疲劳功效。鱼精蛋白中的DNA和微量元素可增强机体活力。

（十）其他方面功能

许多来自于海洋植物和海洋动物的多糖类物质具有防晒、抗辐射作用，对癌症患者的放、化疗期间的保护以及特种环境工作的防护，具有特殊的重要意义。还能螯合一些有害的金属离子，促进其排除体外。

此外，海洋生物含有的天然活性物质及特殊营养成分对其他方面的保健功能以及地方病的预防也具有特殊意义。

二、海洋功能食品的主要保健成分

根据海洋生物所含有生物活性物质的不同，其食品保健功能成分大体上可分为以下15类：

（1）脂质：以PUFA和磷脂为主，如鱼油中的多烯脂肪酸如EPA、DHA等。

（2）活性多糖类：如海藻多糖、海参多糖、鲍鱼多糖、甲壳多糖和甲壳素等。

（3）苷类：如刺参苷、海参苷等。

（4）糖蛋白：如蛤素、海胆蛋白、乌鱼墨等。

（5）氨基酸：如海带氨酸、牛磺酸等，牡蛎、鲍鱼、章鱼、蛤蜊、海胆、海蜇、海鳗等都富含人体必需氨基酸。

（6）多肽类：如藻类、软体动物、鱼类中广泛存在的凝集素、海豹肽、降钙素等。

（7）酶类：如SOD、鲐鱼肉中的细胞色素C等。

（8）萜类：如海兔素、角鲨烯等。

（9）色素类：如盐藻中的β-胡萝卜素、虾蟹中的虾青素等。

（10）甾类：如褐藻中的岩藻甾醇，鱼类中的甾类激素。

（11）酰胺类：如龙虾肌碱、骨螺素等。

（12）核酸类：如鱼精蛋白中的DNA等。

（13）维生素：如在盐泽杜氏藻中含天然的β-胡萝卜素，鱼类中富含维生素E、A、D等。

（14）膳食纤维：如海藻酸、卡拉胶、琼胶等具有较丰富的膳食纤维。

（15）矿物元素：海洋生物中含有丰富的而且比例适当的矿物质，如碘、锌、硒、铁、钙和铜等。海藻中含有的活性碘，极易被人体吸收。海洋生物也是天然钙的丰富来源，如以贝壳为原料加工成的L-乳酸钙是一种可溶性钙，易于被人体吸收。

三、海洋功能食品的发展历程

依据科技含量，可分为第一代功能食品（强化食品）、第二代功能食品（初级产品）和第三代功能食品（高级产品）。我国的产品大部分为一代，少数为二代，而美、日等国正在大力开展第三代产品。

（一）第一代功能食品

为初级功能食品，根据食品中的营养成分或强化的营养素来推知该类食品的功能。

（二）第二代功能食品

经过动物和人体实验证明具有某种生理调节功能的食品。经过动物和人体实验证明具有某种生理调节功能的食品。其生产工艺要求更科学、更合理，以避免其功效成分在加工过程中被破坏或转化。

（三）第三代功能食品

需要确知具有该项功能的功能因子（或有效成分）的化学结构及其含量。功效成分应当明确，含量应可以测定，作用机理清楚，研究资料充实，临床效果肯定。

第二节　鱼油功能食品的加工技术

鱼油是鱼体内的全部油类物质的统称，它包括体油、肝油和脑油，是一种从多脂鱼类提取的油脂，富含ω-3系PUFA（DHA和EPA），具有抗炎、调节血脂等益处。广义上的鱼油既指胶囊等形态的鱼油制剂，又指鱼体内的脂肪，主要功能性成分是其中的ω-3系PUFA。

富含ω-3脂肪酸的多脂鱼类包括鲭鱼、金枪鱼、三文鱼、鲟鱼、凤尾鱼、沙丁鱼、鲱鱼、鳟鱼等。由于国人的饮食结构中ω-6系脂肪酸相对过多，更应重视ω-3系脂肪酸的摄入。《中国居民膳食指南》建议一般成年人每天食用鱼虾类75~100 g。烹调方法上尽量选择蒸、煮、烤，油炸会破坏其营养。

一、鱼油的提取与精制

（一）鱼油的提取

鱼油的提取方法有很多种，根据原料和用途的不同可采用相应的提取方法，如加热干炸法、高压隔水蒸煮法和酶解法等。但绝大部分的鱼油来自于加工鱼粉的副产品，传统的鱼粉加工工艺为湿法工艺和干法工艺。

1. 湿法工艺流程

原料鱼 → 蒸煮 → 压榨 → 烘干 → 冷却 → 过筛 → 鱼粉
　　　　　　　　↓
水和鱼油 → 加热 → 离心分离 → 粗鱼油

2. 操作要点

首先，将原料鱼在80℃以上蒸煮30 min，以破坏原料中组织细胞结构，使鱼油从鱼体中分离出来。然后，将蒸煮后的鱼送到螺旋压榨机等压榨设备中进行压榨，压榨出50%的水分的同时，将鱼油游离出来。再次，用离心机分离压榨出来液体，油相即为粗鱼油。粗鱼油的出率与鱼体大小、季节及捕捞海域有较大关系，一般为原料鱼重量的1%~5%。决定于粗鱼油品质的主要因素除鱼的品种之外，那就是原料鱼的新鲜度。由于鱼油在鱼死以后很容易被氧化而变质。用新鲜的原料鱼生产的粗鱼油的酸价一般在6 mg/g以下，具有正常的气味和色泽，而用腐败的原料鱼生产的粗鱼油的酸价在7~20 mg/g之间，有的甚至高达30 mg/g以上。有的鱼油颜色深、有刺激性气味，主要原因是其中含有较多的腐败的鱼体蛋白，此种粗鱼油的精炼难度有所加大。

（二）鱼油的精制

粗鱼油又称毛油，由于其含有一定量的水分、胶质、鱼体蛋白和杂质，其酸价较高，色泽较深，并伴有较浓的腥臭味，所以需经过精制处理，提高其质量。鱼油精制的工艺同植物油脂的精炼工艺类似，但视原料或产品用途的不同，其精制工艺有差别。一般小规模的精炼厂多采取间歇工艺，其主要工序包括脱酸、干燥、脱色等。也有采用管式离心机进行加工的半连续工艺，即脱酸工序采用连续工艺，而干燥与脱色工序则采用间歇工艺，此工艺在我国山东威海一带的鱼油厂应用极为普遍。

1. 工艺流程

粗鱼油 → 过滤 → 脱胶 → 脱酸 → 水洗 → 干燥 → 脱色 → 冬化 → 脱臭 → 调制

2. 工艺要点

（1）过滤。过滤对后续操作来说至关重要。粗鱼油中含有一定量的杂质和鱼体蛋白及胶质，一般通过板框压滤机可以过滤除去大部分的杂质。这对保护离心机的碟片、延长离心机的排渣周期极有益处。过滤还可除去相当部分的鱼体蛋白和胶质，减少了后面工序的压力，对于品质较好的粗鱼油来说，可不必进行脱胶工序。为防止粗鱼油中的固体脂类的析出而影响过滤，可以适当提高温度，一般将鱼油预先加热到40℃左右可收到较佳的过滤效果。由于胶质和鱼体蛋白的存在，过滤机内的网孔容易被阻塞，操作过程中应该勤换滤布，从而提高过滤效率。

（2）脱胶。目前，关于胶质定量分析的报道比较少见。鱼油的脱胶工艺大都采用酸炼脱胶工艺，即将鱼油加热到65℃，加入油重0.12%、浓度为85%的磷酸经充分混合后进入酸炼反应罐，停留20 min后进入下一道工序。从实际应用来看，酸炼脱胶工艺并未取得良好的效果，可能是由于鱼油的胶体性质有别于植物油之故。这些问题有待于进一步针对鱼油的特殊性来研究并解决。

（3）脱酸。脱酸是鱼油精炼最重要的工序之一，可以分为碱炼脱胶和物理脱胶两种方法。由于原料鱼的新鲜度、提取过程中长时间受外界因素影响，粗鱼油的酸价一般会比较高。其酸价一般在5~30 mg/g。对于不同酸价的鱼油，应选择不同的脱酸工艺。碱炼脱酸适宜于酸价小于20 mg/g的粗鱼油；对于酸价大于20 mg/g的粗鱼油，则应采取二次碱炼的方法；若生产量较大且条件许可，选择物理脱酸与化学脱酸相结合的工艺显得更为经济。

碱炼脱酸：碱炼脱酸同植物油的精炼工艺基本相同。根据毛油的酸价高低来选择合适的烧碱浓度，如果用碱量过大，则会造成中性油皂化的问题，用碱量过低的话中和不完全。碱炼温度控制在85℃左右较为合适，此温度下既能确保反应完全，又可进一步防止乳化，还能使油和皂达到最佳的分离效果。

物理脱酸：物理脱酸工艺仅适合酸价高、生产量大的企业选用，其优点为产品得率高、产品成本低、处理量大等。缺点为工艺要求比较高，设备投资费用大。选用物理法脱酸，首先应将毛鱼油进行脱胶和脱色工艺处理，然后再进入连续脱臭塔进行脱酸。在温度为210~220℃，脱臭塔残压小于266 Pa，物料停留时间30 min的工艺条件下，可将鱼油的酸价从20 mg/g以上降低到5 mg/g以下。如果提高操作温度的话，还可以再进一步降低酸价，但是会使脂肪酸遭到破坏，因此要进一步降低酸价，应继续选用碱炼脱酸法。

（4）脱色。粗鱼油通过碱炼脱酸时，可以脱去一部分色素，但并不彻底。要想进一步脱色的话，还要进行专门的脱色工序。有些粗鱼油如新鲜的鳀鱼油或鳕鱼油在碱炼过程中就取得良好的脱色效果，再进一步用白土或活性炭脱色则易脱除残留的色素，对于这类鱼油，白土添加量为3%即可，无需添加活性炭。而有些品质较差的粗鱼油如南非沙丁鱼油在碱炼过程中的脱色效果并不明显，再进一步用白土或活性炭脱色也较难脱除残留的色素，对于这类鱼油，白土添加量则明显提高，一般需添加至8%以上才能取得较好的脱色效果，若在白土中添加5%~10%的活性炭，其脱色效果有明显改善。有些鱼油经过前面脱胶等工序处理后，仍然含有很多残留的蛋白质和胶质，使脱色效果变差。因此，在脱色过程中对过滤介质的通透性要求比较高，才能取得较好的效果。

（5）冬化。由于脂肪酸种类的不同、饱和脂肪酸含量的不同、脂肪酸中甘油三酯的分布不同等原因，使得鱼油在常温下和低温下的状态都有很大的差别。比如，未经冬化的鳀鱼油在常温下放置48 h即产生絮状物，再放置24 h，絮状物即沉到底部；而同样未经过冬化的鳕鱼油即使在10℃下长久放置，还能保持澄清。

现在，只有食用的鱼油要求必须冬化，其他用途的鱼油则没有硬性规定。但是为了提高产品的品质，更好地发挥鱼油的食用价值，几乎所有的鱼油产品都进行了冬化处理。所谓冬化，就是通过低温处理，使鱼油中饱和脂肪酸凝固，再选择合适的工艺进行除去的工艺操作。不同的鱼油由于脂肪酸组成不同、饱和脂肪酸含量不同等原因，凝固点不同。所以在进行冬化处理时所选取的工艺条件也就各有不同，应根据实际情况灵活处理。饱和脂肪酸含量较高且对最终产品的凝固点要求较高时，应选择二次冬化，否则最终产品得率很低。

冬化不仅可使鱼油的凝固点降低，还能改变鱼油的脂肪酸组成。尤其是能提高鱼油中EPA和DHA的含量，更进一步提高鱼油的应用价值和经济价值。

（6）脱臭。脱臭并非鱼油精制的必需工艺，是否需要脱臭应视原料情况和产品用途而定，作为饲料用的鱼油，其腥臭味对动物具有明显的诱食作用，脱除气味反而降低产品的价值。由于很多人厌恶这种腥臭味，所以对于食用型鱼油来说，一般要进行脱臭处理。这样才能得到高品质、令大多数人都能接受的产品。

由于鱼油中PUFA含量较高，在高温下易发生氧化聚合等反应，鱼油的脱臭工艺有别于一般植物油脂的脱臭，其区别主要在于：① 鱼油的脱臭温度应控制在210℃以下为宜。植物油的脱臭温度高达250℃，显然如此高的温度是不适合鱼油脱臭的，在此高温下脱臭后的鱼油，其黏度明显变大，并发出一种类似于臭鸡蛋的气味；② 脱臭塔内的残压应控制在266 Pa以下；③ 以选用间歇式脱臭为宜。虽然连续式脱臭工艺具有处理能力大、脱臭效果好等优点，但由于脱臭塔的结构过于复杂，在停机时塔内的物料难以流干净，在塔内余温极高的情况下，残留在塔内的鱼油势必发生氧化、聚合反应，严重时可能发生结焦现象，即使在充氮气的情况下也难以彻底避免。此外，脱臭塔也不便于清理与清洗，这势必严重影响下一批次的脱臭效果和产品质量。而间歇式脱臭塔结构简单，塔内残留物料很少，清理与清洗都极为方便。

（7）调制。由于鱼油中含有丰富的PUFA，极易被氧化，所以经精制后的鱼油应及时进行调制处理。调制前应将油温降至40℃以下，将适量的抗氧化剂溶解在少量的鱼油中，边搅拌边将其均匀添加到鱼油中。选择哪一种抗氧化剂，应视产品的用途而定，若产品作饲料用油，一般添加$300 \times 10^6 \sim 500 \times 10^{-6}$的乙氧基喹啉，若产品作为食用油或保健用油，一般添加$100 \times 10^6 \sim 200 \times 10^{-6}$的特丁基对苯二酚（TBHQ），或者添加0.15%~1%的维生素E，以上几种抗氧化剂对鱼油来说均有明显的抗氧化效果。

二、从鱼油中提取DHA、EPA技术

鱼油中富含具有重要生理功能的DHA、EPA，故从鱼油中分离制备PUFA引起国内外广泛重视。鱼油的开发利用关键，是对鱼油中DHA、EPA等PUFA进行分离制备，以去除色素、胆固醇、饱和脂肪酸等非必需成分。

目前，从鱼油中提取EPA、DHA的方法很多，各有优缺点，应用时应根据具体情况来选择。下面主要介绍国内外提取EPA、DHA的常用方法。

（一）尿素包合法

尿素包合法是一种较常用的PUFA分离方法，其原理是尿素分子在结晶过程中与饱和脂肪酸或单不饱和脂肪酸形成较稳定的晶体包合物析出，而PUFA由于双键较多，碳链弯曲，具有一定的空间构型，不易被尿素包合，从而将饱和脂肪酸或单不饱和脂肪酸除去，再采用过滤方法除去尿素包合物，就可得到较高纯度的PUFA。

尿素包合法是采用乙醇作有机溶剂。乙酯化鱼油、尿素、乙醇按1：2：6的投料比例进行。首先将尿素加入到乙醇溶剂当中。待完全溶解后，缓慢加入乙酯化鱼油，控制温度不超过75℃在搅拌状态下包合30 min，反应结束后，静止冷却至室温使尿素充分结晶，形成包合物。此时利用离心分离技术回收尿素包合物，再将滤液进行乙醇回收、酸洗和水洗等过程除去溶液中的乙醇和残存的尿素，即可得到包合后的高不饱和脂肪酸乙酯浓缩液。对高不饱和脂肪酸乙酯浓缩液分别进行定性定量检测。经气相色谱分析，用此方法所得到的EPA和DHA含量可在60%以上。

（二）低温冷冻法

此方法是根据不同脂肪酸在过冷有机溶剂中溶解度的不同从而达到分离的目的。饱和脂肪酸的碳链越长，其在有机溶剂中的溶解度越小；而同一不饱和度的脂肪酸，碳链越长，溶解度也越低；对同样碳链数目的不饱和脂肪酸，随着不饱和度增大，溶解度增加。而且低温条件下，这种溶解度的差异更加明显。因此，在低温下将脂肪酸混合物溶于有机溶剂中，通过过滤，就可以除去其中大量的饱和脂肪酸和部分低不饱和脂肪酸，使EPA和DHA的总含量达到30%左右。用此种方法分离的关键之处在于需要极低温的冷却设备，成本比较高。

（三）金属盐沉淀法

此种方法是利用了饱和脂肪酸、低不饱和脂肪酸以及EPA和DHA的金属盐在有机溶剂中溶解度的不同进行分离。饱和脂肪酸的金属盐比不饱和脂肪酸的金属盐在有机溶剂中的溶解度小，特别是在含5%水分的丙酮或乙醇中。借此将鱼油中的饱和脂肪酸和低不饱和脂肪酸除去，以达到纯化EPA和DHA的目的。金属盐用得最多的是钠盐、锂盐。用该方法浓缩后得到的EPA和DHA总含量可达到70%~75%。

（四）皂化–尿素包合法

EPA、DHA的初步纯化（皂化、酸化）：将溶有鱼油量的15%NaOH的工业酒精溶液与鱼油混合，同时加入少量硬脂酸，搅拌至肥皂大量出现，静置1 h压滤，滤液冷藏过夜（也可以室温放置过夜），再次过滤除皂，滤液以HCL调pH为3，冷藏（或室温）放置过夜，过滤，分出少量饱和硬脂酸，滤液可减压回收70%溶液，浓缩液以水洗至中性，干燥得富含EPA、DHA制剂。也可以继续进行尿素包合纯化鱼油多烯脂肪酸。

二次纯化：（尿素包合）为了得到EPA、DHA含量更高的产品，进行二次纯化。在上一步酸化过滤除去饱和硬脂酸之后所得到滤液中直接加入一定量的尿素，加热至溶解（≤70℃），之后自然冷却至室温。过滤除去尿素包合物，滤液也可以置于冷柜过夜。再次过滤除去结晶，所得滤液可先回收部分溶剂。水洗油层至中性。干燥，即得产品。

可从水洗液中回收乙醇。对尿素包合物加水加热溶解静置分层，分出上层油水洗，干燥得副产品（主要是低不饱和酸和一定量的PUFA），尿素回收。

（五）鱼油乙酯化

该种方法是以碱为催化剂，通过用乙醇置换油脂中的甘油，制取脂肪酸乙酯。鱼油乙酯化的目的在于将鱼油中的PUFA（如DHA和EPA）从甘油三酯中分解出来，然后分离去除甘油等杂质，从而达到纯化目的。

具体做法如下：将100 kg鱼油加温到72~76℃，在搅拌条件下加入40 kg配制好的3.1 mol/L的NaOH-C$_2$H$_5$OH溶液进行酯化，反应30 min左右，检测pH如已达到13~14，使反应完全中止。此时加15.6 kg配制好的1∶1的C$_2$H$_5$OH-HCL溶液进行中和。控制温度在70℃以下酸化20 min左右，然后关闭搅拌，静止沉降20 min后，放出下层甘油、水和盐分，取上层乙酯化鱼油后转入下一工序。该步可得乙酯化鱼油110~120 kg，DHA和EPA的得率在30%左右。

（六）真空蒸馏法

此方法主要是在尿素包合法基础上，对鱼油进行进一步提纯。由于尿素包合法浓缩的鱼油，EPA和DHA含量最高只能达到70%左右，要想得到更高的纯度，一般采取真空蒸馏法。另外，真空蒸馏法还具有脱色的作用。其原理就是根据不同物质或同一物质中不同组分的沸点不同，分别选取不同馏分，进而达到分离提纯的目的。由于色素分子的相对分子质量较大，所以随着蒸馏的进行，会沉积到反应容器的底部。

该法进一步提纯鱼油时，其操作的真空度为<100 Pa。分别在180~190℃、190~200℃和200~215℃ 3个温度段上截取轻馏分、中间馏分和重组分。这样，就可以使通过尿素包合法所得到的鱼油纯度进一步提高。

（七）综合法

综合法是盐析法、低温冷冻法、尿素包合法等方法的综合应用。

总脂肪酸的提取采用盐析法。具体工艺如下：取鱼油量25%的KOH，溶于95%乙醇中，制成2%的乙醇液于烧瓶内，加入鱼油，在氮气流下加热回流20~90 min，使完全皂化，并用硅胶G薄层层析法检测反应是否完全，以甘油三酯斑点消失判断为皂化完全。反应完全后，皂化液于室温静置4~12 h，然后通过减压抽滤的方式除去饱和脂肪酸钾盐结晶。滤液于一定温度下静置24 h，再抽滤，向滤液中加鱼油的量3~5倍的石油醚提取不皂化物，振摇、静置分层，除去石油醚层。下层液以4 mol/L盐酸或30%硫酸调pH至1~2，搅拌，静置后，收集上层液，得粗总脂肪酸，脱水后减压蒸馏（或通氮气蒸馏）乙醇后，得总脂肪酸。

PUFA的制取用尿素包合法，包合工艺如下：以总脂肪酸重2~5倍量尿素，加入总脂肪酸12倍量无水乙醇中，加热使之溶解，在不断搅拌下加入总脂肪酸（如用尿素包合，总脂肪酸可不作脱乙醇处理），加热（60~65℃）至溶液澄清，室温搅拌3 h进行一次尿素包合，静置24 h，抽滤，除去尿素包合物结晶。另取3倍量乙醇加半量尿素，搅拌（必要时加热）使溶解，与滤液合并。室温搅拌进行二次包合，静置6 h，于一定温度放置24 h，抽滤，滤液每100 mL加水300 mL、2 mol/L盐酸70 mL，搅拌2 h，静置后收集上层油样液，水洗数次后，以无水硫酸钠干燥，得多烯脂肪酸。

（八）超临界CO_2萃取法

所谓超临界CO_2萃取就是以CO_2作为超临界萃取流体从原料中溶解想要分离的成品，再通过改变温度或压力，分离出目的物质。超临界CO_2萃取法是利用超临界状态下CO_2具有的特殊性质，而进行分离的方法，有如下特点：

（1）超临界CO_2萃取结合了蒸馏和萃取的特点，既可按挥发度的差异也可按分子间亲和力的不同进行混合物的分离。

（2）由于CO_2的临界温度为31.1℃，临界压力7.374 MPa，所以操作温度较低，因而操作条件比较温和，而且CO_2无毒、安全且本身是惰性气体，能限制高碳脂肪酸的自动氧化、分解和聚合。

（3）操作简单，萃取、分离一步到位，能耗低。

（4）抽提器压力很高，需要养护高压泵和回收设备，这是超临界CO_2萃取的缺点。

超临界CO_2萃取法能较好地按碳原子数为序分离鱼脂酸酯，分离效率较高。但是对于相同碳原子数但饱和度不同的鱼脂酸酯来说，利用超临界CO_2萃取法难于分离。若根据其操作特点，选择和其他方法联合使用，会达到更好的效果。例如超临界CO_2萃取法和尿素包合法相结合，超临界CO_2萃取法和精馏相结合等，这就使EPA、DHA纯度高达90%以上。

（九）其他分离纯化方法

1. 柱层析法

采用$AgNO_3$的硅胶柱层析，用此方法所得到的EPA及DHA的含量在90%以上，比较经济实用。缺点如下：洗脱剂安全性差、Ag^+易污染制品、$AgNO_3$的硅胶柱不能够再生、不适宜大规模操作等。

2. 薄层层析法

采用4%$AgNO_3$硅胶板，能得到77%的EPA和84%的DHA，只能用于实验研究，且重现性不好。

3. 气相色谱法

日本目前已有专门用于脂肪酸气相色谱分离的大型玻璃柱，将高不饱和脂肪酸甲酯作为试样，能够在较短的时间内，收集到高纯度的EPA和DHA。

4. 高效液相色谱法

通过逆相分配法进行分离。原理是根据EPA及DHA以及其他脂肪酸在流动相和固定相中的分配系数不同。所用的担体有PAK-500/C18柱、Permaphace ODS担体等。洗脱液有乙醇、四氢呋喃等。

目前，工业上大规模制备的EPA和DHA的方法，还是以低温法与尿素包合法等传统的方法为主。其他很多新型的方法目前只限于试验阶段，受到生产成本、安全性等因素的影响，实现工业大规模生产还存在很多问题需要解决。

第三节　鱼蛋白的加工技术

资源丰富的深海鱼类中含有大量的胶原蛋白。鱼蛋白不仅可以作为食品的蛋白质补充剂，还具有增强皮肤弹性、改善皮肤功能等美容养颜的功效。

一、浓缩鱼蛋白的加工

鱼蛋白是一种新型的高蛋白食品添加料。其形态为干燥（或半干冷冻）的颗粒状或粉末状，色白无味。因其营养价值高，生产成本低，贮存性好，广泛用于香肠、面包、饼干等食品进行蛋白质的强化。新型的浓缩鱼蛋白营养成分与原料几乎相等，其中钙及铁的含量均高于原料本身。它与其他食品原料，如淀粉、乳品、植物蛋白等配合可加工成功能性食品。开发利用水产蛋白资源，提高其商品价值，是水产品综合利用的又一项新途径。浓缩鱼蛋白的生产关键是脱油脂、脱异味和增加产品的吸水性。浓缩鱼蛋白的生产方法主要有酸性乙醇制备浓缩鱼蛋白、热碱变性制备浓缩鱼蛋白等方法。

（一）酸性乙醇制备浓缩鱼蛋白

1. 原理

制造食用浓缩鱼蛋白的传统方法，是用乙醇、正丁醇及乙烷等有机溶剂，对原料鱼肉进行脱脂、脱水处理，这样得到的制品呈鱼粉状，亲水性较差，没有成型性能，因而调理加工及食用的价值较低。而新方法是预先将鱼肉的pH调整至一定的范围，或者在调整pH的同时，加入可食用的盐类，再用亲水性的有机溶剂脱脂、脱水，根据食用调理的目的，制得具有相应含水量和成型性能的浓缩蛋白食品原料。

此法以各种水产动物为原料，包括鱼类、鲸类和软体动物等。其中较理想的原料有低脂肪鱼类，如中、上层的竹荚鱼、沙丁鱼、鲐鱼等，还有鲨鱼、鲸鱼以及软体动物，如乌贼、章鱼等。

首先将上述各种水产动物的肉，根据食用调理加工成型的要求进行绞碎处理，必要时可水漂白或切碎等预处理。然后，根据所制浓缩蛋白原料的用途，将绞碎原料内的pH调整至一定的范围。比如，用于制作肉状及蟹状等仿生食品时，pH调整至4.1~5.0；用于制作胶冻状食品，pH调整至4.0~4.2。一般情况下，鱼肉用有机溶剂脱脂、脱水处理后，产生变性反应，处理后的变性蛋白其保水性最差。但是，如果预先将原料肉的pH调整至4.0~5.0，则会大大改善其变性蛋白的亲水性。

在调整原料肉的pH时，还可根据制品的用途，加入一些可食性盐类（用于制取胶冻状食品的浓缩蛋白原料不用加盐），以增加浓缩蛋白在食用调理时的黏度和强度。可用的盐类有氯化钠、谷氨酸钠、聚合磷酸盐等，添加量为原料肉重量的0.01%~3%。

原料肉经调整pH和加入上述的盐类后，再用低温亲水性有机溶剂进行脱脂、脱水处理。使用的有机溶剂以碳链较短的脂肪族化合物，如乙醇为宜。有机溶剂用量为原料肉重量的3~10倍，亲水性有机溶剂应冷却至0~5℃后使用，以避免引起原料肉发生变质。在不断搅拌等操作条件下，原料肉与有机溶剂接触处理0.5~15 min即可。为了进一步提高原料肉脱脂、脱水的效果，还可将上述经有机溶剂处理后的肉加以过滤，用其重量3~10倍的有机溶剂进一步洗涤。

用此方法加工制得的浓缩鱼蛋白，具有一定的亲水性和成型性，可用于再次加工，制成相应的食品。为了提高浓缩色蛋白的保存性，可采用通风低温干燥、真空干燥等方法，使制品水分降至5%~12%。

2. 操作要点

首先采取一定的方式除去鱼头、鱼鳞、内脏等不宜食用的部分，然后进行采肉，得到鱼肉后将其切碎，以10倍量的水进行洗涤后，加以压榨脱水。将脱水的碎鱼肉放入含酸0.3%~0.5%的有机溶剂中，用比溶液的沸点高约10℃的温度，进行回流脱脂、脱色和脱臭处理2~3次，每次2~4 min。再将处理后的鱼肉，用离心机脱去有机溶剂，最后将浓缩蛋白在30℃下通风干燥为水分含量5%~12%的白色颗粒状制品，用粉碎机把干燥物粉碎成大小均一的粉末制品。离心机脱下的有机溶剂，可直接用蒸馏柱进行回收。

在操作时，为了加快碎鱼肉脱脂的速度，可以在有机溶剂中加入0.3%~0.5%的酸，同时也能把鱼肉中的色素和胺类成分以盐的形式分离出来。加入的酸根据实际情况可以选择酒石酸、柠檬酸、琥珀酸等有机酸，也可以选择磷酸和盐酸等无机酸。有机溶剂以使用卫生、无害的亲水性脱脂溶剂（如异丙醇、乙醇），对鱼肉处理的效果最佳。

（二）热碱变性制备浓缩鱼蛋白

1. 原理

以各种食用价值低的底栖性鱼类及沙丁鱼等鱼类为原料，将这些鱼类的鱼肉冷冻、切碎，在含0.05%~0.5%碳酸氢钠的热水中使其变性，然后用亲水性脱脂溶剂抽出脂肪，再除去脱脂溶剂，最后冷冻或干燥，即制得保存性强、具有亲水性及保水性的鱼类浓缩蛋白制品。

采用上述方法，用含碳酸氢钠的沸水进行热变性作用所制成的浓缩鱼类蛋白，干品的吸水率达52.5%，复水后质地柔软、组织网目大。而采用热水变性的制品，干品吸水率为42.8%，复水后质地较硬、组织网目小。

2. 操作要点

（1）原料预处理。将鱼类除去头及内脏，采下的鱼肉用切碎机切碎，再用水漂洗数次后进行压榨脱水，用擂溃机擂溃，低温（如-30℃）冻结加工。

（2）变性。将冻结状态下的鱼肉糜用切削器切成10 mm×10 mm大小的碎块，直接投入含碳酸氢钠的沸水中，处理约10 min使鱼肉变性，其组织膨润，结缔组织中的胶原部分水解，而呈胶状。沸水中碳酸氢钠溶液的浓度为0.05%~0.5%，最佳为0.1%左右。低于0.05%，制品无亲水性及保水性；高于0.5%，则使制品质地劣化。

（3）脱脂。将变性的细碎肉用离心机脱去水分，加入脱脂溶剂，用高于溶剂沸点约

10℃的温度回流脱脂2~3次，每次2~4 h。脱脂溶剂最好用安全卫生的亲水性溶剂如乙醇、异丙醇等。

（4）除去脱脂溶剂。先用离心机脱去脱脂肉中的溶剂，再浸于沸水中煮沸2~3次，除去脱脂溶剂和水溶性蛋白及其分解生成物等。

（5）干制或冷冻。将制品用离心机脱水，在70℃下风干，制成干品，或保持适当的水分含量，在-30℃下冷冻，制成冷冻品。

二、水解鱼蛋白的加工

鱼类水解蛋白是以全鱼或鱼的某部分为原料，经浓缩、水解、干燥获得的产品。其中产品的粗蛋白含量不低于50%，是一种将新鲜鱼肉或下脚料经过一定的理化方法处理后得到的高蛋白、低脂肪的蛋白水解制品。水解蛋白中含有大量的人体必需氨基酸和多肽类成分，可以补充人体所需的氨基酸及蛋白质类营养物质，还可以改善消化功能，促进机体对食物的吸收及有效利用。

（一）工艺流程

原料鱼 → 粉碎 → 洗涤 → 萃取 → 鱼肉胶体 → 加水拌和 → 脱水加酶 → 水解 → 浓缩 → 干燥 → 成品

（二）加工要点

为了得到高质量的产品，原料鱼洗净后先去除头部、鱼鳞和内脏等不宜食用的部分，再经过磨碎等环节，得到的鱼泥即为加工鱼水解蛋白的初级原料。然后通过水洗、萃取等操作使其成为鱼肉乳胶体。鱼肉乳胶体的总重量一般为原料鱼的30%~40%，具体取决于鱼的种类、大小等因素。产品干制后，蛋白质含量可达到95%左右。将得到的鱼肉乳胶体中加入5倍的水，充分搅匀后压榨脱水，以除去色素、血液、脂类等物质，同时可以除去大部分带有鱼腥味的非蛋白氨，以提高产品的质量。萃取中会损失肌浆蛋白和血红素蛋白等物质，约占总蛋白质含量的10%。

在鱼肉浆中加入适量的水和0.3%~0.5%的蛋白酶。经50~60℃连续搅拌，进行1 h的鱼蛋白酶解。有些国家（如智利）近年采用多次快速弱酶水解法（每次5 min左右）。采用这种方法可避免营养损失，避免产生不快的臭味和微生物危害，提高产品的感官质量。经过酶解之后，将鱼肉浆的温度上升至90℃左右，灭酶处理。用离心机或压滤机将原料分成3部分：水溶性部分、鱼油和不溶性部分（主要是鱼骨和其他不溶物）。其中水溶性部分即可直接用于制作食用鱼粉。有关脱脂、脱臭的方法，有人建议采用共沸蒸馏法，另外，向水溶性部分中吹送二氧化碳，使用有机溶剂（如环己烷）也可除去大部分不良的味道。采用一定的方法将上述得到的水溶性部分减压浓缩后，用喷雾干燥法制成粉末。

水解鱼蛋白的产量受到很多因素影响，包括所用酶的种类、酶的浓度、酶抑制剂和稳定剂的浓度、溶解状况等众多因素。比如使用青鳕鱼肉乳胶体做原料，在自溶作用影响最小的情况下生产食用鱼蛋白粉，比较3种浓度为0.3%的不同酶（包括灰色链霉菌蛋白酶、多黏芽孢杆菌蛋白酶和生孢芽孢杆菌蛋白酶）对产品产量的影响。结果发现：采用灰色链霉菌蛋白酶的工艺所得的产品总氮收率为95%，而使用其他两种酶，在相同条件下只有65%和45%。另外，用该工艺操作时，原料的种类、处理方式、酶的类型、溶解条件等因素也影响产品的苦味程度。比如在同等条件下，采用灰色链霉菌蛋白酶生产的产品苦味比其他使用两种酶的要淡。如果将原料鱼去头、骨及内脏再进行生产的话，其产品的苦味会明显变淡。在鱼肉乳胶体中加入抑制剂（如聚磷酸盐、氯化钠）会降低鱼蛋白粉的产量。

（三）特性与营养质量

水解鱼蛋白易溶于水，富含蛋白质，它的溶解特性（如可溶性、可湿性、弥散性和溶解速度）优于糖或奶粉。基于此，水解鱼蛋白可用于制作鱼糊、调味品、人造牛奶、人造肉类制品和蛋白质饮料。有些鱼蛋白粉由于具有发泡能力或乳化能力，所以还作为乳化剂、发泡剂等用于食品工业中。通过水解法生产得到的鱼蛋白中含有很多人体必需氨基酸，所以可以作为赖氨酸等氨基酸的强化补充剂而加入到面包、饼干、婴儿食品中去，从而提高食品的营养价值。大米和面粉中如果加入适量的鱼蛋白粉，由于改变了原有食品中氨基酸的组成，所以可以提高蛋白质效率，面粉中可从0.66提高到2.5，大米中可从1.6提高到3.6，从而提高了原有食品的营养价值。有研究已经证实：鱼蛋白粉的生物学效价高于牛奶酪蛋白，以鱼蛋白粉来制作或强化儿童食品，对促进儿童对蛋白质的吸收和利用具有极大的好处。

第四节　生物活性钙的加工技术

随着经济的发展，人们的生活水平有了较大的提高，对食品的追求已不仅限于温饱，而且开始注意其营养和保健功能。但由于长期以来不良的饮食结构等问题，我国居民缺钙的现象还是比较严重的。钙是构成骨骼、牙齿的主要成分，钙离子可调节人体酸碱平衡。充足的钙使体液保持微碱性，有预防癌症的作用，并对佝偻病、骨质疏松等病症有良好治疗作用。为此，营养学家们在各种宣传媒体上极力呼吁国民重视补钙，并将人们的钙日摄入量作了较大的提高。

海洋中可食用的钙源虽然很多，但是人们往往认为它们是废弃物，如贝壳、动物骨头及古脊椎动物骨头化石等。有些钙质在传统中药中有所应用，但由于没有深入的开发研究，所以利用率还是很低。将这些废弃物经过工艺处理，加工成钙补充剂，除补充钙以外，还含有微量元素K、Zn、Fe、Mn等，能被人体较快吸收，目前已在许多保健食品和药品中得到应用。

一、利用牡蛎壳生产生物活性钙

贝壳一般是贝类食品加工的下脚料，大部分是直接废弃，只有少部分能被利用。其实贝壳有较高的利用价值，如牡蛎壳、珍珠壳等是重要的中药材，贝壳提取物还具有抗病毒、抗细菌、提高机体免疫力的作用，牡蛎壳提取物可抑制流感病毒、酿脓链球菌、脊髓灰质炎病毒。贝类含有丰富的无机盐和微量元素，在人体生理活动中起着重要的调节作用。贝壳主要成分为碳酸钙，可制成富含钙的产品添加到饮料、面制品、菜肴中，也可以用来生产高钙原料药，补充人体钙。此外还含有磷、镁、铁、锌等无机离子，这些元素对人体有重要的生理作用。

（一）工艺流程

原料 → 清洗除杂 → 晾干 → 高温电解煅烧 → 微粒子化 → 碳酸化 → 过筛 → 检验 → 成品

（二）操作要点

1. 原料的选取

生产活性钙的原料应选择受污染程度小、色泽佳、个体大、质厚的完整牡蛎壳，否则将影响产品的外观品质。

2. 清洗除杂

由于牡蛎壳的特殊结构及生存环境，其壳表面会附着大量泥沙，加工前应该认真清洗并除去，干燥后备用。

3. 高温电解煅烧

高温电解煅烧工艺的好坏，会直接影响到产品的色泽、品质及得率。电解煅烧温度应该控制在 1 150~1 300℃为宜，温度必须控制得当。温度太低，煅烧不完全，色泽差，得率低；温度过高，能耗大。采用上述的煅烧温度，煅烧时间为1.5~2.0 h，通常根据设备生产能力，以充分电解为准。再次，不宜采用间歇箱式电阻炉，否则设备损耗大，生产周期长，单位产品能耗大，劳动强度大，操作时不安全。所以在实际规模化生产中，一般选用立式连续加料和出料的设备。在电解煅烧过程中主要产生CO_2气体和少量有机质热分解物质。

4. 微粒子化

活性钙的产品质量标准分为食品强化剂标准及地方药品级标准。其中，作为食品强化剂的钙含量等质量指标要求比药品高，一般可选取两条工艺路线来获得产品：第一条是在不锈钢锅中加水进行水解，入锅的水温一般应高于85℃以上才能快速地水解完。水解后进行冷却，过滤除渣（过200目滤布），离心分离，然后将滤饼烘干至合格的水分指标后再进行粉碎即可。此工艺设备费用高，能耗和劳动强度大，同时还产生一定量的强碱性废水。第二条则是将电解后的中间品在一定的温度和湿度条件下直接进行微粒子化，微粒子化后直接进行筛分即可。该法设备费少，能耗低，劳动强度轻，同时无任何废水产生，但设备内的空气要提前进行净化处理，以避免污染产品。

5. 碳酸化

在微粒子化的过程中，将CO_2气体通过电解后的物料床层，在原料进行微粒子化的过程中进行碳酸化工艺处理。在操作过程中应注意保温和保湿，以促进微粒子化的进程。该方法不仅可缩短工艺流程，减少设备投入，降低能耗，减少操作人员，减轻劳动强度，同时可循环利用电解产生的气体（CO_2），消除废水的产生，达到整个生产过程中的资源循环利用和清洁生产的目的，大大降低生产成本，提高生产效率和产品质量。

二、利用废弃鱼骨加工生物活性钙

鱼骨是人们生活及大多数鱼制品生产的废弃物，直接丢弃到环境当中会造成污染。鱼骨中含有大量的钙元素，是人们和动物补充钙的良好来源。利用科学手段将其深加工而得到钙，是增加产品附加值、保护环境的有效措施，应加以鼓励。

（一）工艺流程
鱼骨 → 前处理 → 烘干粉碎 → 活化处理 → 纯化 → 烘干粉碎 → 产品

（二）工艺要点
1. 前处理

将鱼骨放入烧杯中，加入90万单位/升浓度的木瓜蛋白酶溶液，以浸没鱼骨为宜，搅拌均匀，加热至温度65℃，恒温酶解2 h后，滤去酶解液，用水冲洗干净鱼骨，除去附在上面的鱼肉、内脏等杂质和污物。将处理过的鱼骨用9%NaOH溶液浸泡60 min，再用清水反复冲洗、浸泡，使浸泡水达到中性为宜，然后过滤、沥干水分，将鱼骨放入85℃的烘箱中烘干，得洁白干净的鱼骨。然后用粉碎设备将其粉碎，从而得到脱脂鱼骨粉。

2. 活化处理

将得到的粉末状骨粉中添加鱼骨7倍质量、浓度为20%的乳酸溶液浸泡活化15 h，一般反应温度控制在35℃左右。反应结束后将液体低温冷却，就会得到白色的块状物，并用无水乙醇洗涤或浸泡，然后离心分离得到白色固体物质，即为乳酸钙。再将白色乳酸钙在85℃的烘箱烘烤5 h左右，即得无水乳酸钙粗品。

3. 纯化

（1）重结晶法：取一定质量的粗产品溶于一定体积的热水中，静置，离心分离，取离心液，水浴加热65℃浓缩5~6 h，重结晶，结晶物在85℃中烘4~5 h，得重结晶产品。

（2）中和法：根据产品中乳酸的含量，用10%氢氧化钙浑浊液中和多余乳酸。粗产品用热水溶解，过滤，在滤液中加10%的氢氧化钙，至pH为7，水浴加热80℃浓缩2~3 h，85℃烘干4~5 h，得精制样品。

思考题

（1）简述海洋功能食品的保健功能。

（2）常用的鱼油加工技术有哪些？并分别说明其操作要点。

（3）简述从鱼油中提取DHA、EPA的常用方法，并详细说明其操作过程。

（4）生物活性钙对人体有何作用？请列举从鱼骨中提取生物活性钙的工艺流程及操作要点。

参考文献

［1］ 朱蓓薇，曾名湧.水产品加工工艺学［M］.北京：中国农业出版社，2010.

［2］ 彭增起，刘承初，邓尚贵.水产品加工学［M］.北京：中国轻工业出版社，2010.

［3］ 李桂芬.水产品加工［M］.杭州：浙江科学技术出版社，2008.

［4］ 郝涤非.水产品加工技术［M］.北京：中国农业科学技术出版社，2008.

［5］ 汪之和.水产品加工与利用［M］.北京：化学工业出版社，2002.

［6］ 王丽哲.水产品实用加工技术［M］.北京：金盾出版社，2000.

［7］ 高福成.新型海洋食品［M］.北京：中国轻工业出版社，1999.

［8］ 李来好.新型水产品加工［M］.广州：广东科技出版社，2002.

［9］ 徐桂珍.实用水产品贮藏加工技术［M］.北京：北京出版社，2000.

［10］ 蒋爱民，赵丽芹.食品原料学［M］.南京：东南大学出版社，2007.

［11］ 徐幸莲，彭增起，邓尚贵.食品原料学［M］.北京：中国计量出版社，2006.

［12］ 赵丽秀.罐头制品质量检验［M］.北京：中国计量出版社，2006.

［13］ 孙祖训.水产软罐头生产技术［M］.北京：农业出版社，1996.

［14］ 林志民，苏德福，林向阳.冷冻食品加工技术与工艺配方［M］.北京：科学技术
     文献出版社，2002.

［15］ 刘宝林.食品冷冻冷藏学［M］.北京：中国农业出版社，2010.

［16］ 赵晋府.食品工艺学（2版）［M］.北京：中国轻工业出版社，1999.

［17］ 林亲录，秦丹，孙庆杰.食品工艺学［M］.长沙：中南大学出版社，2013.

［18］ 朱珠，李梦琴.食品工艺学概论［M］.郑州：郑州大学出版社，2014.

［19］ 武杰.脱水食品加工工艺与配方［M］.北京：科学技术文献出版社，2002.

［20］ 钱树本，刘东艳，孙军.海藻学［M］.青岛：中国海洋大学出版社，2005.

［21］ 李来好.海藻膳食纤维［M］.北京：海洋出版社，2007.

［22］ 张淑平，李长青.海藻利用与食品胶体［M］.北京：中国水利水电出版社，2009.

［23］ 石光汉，过绍武.海藻加工技术［M］.北京：农业出版社，1996.

［24］ 金骏，林美娇.海藻利用与加工［M］.北京：科学出版社，1993.

［25］李来好.传统水产品加工［M］.广州：广东科技出版社，2002.

［26］刘承初.海洋生物资源利用［M］.北京：化学工业出版社，2006.

［27］林洪，张瑾，熊正河.水产品保鲜技术［M］.北京：中国轻工业出版社，2001.

［28］王扬.水产加工［M］.杭州：浙江科学技术出版社，2005.

［29］李来好.水产品保鲜与加工［M］.广州：广东科技出版社，2004.

［30］曾漪青，费志良.水产品加工7日通［M］.北京：中国农业出版社，2004.

［31］叶桐封.水产品深加工技术［M］.北京：中国农业出版社，2007.

［32］李世敏.功能食品加工技术［M］.北京：中国轻工业出版社，2003.

［33］韩春然.传统发酵食品工艺学［M］.北京：化学工业出版社，2010.

［34］张惟广.发酵食品工艺学［M］.北京：中国轻工业出版社，2004.

［35］王振伟，王振强.发酵食品加工技术［M］.郑州：郑州大学出版社，2014.

［36］邹晓葵，王丽哲，沈昌.发酵食品加工技术［M］.北京：金盾出版社，2000.

［37］张廷序.中国水产品加工［M］.北京：农业出版社，1989.

［38］王森，王雪梅，幸胜平.风味烤鱼骨的加工工艺与配方［J］.科学养鱼，2012（4）：75-76.

［39］唐家林，吴成业，刘淑集，等.即食海参加工工艺的研究［J］.渔业研究，2012，34（1）：31-35.

［40］金玉松.五香烤鱼加工技术要点［J］.渔业致富指南，2005（13）：53.

［41］吴少林，徐京鹏.废弃牡蛎壳生产活性钙［J］.资源开发与市场，2003，19（4）：195-196.

［42］夏松养，陈献军.高钙鱿鱼丝工艺研究［J］.食品工业，2004（3）：41-42.

［43］洪鹏志，章超桦，郭家辉，等.牡蛎壳制备活性钙［J］.湛江海洋大学学报，2000，20（4）：46-49.

［44］能静，谭佳媛.软烤即食鱿鱼工艺及其灭菌技术研究［J］.食品工业科技，2016，37（1）：269-274.

［45］杨留明，刘青梅，杨性民，等.新型软包装即食虾干的开发研究［J］.食品科技，2007，32（3）：93-95.

［46］罗凯.由鲮鱼排制备活性钙的研究［J］.广东化工，2007，34（6）：61-63.

［47］韩素珍，董明敏，汤丹剑，等.鱿鱼酥饼干研制［J］.食品科技，2001，26（1）：18-20.

［48］杨春祥.鱼油加工工艺的研究［J］.中国油脂.2002，27（3）：94-95.

［49］郭燕茹，顾赛麒，王帅，等.栅栏技术在水产品加工与贮藏中应用的研究进展［J］.食品科学，2014，35（11）：339-342.

［50］曾名湧，秦培华.珍味烤虾的加工工艺［J］.渔业现代化，1996，5：18-19.

［51］王奋芬，张问，刘娟娟，等.仿生海洋食品"海鲜汇"加工工艺研究［J］.食品工业，2013，34（5）：114-117.

［52］吴爱平，张佘，朱双杰，等.仿生海洋食品的加工及其安全性［J］.水产科技，2010（1）：36-39.

［53］庞杰，徐淳，康彬彬，等.仿生海洋食品的加工技术［J］.山区开发，2002（12）：43-44.

［54］杨凤琼，陈有容.仿生海洋食品［J］.食品与生活，2003（2）：24-25.

［55］孙晓莲.海洋仿生食品的综合生产加工［J］.食品工程，2013（2）：15-18.

［56］李清春，张景强.仿生食品的研究概况［J］.食品科技，2001，26（1）：20-21.

［57］程胜，任露泉.仿生技术及其在食品工业中的应用分析［J］.中国食品学报，2006，6（1）：437-441.

［58］郝淑贤，何丹，魏涯，等.鱼卵加工产品类型与鱼子酱保鲜技术研究进展［J］.南方水产科学，2014，10（3）：104-108.

［59］宋庆武，丁立孝，郝炳金，等.水产品下脚料小虾加工即食虾酱工艺的研究［J］.中国调味品，2009，34（5）：82-84.